高等院校立体化创新教材系列

复变函数与积分变换(微课版)

史 娜 主 编

宋 妮 毕 湧 田宝玉 副主编

清华大学出版社
北京

内 容 简 介

本书介绍复变函数论与积分变换的基本概念、理论和方法。全书共 8 章，主要内容包括：复数与复变函数、解析函数、复变函数的积分、级数、留数及其应用、保角映射、傅里叶变换和拉普拉斯变换，同时还加入 MATLAB 在复变函数与积分变换中的应用。每章均配有本章小结和丰富的例题、习题。附录中有傅里叶变换和拉普拉斯变换简表，可供学习时查用。书中有"*"号部分供读者选用。

本书可作为高等院校工科类各专业本科生的"复变函数与积分变换"课程教材，也可供相关专业的工程技术人员参考。

本书封面贴有清华大学出版社防伪标签，无标签者不得销售。
版权所有，侵权必究。举报：010-62782989，beiqinquan@tup.tsinghua.edu.cn。

图书在版编目(CIP)数据

复变函数与积分变换：微课版/史娜主编．—北京：清华大学出版社，2022.5(2024.9 重印)
(高等院校立体化创新教材系列)
ISBN 978-7-302-59926-5

Ⅰ.①复… Ⅱ.①史… Ⅲ.①复变函数—高等学校—教材 ②积分变换—高等学校—教材 Ⅳ.①O174.5 ②O177.6

中国版本图书馆 CIP 数据核字(2022)第 011415 号

责任编辑：孙晓红
封面设计：李　坤
责任校对：李玉萍
责任印制：宋　林

出版发行：清华大学出版社
网　　址：https://www.tup.com.cn, https://www.wqxuetang.com
地　　址：北京清华大学学研大厦 A 座　　邮　编：100084
社 总 机：010-83470000　　邮　购：010-62786544
投稿与读者服务：010-62776969, c-service@tup.tsinghua.edu.cn
质量反馈：010-62772015, zhiliang@tup.tsinghua.edu.cn
课件下载：https://www.tup.com.cn, 010-62791865

印 装 者：三河市龙大印装有限公司
经　　销：全国新华书店
开　　本：185mm×260mm　　印　张：12.5　　字　数：301 千字
版　　次：2022 年 6 月第 1 版　　印　次：2024 年 9 月第 3 次印刷
定　　价：39.80 元

产品编号：093729-02

前　言

"复变函数与积分变换"作为高等院校工科各相关专业的一门必修基础课程，主要教学任务是培养学生的数学逻辑思维能力、科学计算能力和解决工程实际问题的能力，并为后续专业课程的学习奠定坚实的数学基础．

在"互联网+"的发展背景下，以"慕课"为代表的在线开放课程、以"SPOC 课"为代表的线上线下混合课程等新兴的教学模式使得学生的学习方式和途径发生了巨大的变化，传统的纸质版教材已经不能很好地适应当前的教育理念，因此，编写新形态一体化教材成为教材改革的新趋势．

2019 年，本课程被评为山西省高校数学类专业精品在线(共享)课程．2021 年，本课程被评为山西省精品共享课程的建设课程．本书由中北大学长期从事一线教学的教师团队编写，注重将实践教学经验融入复变函数理论体系中，注重培养学生的自主学习能力，除了精心编写复变函数与积分变换的重要概念、原理和性质之外，本书在每章均配有相应的教学短视频，包括疑难知识点的讲解、经典例题的讲解．

本书共分为 8 章，主要内容包括：复数与复变函数、解析函数、复变函数的积分、级数、留数及其应用、保角映射、傅里叶变换和拉普拉斯变换，同时还加入 MATLAB 在复变函数与积分变换中的应用．其中，第 1、5 章由史娜负责编写；第 2、7 章由宋妮负责编写；第 3、6 章由毕湧负责编写；第 4、8 章由田宝玉负责编写．

本书的出版得到了中北大学教材建设经费资助，在编写过程中得到中北大学教务处、数学学院领导和教师的大力支持，白艳萍教授、杨明副教授和雷英杰副教授对书稿进行了审阅和修改，本书的编写还得到余本国副教授的热情帮助，在此对他们表示衷心的感谢．

由于编者水平所限，书中难免存在不足，欢迎广大专家、同行与读者批评指正．

编　者

目　录

第1章　复数与复变函数 1
　§1.1　复数及其运算 1
　　1.1.1　复数的概念 1
　　1.1.2　复数的表示法 1
　　1.1.3　复数的四则运算 3
　　1.1.4　共轭复数 5
　　1.1.5　复数的乘幂与方根 6
　　1.1.6　无穷远点与复球面 7
　§1.2　复平面上的点集 8
　　1.2.1　基本概念 8
　　1.2.2　复平面上的曲线 10
　　1.2.3　单连通域和多连通域 10
　§1.3　复变函数 11
　　1.3.1　复变函数的概念 11
　　1.3.2　复变函数的极限 12
　　1.3.3　复变函数的连续性 14
　§1.4　用 MATLAB 运算 14
　本章小结 16
　练习题 16

第2章　解析函数 18
　§2.1　解析函数的概念 18
　　2.1.1　复变函数的导数与微分 18
　　2.1.2　求导法则 19
　　2.1.3　解析函数的定义 20
　§2.2　函数解析的充要条件 21
　§2.3　初等复变函数 25
　　2.3.1　指数函数 25
　　2.3.2　对数函数 26
　　2.3.3　幂函数 27
　　2.3.4　三角函数与双曲函数 28
　　2.3.5　反三角函数与反双曲函数 30
　§2.4　用 MATLAB 运算 31

　本章小结 31
　练习题 32

第3章　复变函数的积分 33
　§3.1　复变函数积分的概念与性质 33
　　3.1.1　复变函数积分的概念 33
　　3.1.2　复变函数积分的存在性及其
　　　　　 计算 34
　　3.1.3　复变函数积分的性质 37
　§3.2　柯西积分定理及其推广 38
　　3.2.1　柯西积分定理 38
　　3.2.2　解析函数的原函数 39
　　3.2.3　复合闭路定理 40
　§3.3　柯西积分公式和解析函数的
　　　　 高阶导数 42
　　3.3.1　柯西积分公式 42
　　3.3.2　解析函数的高阶导数 43
　§3.4　解析函数与调和函数的关系 47
　　3.4.1　调和函数 47
　　3.4.2　共轭调和函数 48
　§3.5　用 MATLAB 运算 50
　本章小结 52
　练习题 52

第4章　级数 55
　§4.1　复数项级数 55
　　4.1.1　复数序列的极限 55
　　4.1.2　复数项级数的概念 56
　　4.1.3　复数项级数的审敛法 56
　§4.2　复变函数项级数 58
　　4.2.1　函数项级数 58
　　4.2.2　幂级数及其收敛性 59
　　4.2.3　幂级数的收敛圆与收敛半径 ...60
　　4.2.4　幂级数的运算与性质 63

§4.3 泰勒级数 64
  4.3.1 泰勒展开定理 64
  4.3.2 几个初等函数的幂级数
     展开式 66
§4.4 洛朗级数 70
  4.4.1 洛朗级数的概念 70
  4.4.2 洛朗展开定理 72
本章小结 77
练习题 78

第5章 留数及其应用 80

§5.1 孤立奇点 80
  5.1.1 孤立奇点的分类 80
  5.1.2 孤立奇点的性质 81
  5.1.3 函数零点与极点的关系 83
  *5.1.4 函数在无穷远点的性态 85
§5.2 留数 87
  5.2.1 留数的概念和计算 87
  5.2.2 留数定理 90
  *5.2.3 解析函数在无穷远点处的
      留数 93
§5.3 留数在定积分计算中的应用 96
  5.3.1 形如 $\int_0^{2\pi} R(\cos\theta, \sin\theta)\,\mathrm{d}\theta$ 的
      积分 96
  5.3.2 形如 $\int_{-\infty}^{+\infty} f(x)\,\mathrm{d}x$ 的积分 98
  5.3.3 形如 $\int_{-\infty}^{+\infty} f(x)\mathrm{e}^{\mathrm{i}\lambda x}\,\mathrm{d}x$ 的积分 100
*§5.4 对数留数与辐角原理 103
  5.4.1 对数留数 103
  5.4.2 辐角原理 105
§5.5 用 MATLAB 运算 109
本章小结 111
练习题 111

第6章 保角映射 113

§6.1 保角映射 113
  6.1.1 解析函数的导数的
      几何意义 113
  6.1.2 保角映射的概念 116
§6.2 分式线性映射 118

  6.2.1 分式线性映射的概念 118
  6.2.2 分式线性映射的分解 119
  6.2.3 分式线性映射的性质 120
§6.3 唯一决定分式线性映射的条件 123
  6.3.1 三对对应点唯一地决定
      分式线性映射 123
  6.3.2 三类重要的分式线性映射 126
  6.3.3 杂例 132
§6.4 几个初等函数所构成的映射 135
  6.4.1 幂函数与根式函数 135
  6.4.2 指数函数与对数函数 139
本章小结 142
练习题 142

第7章 傅里叶变换 145

§7.1 傅里叶变换的概念 145
  7.1.1 傅里叶级数 145
  7.1.2 傅里叶积分定理 147
  7.1.3 傅里叶变换的定义 148
§7.2 单位脉冲函数 149
  7.2.1 单位脉冲函数的概念 150
  7.2.2 单位脉冲函数的性质 151
§7.3 傅里叶变换的性质 153
  7.3.1 线性性质 153
  7.3.2 对称性质 154
  7.3.3 相似性质 154
  7.3.4 平移性质 155
  7.3.5 微分性质 155
  7.3.6 积分性质 156
  7.3.7 乘积定理 157
  7.3.8 能量积分 157
§7.4 傅里叶变换的卷积 158
  7.4.1 卷积的定义 158
  7.4.2 卷积定理 159
§7.5 用 MATLAB 运算 160
本章小结 161
练习题 161

第8章 拉普拉斯变换 163

§8.1 拉普拉斯变换的概念 163

8.1.1 拉普拉斯变换的定义 163
8.1.2 拉普拉斯变换的存在定理 165
§ 8.2 拉普拉斯变换的性质 166
8.2.1 线性性质 166
8.2.2 相似性质 167
8.2.3 微分性质 167
8.2.4 积分性质 169
8.2.5 平移性质 170
8.2.6 拉普拉斯变换的卷积 170
8.2.7 拉普拉斯变换的卷积定理 171
§ 8.3 拉普拉斯逆变换 172
8.3.1 反演积分公式 172
8.3.2 留数法 172
8.3.3 部分分式法 173

§ 8.4 拉普拉斯变换的应用 174
8.4.1 微分方程的拉普拉斯变换解法 174
8.4.2 积分方程的拉普拉斯变换解法 175
§ 8.5 用 MATLAB 运算 176
本章小结 177
练习题 177

附录Ⅰ Fourier 变换简表 179
附录Ⅱ Laplace 变换简表 182
附录Ⅲ Γ 函数的基本知识 186
参考文献 190

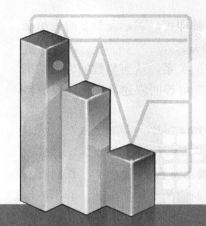

第1章 复数与复变函数

复变函数是以复数作为自变量和因变量的函数.复变函数的理论和运算方法已被广泛地应用在数学、自然科学和工程技术等方面,是解决流体力学、弹性理论和天体力学问题的有力工具.

本章首先介绍复数的概念、表示方法、四则运算、共轭复数、乘幂与方根等,然后介绍复平面上的点集的基本概念、曲线和区域,最后介绍复变函数的概念、极限与连续性.通过学习这些内容为后续研究解析函数奠定必要的基础.

§1.1 复数及其运算

复数与复变函数

1.1.1 复数的概念

定义 1.1 设 x,y 为任意实数,称形如 $z = x + \mathrm{i}y$ 的数为**复数**,其中 x 称为复数 z 的**实部**,记为 $x = \operatorname{Re} z$,y 称为复数 z 的**虚部**,记为 $y = \operatorname{Im} z$. i 称为虚数单位,$\mathrm{i}^2 = -1$.

当 $\operatorname{Im} z = 0$ 时,$z = \operatorname{Re} z$ 为实数.因此,实数全体可看成复数的一部分,复数则是实数的扩充,当 $\operatorname{Re} z = 0$ 时,$z = \operatorname{Im} z$ 称为**纯虚数**.复数无大小之分.

两复数 $z_1 = x_1 + \mathrm{i}y_1$ 与 $z_2 = x_2 + \mathrm{i}y_2$,当且仅当 $x_1 = x_2$ 及 $y_1 = y_2$ 时,称这两个复数相等,记作 $z_1 = z_2$.两个复数相等即当且仅当它们的实部和虚部分别相等.

1.1.2 复数的表示法

任意给定一个复数 $z = x + \mathrm{i}y$,都与一对有序实数组 (x,y) 相对应.而任意一对有序实数组 (x,y) 都与平面直角坐标系中的点 $P(x,y)$ 对应,因此,能够建立平面上的点 $P(x,y)$ 与

复数 z 一一对应的关系，只要将 x 轴作为实轴，y 轴作为虚轴即可．表示复数 z 的直角坐标平面称为**复平面**或 z **平面**，如图 1.1 所示．

引入复平面后，复数与平面上的点之间建立了一一对应的关系，从而复数的许多结果得到了几何直观的解释．为方便起见，"复数 z" 与 "点 z" 可等同叙述，不再加以严格区别．例如：

$$\{z : \mathrm{Im}\, z > 0\} \ \text{与}\ \{z : 0 \leqslant \mathrm{Re}\, z \leqslant 1, 0 \leqslant \mathrm{Im}\, z \leqslant 1\}$$

分别表示上半平面的点和以 0、1、$1+\mathrm{i}$、i 为顶点的正方形内部及边界上的点．

在复平面上，从原点 $O(0,0)$ 到点 $P(x,y)$ 作向量 $\overrightarrow{OP}$，表示复数 $z = x + \mathrm{i}y$．我们看到复平面上由原点出发的向量的全体与复数的全体也构成一一对应的关系．因此，并不严格区别 "向量 z" 与 "复数 z"，如图 1.2 所示．

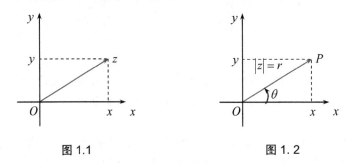

图 1.1　　　　　　　　　图 1.2

定义 1.2　向量 $\overrightarrow{OP}$ 的长度称为复数 $z = x + \mathrm{i}y$ 的**模**，记为 $|z|$ 或 r，即

$$|z| = r = \sqrt{x^2 + y^2} \tag{1.1}$$

由模的定义易得不等式

$$|x| \leqslant |z|, \quad |y| \leqslant |z|, \quad |z| \leqslant |x| + |y|.$$

定义 1.3　实轴的正向与向量 $\overrightarrow{OP}$ 之间的夹角 θ（假定 $z \neq 0$）称为复数 z 的**辐角**，记作 $\mathrm{Arg}\, z$，即 $\theta = \mathrm{Arg}\, z$．

复数 0 的模为零，其辐角是不确定的．

任何不为 0 的复数 z 的辐角 $\mathrm{Arg}\, z$ 均有无穷多个值，彼此之间相差 2π 的整数倍．

通常把满足 $-\pi < \theta \leqslant \pi$ 的辐角值称为复数 z 的**辐角主值**，记作 $\arg z$，于是

$$\mathrm{Arg}\, z = \arg z + 2k\pi, \quad k = 0, \pm 1, \pm 2, \cdots \tag{1.2}$$

并且当 $z \neq 0$ 时，辐角主值 $\arg z$ 为

$$\arg z = \begin{cases} \arctan \dfrac{y}{x}, & x > 0, \\ \arctan \dfrac{y}{x} + \pi, & x < 0, y \geqslant 0, \\ \arctan \dfrac{y}{x} - \pi, & x < 0, y < 0, \\ \dfrac{\pi}{2}, & x = 0, y > 0, \\ -\dfrac{\pi}{2}, & x = 0, y < 0, \end{cases} \tag{1.3}$$

其中，$-\dfrac{\pi}{2} < \arctan \dfrac{y}{x} < \dfrac{\pi}{2}$.

复数 $z = x + \mathrm{i}y$ 通常称作复数的**代数表达式**.

利用直角坐标与极坐标的关系 $\begin{cases} x = r\cos\theta \\ y = r\sin\theta \end{cases}$，复数 z 又可以表示为 $z = r(\cos\theta + \mathrm{i}\sin\theta)$，上式称为复数 z 的**三角表达式**.

由欧拉(Euler)公式 $\mathrm{e}^{\mathrm{i}\theta} = \cos\theta + \mathrm{i}\sin\theta$，可得 $z = r\mathrm{e}^{\mathrm{i}\theta}$，这种形式称为复数 z 的**指数表达式**.

例 1.1 求 $\mathrm{Arg}(3 - 3\mathrm{i})$ 及 $\mathrm{Arg}(-2 + 5\mathrm{i})$.

解 $\mathrm{Arg}(3 - 3\mathrm{i}) = \arg(3 - 3\mathrm{i}) + 2k\pi = \arctan\dfrac{-3}{3} + 2k\pi$

$\qquad\qquad = -\dfrac{\pi}{4} + 2k\pi \qquad (k = 0, \pm 1, \pm 2, \cdots)$.

例 1.1 讲解

$\mathrm{Arg}(-2 + 5\mathrm{i}) = \arg(-2 + 5\mathrm{i}) + 2k\pi = \left(\arctan\dfrac{5}{-2} + \pi\right) + 2k\pi$

$\qquad\qquad = (2k + 1)\pi - \arctan\dfrac{5}{2} \qquad (k = 0, \pm 1, \pm 2, \cdots)$.

例 1.2 将下列复数分别化为三角表达式和指数表达式.

(1) $1 + \sqrt{3}\mathrm{i}$； (2) $-\mathrm{i}$； (3) 2； (4) $3\mathrm{i}$.

解 (1) $1 + \sqrt{3}\mathrm{i} = 2\left(\cos\dfrac{\pi}{3} + \mathrm{i}\sin\dfrac{\pi}{3}\right) = 2\mathrm{e}^{\frac{\pi}{3}\mathrm{i}}$；

例 1.2 讲解

(2) $-\mathrm{i} = 1\left[\cos\left(-\dfrac{\pi}{2}\right) + \mathrm{i}\sin\left(-\dfrac{\pi}{2}\right)\right] = \mathrm{e}^{-\frac{\pi}{2}\mathrm{i}}$；

(3) $2 = 2(\cos 0 + \mathrm{i}\sin 0) = 2\mathrm{e}^{0\cdot\mathrm{i}}$；

(4) $3\mathrm{i} = 3\left(\cos\dfrac{\pi}{2} + \mathrm{i}\sin\dfrac{\pi}{2}\right) = 3\mathrm{e}^{\frac{\pi}{2}\mathrm{i}}$.

1.1.3　复数的四则运算

设两个复数 $z_1 = x_1 + \mathrm{i}y_1$，$z_2 = x_2 + \mathrm{i}y_2$，其加、减、乘、除运算定义如下.

加法：$z_1 + z_2 = (x_1 + x_2) + \mathrm{i}(y_1 + y_2)$.

减法：$z_1 - z_2 = (x_1 - x_2) + \mathrm{i}(y_1 - y_2)$.

乘法：$z_1 \cdot z_2 = (x_1 x_2 - y_1 y_2) + \mathrm{i}(x_2 y_1 + x_1 y_2)$.

除法：$\dfrac{z_1}{z_2} = \dfrac{x_1 x_2 + y_1 y_2}{x_2^2 + y_2^2} + \mathrm{i}\dfrac{x_2 y_1 - x_1 y_2}{x_2^2 + y_2^2} \qquad (z_2 \neq 0)$.

显然上述四则运算满足以下定律.

交换律：$z_1 + z_2 = z_2 + z_1$；$z_1 \cdot z_2 = z_2 \cdot z_1$.

结合律：$z_1 + (z_2 + z_3) = (z_1 + z_2) + z_3$；$z_1(z_2 z_3) = (z_1 z_2) z_3$.

分配律：$z_1(z_2 + z_3) = z_1 z_2 + z_1 z_3$.

1. 复数的加、减法的几何意义

复数可用向量表示，两复数的加法可用平行四边形或三角形法则，其几何意义如图 1.3 所示. 减法 $z_1 - z_2$ 可看作 $z_1 + (-z_2)$，其几何意义如图 1.4 所示.

由复数加、减法的几何意义，即可得三角不等式

$$|z_1 + z_2| \leqslant |z_1| + |z_2| \tag{1.4}$$

$$|z_1 - z_2| \geqslant \big||z_1| - |z_2|\big| \tag{1.5}$$

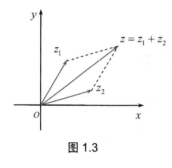

图 1.3

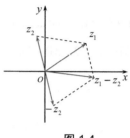

图 1.4

2. 复数的乘、除法的几何意义

若将非零复数 z_1 与 z_2 写成三角表示式及指数表示式，即

$$z_1 = r_1(\cos\theta_1 + i\sin\theta_1) = r_1 e^{i\theta_1}; \quad z_2 = r_2(\cos\theta_2 + i\sin\theta_2) = r_2 e^{i\theta_2},$$

则

$$z = z_1 z_2 = r_1 r_2 [\cos(\theta_1 + \theta_2) + i\sin(\theta_1 + \theta_2)] = r_1 r_2 e^{i(\theta_1 + \theta_2)} \tag{1.6}$$

$$z = \frac{z_1}{z_2} = \frac{r_1}{r_2}[\cos(\theta_1 - \theta_2) + i\sin(\theta_1 - \theta_2)] = \frac{r_1}{r_2} e^{i(\theta_1 - \theta_2)} \tag{1.7}$$

由此可得

$$|z| = |z_1 \cdot z_2| = |z_1| \cdot |z_2| \tag{1.8}$$

$$|z| = \left|\frac{z_1}{z_2}\right| = \frac{|z_1|}{|z_2|} \tag{1.9}$$

从而也有

$$\operatorname{Arg}(z_1 z_2) = \theta_1 + \theta_2 = \operatorname{Arg} z_1 + \operatorname{Arg} z_2 \tag{1.10}$$

$$\operatorname{Arg}\left(\frac{z_1}{z_2}\right) = \theta_1 - \theta_2 = \operatorname{Arg} z_1 - \operatorname{Arg} z_2 \tag{1.11}$$

因此，两复数乘积的模等于它们模的乘积，两复数乘积的辐角等于辐角之和. 两复数商的模等于它们模长的商，两复数商的辐角等于辐角之差.

由式(1.6)可知，$z_1 \cdot z_2$ 的几何意义是：将矢量 z_1 伸长(或缩短) $|z_2|$ 倍，然后将其辐角按逆时针方向旋转 θ_2 的角度，如图 1.5 所示.

由式(1.7)可知，$\dfrac{z_1}{z_2}$ 的几何意义是：将矢量 z_1 伸长(或缩短) $\dfrac{1}{|z_2|}$

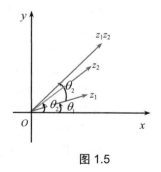

图 1.5

倍，然后将其辐角按顺时针方向旋转 θ_2 的角度.

1.1.4 共轭复数

定义 1.4 实部相等，虚部互为相反数的两个复数称为**共轭复数**.
设 $z = x + \mathrm{i}y$，则称 $\bar{z} = x - \mathrm{i}y$ 为 z 的共轭复数.
由定义，显然 $\bar{z}$ 的共轭复数为 z，并有

$$|\bar{z}| = |z|, \quad \mathrm{Arg}\,\bar{z} = -\mathrm{Arg}\,z \tag{1.12}$$

这表明在复平面上，z 与 $\bar{z}$ 两点关于实轴是对称点，如图 1.6 所示.

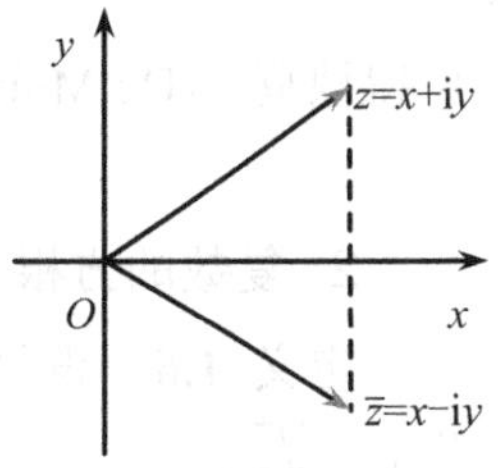

容易验证下列关系.

(1) $\overline{(\bar{z})} = z$，$\overline{z_1 \pm z_2} = \bar{z}_1 \pm \bar{z}_2$.

(2) $\overline{z_1 \cdot z_2} = \bar{z}_1 \cdot \bar{z}_2$，$\overline{\left(\dfrac{z_1}{z_2}\right)} = \dfrac{\bar{z}_1}{\bar{z}_2}$（$z_2 \neq 0$）.

(3) $|z|^2 = z \cdot \bar{z}$，$\mathrm{Re}\,z = \dfrac{z + \bar{z}}{2}$，$\mathrm{Im}\,z = \dfrac{z - \bar{z}}{2\mathrm{i}}$.

(4) 设 $R(a, b, c, \cdots)$ 表示对于复数 $a, b, c, \cdots$ 的任一有理运算，则

$$\overline{R(a, b, c, \cdots)} = R(\bar{a}, \bar{b}, \bar{c}, \cdots).$$

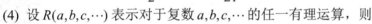

图 1.6

例 1.3 设 A, C 为实数，$A \neq 0$，β 为复数，且 $|\beta^2| > AC$，证明 z 平面上的圆周可以写成 $Az\bar{z} + \beta\bar{z} + \bar{\beta}z + C = 0$.

证 在解析几何中，已知任意一圆的方程可写作

$$A(x^2 + y^2) + Bx + Dy + C = 0 \tag{1.13}$$

这里 A, B, C, D 为实数，且 $A \neq 0$，$B^2 + D^2 - 4AC > 0$，我们知道

$$x^2 + y^2 = z\bar{z}, \quad x = \dfrac{1}{2}(z + \bar{z}), \quad y = \dfrac{1}{2\mathrm{i}}(z - \bar{z}).$$

将此代入式(1.13)，有

$$Az\bar{z} + \dfrac{B}{2}(z + \bar{z}) + \dfrac{D}{2\mathrm{i}}(z - \bar{z}) + C = 0$$

即

$$Az\bar{z} + \dfrac{1}{2}(B + D\mathrm{i})\bar{z} + \dfrac{1}{2}(B - D\mathrm{i})z + C = 0. \tag{1.14}$$

令

$$\beta = \dfrac{1}{2}(B + D\mathrm{i}),$$

以此代入式(1.14)即可得证.

1.1.5 复数的乘幂与方根

1. 复数的乘幂

定义 1.5 n 个相同复数 z 的乘积称为 z 的 n 次幂,记作 z^n,即 $z^n = \underbrace{z \cdot z \cdots z}_{n}$.

若 $z = r(\cos\theta + i\sin\theta)$,则对于任意的正整数 n,有

$$z^n = r^n(\cos n\theta + i\sin n\theta). \tag{1.15}$$

若 $z \neq 0$,定义 $z^{-n} = \dfrac{1}{z^n}$,则式(1.15)中当 n 为负整数时也成立,特别当 $r=1$ 时,计算可得棣莫弗(De Moivre)公式:

$$(\cos\theta + i\sin\theta)^n = \cos n\theta + i\sin n\theta. \tag{1.16}$$

2. 复数的方根

定义 1.6 设复数 $z \neq 0$,若存在复数 w 使得 $z = w^n$,则称 w 为复数 z 的 n 次方根,记作 $w = \sqrt[n]{z}$.

令 $z = re^{i\theta}$,$w = \rho e^{i\varphi}$,根据定义则有

$$re^{i\theta} = \rho^n e^{in\varphi}.$$

从而得两个方程

$$\rho^n = r,\ n\varphi = \theta + 2k\pi \quad (k = 0, \pm 1, \pm 2, \cdots).$$

解之得

$$\rho = \sqrt[n]{r},\ \varphi = \frac{\theta + 2k\pi}{n}.$$

因此,z 的 n 次方根($n \geqslant 2$)为

$$w = \sqrt[n]{z} = \sqrt[n]{r}\, e^{i\frac{\theta + 2k\pi}{n}}. \tag{1.17}$$

当 $k = 0, 1, \cdots, n-1$ 时,可得出 n 个不同的根,而当 k 取其他整数值代入时,以上根会重复出现.

从几何上不难看出,$\sqrt[n]{z}$ 的 n 个根就是以原点为中心、$\sqrt[n]{r}$ 为半径的圆的内接正 n 边形的 n 个顶点. 任意两个相邻根的辐角都相差 $\dfrac{2\pi}{n}$,如图1.7所示.

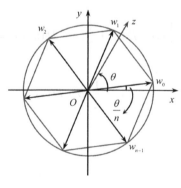

图 1.7

例 1.4 计算 $\sqrt[4]{2-2\mathrm{i}}$ 的值.

解 由于 $2-2\mathrm{i} = 2\sqrt{2}\,\mathrm{e}^{\mathrm{i}\left(-\frac{\pi}{4}\right)}$

所以 $\sqrt[4]{2-2\mathrm{i}} = \sqrt[8]{8}\,\mathrm{e}^{\mathrm{i}\frac{-\frac{\pi}{4}+2k\pi}{4}}$, $k=0,1,2,3$

例 1.4 讲解

当 $k=0$ 时，$w_0 = \sqrt[8]{8}\,\mathrm{e}^{-\frac{\pi}{16}\mathrm{i}}$;

当 $k=1$ 时，$w_1 = \sqrt[8]{8}\,\mathrm{e}^{\frac{7\pi}{16}\mathrm{i}}$;

当 $k=2$ 时，$w_2 = \sqrt[8]{8}\,\mathrm{e}^{\frac{15\pi}{16}\mathrm{i}}$;

当 $k=3$ 时，$w_3 = \sqrt[8]{8}\,\mathrm{e}^{\frac{23\pi}{16}\mathrm{i}}$.

这四个根均匀分布在半径为 $\sqrt[8]{8}$ 的圆周上，其中 w_0 的辐角为 $-\dfrac{\pi}{16}$，其他的每隔 $\dfrac{\pi}{2}$ 分布一个点.

例 1.5 计算 $\sqrt[3]{-8}$ 的所有值.

解 因：$-8 = 8(\cos\pi + \mathrm{i}\sin\pi)$,

故：$\sqrt[3]{-8} = \sqrt[3]{8}\left(\cos\dfrac{\pi+2k\pi}{3} + \mathrm{i}\sin\dfrac{\pi+2k\pi}{3}\right)$ $(k=0,1,2)$.

当 $k=0$ 时，$w_0 = 2\left(\cos\dfrac{\pi}{3} + \mathrm{i}\sin\dfrac{\pi}{3}\right) = 1+\sqrt{3}\,\mathrm{i}$;

当 $k=1$ 时，$w_1 = 2(\cos\pi + \mathrm{i}\sin\pi) = -2$;

当 $k=2$ 时，$w_2 = 2\left(\cos\dfrac{5\pi}{3} + \mathrm{i}\sin\dfrac{5\pi}{3}\right) = 1-\sqrt{3}\,\mathrm{i}$.

注：在初等代数中，规定 -8 的三次实方根为 -2，即规定 $\sqrt[3]{-8} = -\sqrt[3]{8} = -2$，只相当于这里 $k=1$ 的情形.

1.1.6 无穷远点与复球面

1. 无穷远点

为了使复数运算更具有普遍性，有必要将复数系统加以扩充，引入一个数 ∞，读作无穷远(大). 在初等数学中，∞ 不是一个定值，它是代表变数无限增大的符号；而我们在复变函数论中，规定复数 ∞ 与有限复数 A 的四则运算如下.

(1) $A + \infty = \infty + A = \infty$, $\dfrac{A}{\infty} = 0$.

(2) 对 $A \neq 0$，有 $A \cdot \infty = \infty \cdot A = \infty$, $\dfrac{A}{0} = \infty$.

为了避免和算术定律相矛盾，对 $\infty \pm \infty$，$0 \cdot \infty$，$\dfrac{\infty}{\infty}$，$\dfrac{0}{0}$ 不规定其意义.

对于复数 ∞，实部和虚部以及辐角的概念都没有意义，至于它的模，则规定为

$|\infty| = +\infty$. 而对于任何有限的复数 z,$|z| < +\infty$.

在复平面上没有任何一点与 ∞ 相对应,但我们可设想平面上有一理想点和它相对应,这个理想点叫做**无穷远点**. 我们规定复平面上只有一个无穷远点.

包含无穷远点的复平面称为**扩充复平面**,而不包含无穷远点的复平面称为**有限复平面**. 如无特别说明,本书提到的复平面均指有限复平面. 显然,扩充复平面上所有直线都视为经过无穷远点.

2. 复球面

为使无穷远点的存在得到直观解释,黎曼(Riemann)特别创造了复数的球面表示法.

以复平面的原点为心,作半径为 1 的球,从原点引垂直于复平面的直线为 z 轴,交球面于 N 和 S,分别称为北极和南极,如图 1.8 所示. 对复平面上任一点 z,从起点 N 引过 z 的射线交球面于 P;反之,由起点 N 到球面上任一点 P 的射线交复平面于一点,记为 z. 这样,我们就建立了球面上的点(除 N 点外)与复平面上的点间的一一对应关系,这样就可以用球面上的点来表示复数.

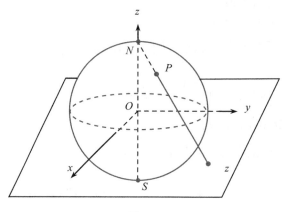

图 1.8

但是,对于 N 点,还没有复平面内的一个点与它对应. 由图 1.8 容易发现,当 z 点无限远离原点时,即 $|z|$ 无限增大时,点 P 就无限地接近于 N,为使复平面与球面上的点无例外地都能一一对应起来,我们规定:复平面上有唯一的"无穷远点",它与球面上的北极 N 相对应,这个点所表示的复数即"∞". 因此,全部复数都可以用这个球面上的点来表示. 这样规定的球面叫做**黎曼球面**或**复数球面**.

§1.2 复平面上的点集

1.2.1 基本概念

定义 1.7 复平面上以 z_0 为中心、以正数 δ 为半径的圆 $|z - z_0| < \delta$ 内部的点的集合称为点 z_0 的 δ 邻域,记作 $U(z_0, \delta)$,即 $U(z_0, \delta) = \{z \mid |z - z_0| < \delta\}$. 而满足不等式 $0 < |z - z_0| < \delta$ 的

点集称为 z_0 的去心邻域，记作 $\overset{\circ}{U}(z_0,\delta)$，即 $\overset{\circ}{U}(z_0,\delta)=\{z\,|\,0<|z-z_0|<\delta\}$.

设有一个点集 E，若对于某一点 $z_0\in E$，存在一个邻域 $U(z_0,\delta)\subset E$，则称 z_0 为 E 的**内点**. 若 E 中每一个点 z 都是 E 的内点，则称点集 E 为**开集**. 若点集 E 中任意两点都可以用完全属于 E 的折线连接起来，则称该点集 E 为**连通集**.

定义 1.8 若复平面上的点集 E 是连通的开集，则点集 E 称为区域(开区域).

设 E 是区域，点 $z_0\notin E$，若对于任意的 $U(z_0,\delta)$，既有属于 E 的点，又有不属于 E 的点，则称 z_0 为 E 的**边界点**. 区域 E 的全体边界点的集合称为 E 的**边界**. 区域 E 连同它的边界所构成的集合称为**闭区域**，记为 $\overline{E}$. 对于区域 E，若存在正实数 M，使 $U(0,M)\supset E$，则称 E 为**有界区域**，否则称为**无界区域**，如图 1.9 所示.

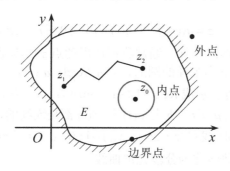

图 1.9

例 1.6 z 平面上以原点为中心，R 为半径的圆(即圆形区域)表示为
$$\{z\,|\,|z|<R\}.$$

z 平面上以原点为中心，R 为半径的闭圆(即圆形闭区域)表示为
$$\{z\,|\,|z|\leqslant R\}.$$

例 1.7 图 1.10 所示的带形区域表示为
$$\{z\,|\,y_1<\mathrm{Im}\,z<y_2\}.$$

例 1.8 图 1.11 所示的同心圆环(即圆环形区域)表示为
$$\{z\,|\,r<|z|<R\}.$$

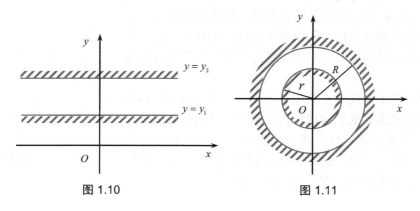

图 1.10　　　　　　图 1.11

1.2.2 复平面上的曲线

平面曲线 C 的参数方程可以用一对连续的函数 $x=x(t)$，$y=y(t)$ ($a\leqslant t\leqslant b$)来表示．复平面上的曲线可以用实变数的复值函数 $z(t)$ 来表示，即

$$z=z(t)=x(t)+\mathrm{i}\,y(t)\ (a\leqslant t\leqslant b) \tag{1.18}$$

若 $x(t)$，$y(t)$ 在 $[a,b]$ 上连续，则 $C\{z(t)\,|\,t\in[a,b]\}$ 为一条连续曲线．

例如，以坐标原点为中心，以 a 为半径的圆周，其参数方程可表示为

$$x=a\cos t,\quad y=a\sin t\ (0\leqslant t\leqslant 2\pi)$$

写成复数的形式即为

$$z=a(\cos t+\mathrm{i}\sin t)=a\mathrm{e}^{\mathrm{i}t}\ (0\leqslant t\leqslant 2\pi).$$

除了曲线的参数表示形式以外，通常我们还用动点 z 所满足的关系式来表示曲线．例如，把以 $z=0$ 为中心，以 a 为半径的圆周，表示成 $|z|=a$；平行于虚轴且通过点 $z=1$ 的直线，从 $1-\mathrm{i}$ 到 $1+\mathrm{i}$ 的一段可表示成 $\mathrm{Re}\,z=1$ ($-1\leqslant \mathrm{Im}\,z\leqslant 1$)，等等．

定义 1.9 如果在区间 $a\leqslant t\leqslant b$ 上 $x'(t)$ 和 $y'(t)$ 都是连续的，且对于 t 的每一个值，有 $[x'(t)]^2+[y'(t)]^2\neq 0$，则称曲线 $C:z=z(t)=x(t)+\mathrm{i}\,y(t)$ ($a\leqslant t\leqslant b$) 为**光滑曲线**．由几段依次相接的光滑曲线所组成的曲线称为**分段光滑曲线**．

例如：直线、圆周都是光滑曲线；连接直线段所构成的折线是分段光滑曲线．

定义 1.10 设 $C:z=z(t)$ ($a\leqslant t\leqslant b$) 为一条连续曲线，$z(a)$ 和 $z(b)$ 分别称为 C 的起点与终点，对于满足 $a<t_1<b$，$a\leqslant t_2\leqslant b$ 的 t_1 与 t_2，当 $t_1\neq t_2$，而有 $z(t_1)=z(t_2)$ 时，点 $z(t_1)$ 称为曲线 C 的**重点**，没有重点的连续曲线 C 称为**简单曲线**或**若尔当(Jordan)曲线**．如果简单曲线 C 的起点与终点重合，即 $z(a)=z(b)$，则称曲线 C 为**简单闭曲线**．

1.2.3 单连通域和多连通域

定义 1.11 在复平面上，如果区域 E 内任意一条简单闭曲线的内部总是完全属于区域 E，则称区域 E 为**单连通区域**；否则，称区域 E 为**多连通区域**．

一条简单闭曲线的内部是单连通域．单连通域在几何直观上是其中没有洞或割痕，所以单连通域内的任何一条简单闭曲线可以在该域内连续变形不用越过或接触边界点而缩成一点．

一般地，简单曲线的正向规定为：从起点到终点所指的方向．**简单闭曲线 C 的正向规定为**：当观察者沿此方向前进时，曲线 C 所围区域一直在观察者的左手侧．图 1.12 给出一种常用的情形，若曲线所围部分为阴影部分，其正向如图 1.12 所示．显然，该图是一个多连通区域．

图 1.12

§1.3 复变函数

1.3.1 复变函数的概念

定义 1.12 设 E 是复数 $z = x + \mathrm{i}y$ 的集合, 如果对 E 内的任意一个复数 z, 按照某一确定的对应法则, 总有一个(或多个)确定的复数 $w = u + \mathrm{i}v$ 与之对应, 则称 w 是 z 的单值(多值)函数, 简称**复变函数**, 记作: $w = f(z)$. 其中 z 称为自变量, w 称为因变量, 集合 E 称为该函数的定义域, 与 E 中所有 z 对应的 w 值的集合 E^* 称为该函数的值域.

显然, 一个复变函数 $w = f(z)$ 可看作 z 平面到 w 平面的一个映射.

设函数 $w = f(z)$ 定义在集合 E 上, 并令 $z = x + \mathrm{i}y$, $w = u + \mathrm{i}v$, 则复变函数 w 与自变量 z 之间的关系 $w = f(z)$ 相当于以下两个关系式:

$$u = u(x, y), \quad v = v(x, y)$$

即一个复变函数等价于两个二元实函数. 这样, 我们可通过研究两个二元实函数 $u(x, y)$, $v(x, y)$ 的性质去揭示 $w = f(z) = u + \mathrm{i}v$ 的性质; 反之, 在复变函数论中对 $f(z)$ 的进一步研究, 就能更加深入地了解这对实变二元函数 $u(x, y)$, $v(x, y)$ 的性质, 这正是复变函数论应用于实际问题的一种重要的方法.

例 1.9 讨论 $w = 2z^3 + 1$ 是否为单值函数.

解 令 $z = x + \mathrm{i}y$, $w = u + \mathrm{i}v$, 则

$$u + \mathrm{i}v = 2(x + \mathrm{i}y)^3 + 1 = 2x^3 - 6xy^2 + 1 + \mathrm{i}(6x^2 y - 2y^3).$$

因而, 函数 $w = 2z^3 + 1$ 对应于两个二元实函数: $u = 2x^3 - 6xy^2 + 1$, $v = 6x^2 y - 2y^3$.

由于这两个二元实函数都是单值函数, 因而 $w = 2z^3 + 1$ 为 z 的单值函数.

反之, 由两个二元实函数 $u = 2x^3 - 6xy^2 + 1$, $v = 6x^2 y - 2y^3$ 也可以确定一个复变函数

$$w = 2x^3 - 6xy^2 + 1 + \mathrm{i}(6x^2 y - 2y^3) = 2z^3 + 1.$$

例如: $w = |z|$, $w = \bar{z}$, $w = z^2$ 及 $w = \dfrac{z+1}{z-1}$ ($z \neq 1$) 均为 z 的单值函数. $w = \sqrt[n]{z}$ ($z \neq 0$, $n \geqslant 2$ 为整数)及 $w = \mathrm{Arg}\, z$ ($z \neq 0$) 均为 z 的多值函数.

注: 如无特别声明, 本书所讨论的复变函数均为单值函数. 如果遇到多值函数, 则作某种限制, 选定某一单值分支来研究.

下面介绍复变函数**反函数**的概念.

在函数 $w = f(z)$ 的对应关系中, 也可以从点集 $f(E)$ 来看"对应".

定义 1.13 对于集合 $f(E)$ 中的每一个 w, 一定存在一个或多个 z 值与之对应, 函数 $z = \varphi(w)$ 称为函数 $w = f(z)$ 的**反函数**.

正如我们前面曾提到 $w = f(z)$ 可以看成是 z 平面上的点集 E 到 w 平面上的点集 $f(E) = \{w \mid w = f(z), z \in E\}$ 的一种映射.

定义 1.14 如果用 z 平面上的点表示自变量 z 的值, 而用 w 平面上的点表示因变量 w 的值, 则函数 $w = f(z)$ 在几何上就可以看作是把 z 平面上的一个点集 E 变到 w 平面上的一

个点集 $f(E)$ 的**映射**(或**变换**).

如果 E 中的点 z 被 $w = f(z)$ 映射成 $f(E)$ 中的点 w,则 w 称为 z 的**像**,而 z 称为 w 的**原像**.

如果 $w = f(z)$ 及其反函数 $z = \varphi(w)$ 都是单值的,那么由 $w = f(z)$ 所确定的映射是原像集 E 到像集 $f(E)$ 之间的一一对应的映射,也称为**双方单值映射**.

必须指出,像点的原像可能不只有一点. 例如,$w = z^2$,则 $z = \pm 1$ 的像点均为 $w = 1$,因此 $w = 1$ 的原像是两点 $z = \pm 1$.

1.3.2 复变函数的极限

复变函数的极限

定义 1.15 设复变函数 $w = f(z)$ 在 z_0 的邻域 $0 < |z - z_0| < \rho$ 内有定义,如果存在一个确定的数 A,对于任意给定的正数 ε,总存在与 ε 有关的正数 $\delta = \delta(\varepsilon) > 0$,当 $0 < |z - z_0| < \delta \leqslant \rho$ 时,恒有

$$|f(z) - A| < \varepsilon,$$

则称 A 为当 z 趋向于 z_0 时,函数 $f(z)$ 的**极限**,记作 $\lim\limits_{z \to z_0} f(z) = A$ 或当 $z \to z_0$ 时,$f(z) \to A$.

图 1.13 给出了以上极限概念的几何意义:当变点 z 进入 z_0 的充分小的去心邻域时,它的像点 $f(z)$ 就落入 A 的一个给定的 ε 邻域内.

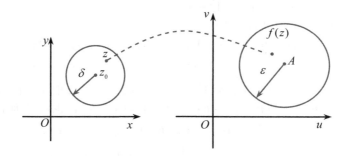

图 1.13

应当特别注意,定义中 $z \to z_0$ 的方式是任意的,即无论 z 从什么方向,以何种方式趋于 z_0,$f(z)$ 都要趋于同一个常数 A,这比对一元实函数极限定义的要求苛刻得多.

下面的定理给出了复变函数的极限与其实部和虚部极限的关系.

定理 1.1 设 $f(z) = u(x, y) + \mathrm{i} v(x, y)$,$A = u_0 + \mathrm{i} v_0$,$z_0 = x_0 + \mathrm{i} y_0$,则 $\lim\limits_{z \to z_0} f(z) = A$ 的充要条件是 $\lim\limits_{\substack{x \to x_0 \\ y \to y_0}} u(x, y) = u_0$,$\lim\limits_{\substack{x \to x_0 \\ y \to y_0}} v(x, y) = v_0$.

证 必要性. 如果 $\lim\limits_{z \to z_0} f(z) = A$,则由极限的定义知,当 $0 < |(x + \mathrm{i} y) - (x_0 + \mathrm{i} y_0)| < \delta$,即 $0 < \sqrt{(x - x_0)^2 + (y - y_0)^2} < \delta$ 时,有 $|(u + \mathrm{i} v) - (u_0 + \mathrm{i} v_0)| < \varepsilon$.

因此,当 $0 < \sqrt{(x - x_0)^2 + (y - y_0)^2} < \delta$ 时,有

$$|u - u_0| < \varepsilon, \quad |v - v_0| < \varepsilon.$$

即有
$$\lim_{\substack{x\to x_0\\y\to y_0}}u(x,y)=u_0,\ \lim_{\substack{x\to x_0\\y\to y_0}}v(x,y)=v_0.$$

充分性. 如果上面两式成立，那么当 $0<\sqrt{(x-x_0)^2+(y-y_0)^2}<\delta$ 时，有
$$|u-u_0|<\frac{\varepsilon}{2},\ |v-v_0|<\frac{\varepsilon}{2}.$$

而 $|f(z)-A|=|(u-u_0)+\mathrm{i}(v-v_0)|\leqslant |u-u_0|+|v-v_0|$.

所以，当 $0<|z-z_0|<\delta$ 时，有
$$|f(z)-A|<\frac{\varepsilon}{2}+\frac{\varepsilon}{2}=\varepsilon.$$

即 $\lim\limits_{z\to z_0}f(z)=A$.

显然，该定理依据一个复变函数相当于两个二元实函数的本质，将求 $f(z)=u(x,y)+\mathrm{i}v(x,y)$ 的极限问题转化为求两个二元实变函数 $u=u(x,y)$ 和 $v=v(x,y)$ 的极限问题，这种处理问题的手段今后还将用到.

根据以上定理，复变函数极限的四则运算法则也成立.

定理 1.2 如果 $\lim\limits_{z\to z_0}f(z)=A$，$\lim\limits_{z\to z_0}g(z)=B$，则

(1) $\lim\limits_{z\to z_0}[f(z)\pm g(z)]=A\pm B$；

(2) $\lim\limits_{z\to z_0}f(z)\cdot g(z)=AB$；

(3) $\lim\limits_{z\to z_0}\dfrac{f(z)}{g(z)}=\dfrac{A}{B}(B\neq 0)$.

例 1.10 讨论 $f(z)=\dfrac{z}{\bar{z}}+\dfrac{\bar{z}}{z}$ 当 $z\to 0$ 的极限.

解 令 $z=x+\mathrm{i}y$，则
$$f(z)=\frac{x+\mathrm{i}y}{x-\mathrm{i}y}+\frac{x-\mathrm{i}y}{x+\mathrm{i}y}=\frac{2x^2-2y^2}{x^2+y^2}.$$

例 1.10 讲解

由此得
$$u(x,y)=\frac{2x^2-2y^2}{x^2+y^2},\ v(x,y)=0.$$

令 z 沿直线 $y=kx$ 趋于零，我们有
$$\lim_{\substack{x\to 0\\(y=kx)}}u(x,y)=\lim_{\substack{x\to 0\\(y=kx)}}\frac{2x^2-2y^2}{x^2+y^2}$$
$$=\lim_{x\to 0}\frac{2(1-k^2)x^2}{(1+k^2)x^2}=\frac{2(1-k^2)}{1+k^2}.$$

显然，它随 k 的不同而不同，所以 $\lim\limits_{\substack{x\to 0\\y\to 0}}u(x,y)$ 不存在，虽有 $\lim\limits_{\substack{x\to 0\\y\to 0}}v(x,y)=0$，但根据定理 1.1，$\lim\limits_{z\to 0}f(z)$ 不存在.

1.3.3 复变函数的连续性

定义 1.16 如果 $\lim\limits_{z \to z_0} f(z) = f(z_0)$，则称函数 $f(z)$ 在 z_0 处**连续**. 如果 $f(z)$ 在区域 E 内处处连续，则称函数 $f(z)$ 在区域 E 内连续.

由以上的定义结合定理 1.1，显然有以下定理.

定理 1.3 函数 $f(z) = u(x,y) + \mathrm{i}v(x,y)$ 在 $z_0 = x_0 + \mathrm{i}y_0$ 处连续的充要条件是 $u(x,y)$、$v(x,y)$ 均在 (x_0, y_0) 处连续.

例如，函数 $f(z) = \ln(x^2 + y^2) + \mathrm{i}(x^2 - y^2)$ 在复平面内除原点外处处连续，这是因为 $u = \ln(x^2 + y^2)$ 除原点外是处处连续的，而 $v = x^2 - y^2$ 是处处连续的.

此外，这里复变函数连续性的定义与一元实变函数连续的定义相似，我们可仿照证明下述结论.

(1) 如果复变函数 $f(z)$、$g(z)$ 在点 z_0 处连续，则其和、差、积、商(分母在 z_0 处不为零)在点 z_0 处连续.

(2) 如果复变函数 $\eta = f(z)$ 在点 z_0 处连续，复变函数 $w = g(\eta)$ 在 $\eta_0 = f(z_0)$ 处连续，则复变函数 $w = g[f(z)] = F(z)$ 在点 z_0 处连续.

显然，z 的有理函数在复平面内，除去使分母为零的点外，处处连续.

例 1.11 求 $\lim\limits_{z \to \mathrm{i}} \dfrac{\bar{z} + 2}{z + 1}$.

解 由以上结论知，$\dfrac{\bar{z} + 2}{z + 1}$ 在点 $z = \mathrm{i}$ 处连续，再由定义 1.16，即得

$$\lim_{z \to \mathrm{i}} \frac{\bar{z} + 2}{z + 1} = \frac{-\mathrm{i} + 2}{\mathrm{i} + 1} = \frac{1 - 3\mathrm{i}}{2}.$$

§1.4 用 MATLAB 运算

例 1.12 用 MATLAB 软件创建复数 $z = -5 + 3\mathrm{i}$.

解 求解过程如下：

```
>>z=-5+3i              %创建复数命令行
>>z
z=
   -5.0000+3.0000i
>>z=complex(-5,3)      %创建复数命令行
>>z
z=
   -5.0000+3.0000i
```

注：在输入时，虚数部分的 3 和 i 之间不能有空格.

例 1.13 已知复数 z 的模长为 2，辐角为 $\dfrac{\pi}{3}$，试用 MATLAB 软件创建复数 z.

解 求解过程如下：

```
>>z=2*exp(i*1/3*pi)            %生成复数命令行
>>z
z=
   1.0000+1.7321i
```

例 1.14 求复数 $z = \dfrac{i}{(1-i)(2-i)}$ 的实部、虚部、共轭复数、模长和辐角.

解 求解过程如下：

```
>>z=i/(1-i)/(2-i)
>> real(z)                     %求实部的命令行
ans =
   -0.3000
>> imag(z)                     %求虚部的命令行
ans =
   0.1000
>> conj(z)                     %求共轭复数的命令行
ans =
   0.1000
>> abs(z)                      %求模的命令行
ans =
   0.3162
>> angle(z)                    %求辐角的命令行
ans =
   2.8198
```

例 1.15 已知复数 $z_1 = \dfrac{1}{3+4i}$，$z_2 = \dfrac{1}{1-i} + \dfrac{3i}{2+7i}$，求 z_1 和 z_2 的和、差、积、商，z_1 的平方根、z_2 的 3 次幂.

解 求解过程如下：

```
>>z1=1/(3+4i)
>>z2=1/(1-i)+3i/(2+7i)
>> z1+z2                       %两复数和的命令行
ans =
   1.0162 + 0.4532i
>> z1-z2                       %两复数差的命令行
ans =
   -0.7762 - 0.7732i
>> z1*z2                       %两复数乘积的命令行
ans =
   0.2057 - 0.0698i
>> z1/z2                       %两复数商的命令行
ans =
   0.0080 - 0.1840i
>> sqrt(z1)                    %平方根的命令行
ans =
   0.4000 - 0.2000i
>> z2^3                        %3 次幂的命令行
```

```
ans =
    -0.2911 + 1.2470i
```

例 1.16 已知复变函数 $f(z) = \dfrac{(\mathrm{i}z^2+5)(z-1)}{z^3-1}$，求 $\lim\limits_{z \to 1} f(z)$.

解 求解过程如下：

```
>> syms z                          %定义变量的命令行
>> f=((i*z^2+5)*(z-1))/(z^3-1);    %定义函数的命令行
>> limit(f,z,1)                    %求极限的命令行
ans =
    5/3 + i/3
```

本 章 小 结

本章主要研究复数的模长、辐角、辐角主值以及复数的表示方法，掌握复数的四则运算及其几何意义，熟悉复数乘幂与开方的运算方法，了解复球面与无穷远点的概念，掌握复变函数的概念以及复变函数的极限与连续性的判定．

本章学习的基本要求：

(1) 理解复数辐角与辐角主值的区别；

(2) 熟练掌握利用复数的指数表示式来计算复数的乘幂与开方；

(3) 掌握复变函数极限与连续的判定方法．

练 习 题

1. 求下列复数 z 的实部与虚部、共轭复数、模与辐角．

(1) $\dfrac{1}{\mathrm{i}} - \dfrac{3\mathrm{i}}{1-\mathrm{i}}$.

(2) $\left(\dfrac{3+4\mathrm{i}}{1-2\mathrm{i}}\right)^2$.

2. 将下列复数化为三角式和指数式．

(1) $-5\mathrm{i}$.

(2) -1.

(3) $1+\mathrm{i}\sqrt{3}$.

(4) $1-\cos\varphi+\mathrm{i}\sin\varphi \quad (0 \leqslant \varphi \leqslant \pi)$.

(5) $\dfrac{1-\mathrm{i}}{1+\mathrm{i}}$.

(6) $\dfrac{(\cos 5\varphi + \mathrm{i}\sin 5\varphi)^2}{(\cos 3\varphi - \mathrm{i}\sin 3\varphi)^3}$.

3. 求下列各式的值．

(1) $(-1+\mathrm{i}\sqrt{3})^{10}$.

(2) $\sqrt[3]{-27}$.

4. 设 z 满足 $z^3+z-1=0$，求 $z^9+z^7+z^4+z$.

5. 指出下列各题中点 z 的轨迹或所在范围，并作图．

(1) $|z+2-3\mathrm{i}|=5$.

(2) $|z+2\mathrm{i}| \geqslant 1$.

(3) $\text{Re}(z+2) = -1$. (4) $\text{Re}(i\bar{z}) = 3$.
(5) $|z+2| = 2|z-1|$. (6) $|z+3| + |z+1| = 4$.
(7) $\text{Im}(z) \leqslant 2$. (8) $\left|\dfrac{z-3}{z-2}\right| \geqslant 1$.
(9) $0 < \arg z < \pi$. (10) $\arg(z-i) = \dfrac{\pi}{4}$.

6. 描述下列不等式所确定的区域或闭区域，并指明它是有界的还是无界的，单连通的还是多连通的.
(1) $\text{Im}(z) > 0$. (2) $|z-1| > 4$.
(3) $0 < \text{Re}(z) < 1$. (4) $2 \leqslant |z| \leqslant 3$.
(5) $|z-1| < |z+3|$. (6) $-1 < \arg z < -1 + \pi$.
(7) $|z-1| < 4|z+1|$. (8) $|z-2| + |z+2| \leqslant 6$.
(9) $|z-2| - |z+2| > 1$. (10) $z\bar{z} - (2+i)z - (2-i)\bar{z} \leqslant 4$.

7. 设 $f(z) = \dfrac{1}{2i}\left(\dfrac{z}{\bar{z}} - \dfrac{\bar{z}}{z}\right)$ $(z \neq 0)$，试证当 $z \to 0$ 时，$f(z)$ 的极限不存在.

8. 试证 $\arg z$ 在原点与负实轴上不连续.

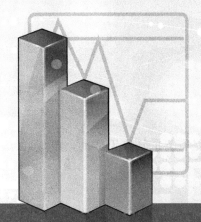

第2章 解析函数

解析函数是复变函数研究的主要对象，它在理论和实际问题中有着广泛的应用．本章在介绍复变函数导数概念和求导法则的基础上，着重讲解解析函数的概念及其判别法，阐明解析与可导的关系，然后介绍一些常用的初等函数，研究它们的解析性．

§2.1 解析函数的概念

2.1.1 复变函数的导数与微分

定义 2.1 设函数 $w=f(z)$ 在包含点 z_0 的某邻域 D 内有定义，且 $z_0+\Delta z\in D$，记 $\Delta w=f(z_0+\Delta z)-f(z_0)$．如果极限

$$\lim_{\Delta z\to 0}\frac{\Delta w}{\Delta z}=\lim_{\Delta z\to 0}\frac{f(z_0+\Delta z)-f(z_0)}{\Delta z}$$

存在，则称函数 $f(z)$ 在 z_0 处可导，其极限值为 $f(z)$ 在 z_0 处的**导数**，记作 $f'(z_0)$ 或 $\left.\dfrac{\mathrm{d}w}{\mathrm{d}z}\right|_{z=z_0}$，即

$$f'(z_0)=\lim_{\Delta z\to 0}\frac{\Delta w}{\Delta z}=\lim_{\Delta z\to 0}\frac{f(z_0+\Delta z)-f(z_0)}{\Delta z}. \tag{2.1}$$

若上式写成

$$\Delta w=f'(z_0)\Delta z+o(|\Delta z|),\quad (\Delta z\to 0) \tag{2.2}$$

则称 $\mathrm{d}w|_{z=z_0}=f'(z_0)\Delta z$ 或 $f'(z_0)\mathrm{d}z$ 为 $f(z)$ 在 z_0 处的**微分**，也称 $f(z)$ 在 z_0 处可微．

由此可见，函数 $w=f(z)$ 在 z_0 可导与可微是等价的．

应当注意，定义中 $\Delta z\to 0$ 的方式是任意的，也就是说，当 $z_0+\Delta z$ 在区域 D 内以任何

方式趋近于 z_0 时，$\dfrac{f(z_0+\Delta z)-f(z_0)}{\Delta z}$ 的极限都趋近于同一个数. 对于导数的这一限制比对一元实变函数的类似限制要严格得多，从而使复变函数具有许多独特的性质和应用.

定义 2.2 如果 $f(z)$ 在区域 D 内处处可导(可微)，则称 $f(z)$ 在 D 内可导(可微).

例 2.1 求函数 $f(z)=z^n$ 的导数(n 为正整数).

解 因为
$$\lim_{\Delta z \to 0}\frac{f(z+\Delta z)-f(z)}{\Delta z}=\lim_{\Delta z \to 0}\frac{(z+\Delta z)^n-z^n}{\Delta z}$$
$$=\lim_{\Delta z \to 0}\frac{[z^n+C_n^1 z^{n-1}\Delta z+C_n^2 z^{n-2}(\Delta z)^2+\cdots+(\Delta z)^n]-z^n}{\Delta z}$$
$$=\lim_{\Delta z \to 0}[nz^{n-1}+\frac{n(n-1)}{2}z^{n-1}\Delta z+\cdots+(\Delta z)^{n-1}]=nz^{n-1},$$

所以
$$f'(z)=nz^{n-1}.$$

例 2.2 设函数 $f(z)=\mathrm{Re}\,z$，证明 $f(z)$ 在全平面处处不可导.

证 任取 $z_0=x_0+\mathrm{i}\,y_0$，
$$\frac{f(z)-f(z_0)}{z-z_0}=\frac{\mathrm{Re}\,z-\mathrm{Re}\,z_0}{z-z_0}=\frac{\mathrm{Re}(z-z_0)}{z-z_0},$$

分别考虑直线 $\mathrm{Re}\,z=\mathrm{Re}\,z_0$ 及直线 $\mathrm{Im}\,z=\mathrm{Im}\,z_0$. 在直线 $\mathrm{Re}\,z=\mathrm{Re}\,z_0$ 上，上式恒等于 0；在直线 $\mathrm{Im}\,z=\mathrm{Im}\,z_0$ 上，上式恒等于 1. 所以当 $z\to z_0$ 时，上式的极限不存在，$f(z)$ 在 z_0 处不可导，由于 z_0 的任意性，$f(z)$ 在全平面处处不可导.

从例 2.2 可以看出，函数 $f(z)=\mathrm{Re}\,z$ 在复平面内处处连续却处处不可导，然而反过来却容易证明，在 z_0 处的可导函数必定在 z_0 处连续.

例 2.3 设函数 $f(z)$ 在 z_0 处可导，证明 $f(z)$ 在 z_0 处连续.

证 由于
$$\lim_{\Delta z \to 0}[f(z_0+\Delta z)-f(z_0)]=\lim_{\Delta z \to 0}\Delta z\cdot\frac{f(z_0+\Delta z)-f(z_0)}{\Delta z}$$
$$=\lim_{\Delta z \to 0}\Delta z\cdot\lim_{\Delta z \to 0}\frac{f(z_0+\Delta z)-f(z_0)}{\Delta z}=0\cdot f'(z_0)=0,$$

所以 $f(z)$ 在 z_0 处连续.

2.1.2 求导法则

复变函数中导数的定义与一元实变函数在形式上完全相同，极限运算法则也相同，因此一元实变函数中的求导法则可以推广到复变函数中来，且证法也是相同的. 现将常用的求导公式与法则叙述如下(设 $f(z)$、$g(z)$ 可导，c 为复常数)：

(1) $(cf(z))'=cf'(z)$；

(2) $[f(z)\pm g(z)]'=f'(z)\pm g'(z)$；

(3) $[f(z)g(z)]'=f'(z)g(z)+f(z)g'(z)$；

(4) $\left[\dfrac{f(z)}{g(z)}\right]' = \dfrac{f'(z)g(z)-f(z)g'(z)}{g^2(z)}$，其中 $g(z) \neq 0$；

(5) $[f(g(z))]' = f'(w)g'(z) = f'(g(z)) \cdot g'(z)$，其中 $w = g(z)$；

(6) 当 $w = f(z)$ 与 $z = h(w)$ 是两个互为反函数的单值函数，且 $h'(w) \neq 0$，则 $f'(z) = \dfrac{1}{h'(w)}$.

例 2.4 已知 $f(z) = (z^2 - 4z + 6)^3$，求 $f'(0)$.

解 $f'(z) = 3(z^2-4z+6)^2(2z-4)$，$f'(0) = f'(z)\big|_{z=0} = 3 \cdot 6^2 \cdot (-4) = -432$.

2.1.3 解析函数的定义

仅在一点处可导而在其邻域内不可导的函数，在实际中意义不大，所以主要考虑在一点的邻域内可导的函数以及在区域内各点处都可导的函数，即解析函数.

定义 2.3 如果函数 $f(z)$ 在点 z_0 及 z_0 的某个邻域内处处可导，则称 $f(z)$ 在点 z_0 处**解析**，也称它在这点**全纯**或**正则**；如果 $f(z)$ 在区域 D 内每一点都解析，则称 $f(z)$ 是 D 内的解析函数，也称它为**全纯函数**或**正则函数**.

定义 2.4 若函数 $f(z)$ 在 z_0 处不解析，则称 z_0 为 $f(z)$ 的**奇点**.

由上述定义可知，函数在一点处解析和一点处可导是两个不同的概念. 函数的解析点一定是可导点，反之不一定成立. 但是函数在某区域内解析与函数在该区域内处处可导是等价的. 事实上，若 $f(z)$ 在区域 D 内解析，当然也处处可导；另一方面，若 $f(z)$ 在区域 D 内处处可导，由于 D 为开集，每点均为内点，因此每点都有一邻域全部含于 D，即 $f(z)$ 在此邻域中每一点都可导，所以 $f(z)$ 在 D 中每一点处都解析，从而 $f(z)$ 在区域 D 内解析.

例 2.1 中的 $f(z) = z^n$ 在复平面中每一点处都可导，所以它在整个复平面内处处解析.

例 2.5 证明 $w = f(z) = \bar{z}$ 在复平面上处处不解析.

证 对复平面上任意一点 z，

$$\dfrac{\Delta w}{\Delta z} = \dfrac{\overline{z+\Delta z}-\bar{z}}{\Delta z} = \dfrac{\overline{\Delta z}}{\Delta z} = \dfrac{\Delta x - \mathrm{i}\Delta y}{\Delta x + \mathrm{i}\Delta y}.$$

当 $z + \Delta z$ 沿水平方向（$\Delta y = 0$）趋于 z 时（见图 2.1），上式极限为 1；当 $z + \Delta z$ 沿竖直方向（$\Delta x = 0$）趋于 z 时，上式极限为 -1，所以 $\lim\limits_{\Delta z \to 0} \dfrac{\Delta w}{\Delta z}$ 不存在，即 $f(z)$ 在复平面上处处不可导，从而 $f(z)$ 在复平面上处处不解析.

定理 2.1 解析函数的和、差、积、商（分母不为 0）仍然是解析函数；解析函数的复合函数也是解析函数.

从这个定理可知，所有的多项式函数在复平面内是处处解析的；任何一个有理分式函数在不含分母为零的点的区域内是解析函数，分母为零的点是该函数的奇点.

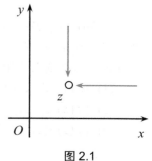

图 2.1

§2.2 函数解析的充要条件

判断函数 $w=f(z)$ 在区域 D 内是否解析,关键在于判断 $f(z)$ 在区域 D 内是否可导. 但是,要判断一个函数是否可导,只根据导数定义往往是很困难的,因此需要寻找一种简便可行的方法.

一个复变函数本质上等价于两个二元实函数,这项研究首先是数学家黎曼提出来的,而且作了大量工作,其中最著名的工作之一是弄清了函数 $f(z)=u(x,y)+\mathrm{i}v(x,y)$ 在点 z_0 处可微与二元实函数 $u(x,y)$,$v(x,y)$ 在点 (x_0,y_0) 处可微的关系.

定理 2.2 设 $f(z)=u(x,y)+\mathrm{i}v(x,y)$ 在区域 D 内有定义,且在 D 内一点 $z=x+\mathrm{i}y$ 处可导,则 $u(x,y)$,$v(x,y)$ 在点 (x,y) 处存在偏导数 $\dfrac{\partial u}{\partial x}$,$\dfrac{\partial u}{\partial y}$,$\dfrac{\partial v}{\partial x}$,$\dfrac{\partial v}{\partial y}$,满足方程

$$\frac{\partial u}{\partial x}=\frac{\partial v}{\partial y},\ \frac{\partial u}{\partial y}=-\frac{\partial v}{\partial x} \tag{2.3}$$

且在点 z 处有

$$f'(z)=\frac{\partial u}{\partial x}+\mathrm{i}\frac{\partial v}{\partial x}=\frac{\partial v}{\partial y}-\mathrm{i}\frac{\partial u}{\partial y}. \tag{2.4}$$

证 由于 $f(z)$ 在点 z 处可导,则以任何方式 $\Delta z \to 0$ 时,都有

$$f'(z)=\lim_{\Delta z\to 0}\frac{\Delta f}{\Delta z}.$$

令

$$\Delta z=\Delta x+\mathrm{i}\Delta y,\quad \Delta f=f(z+\Delta z)-f(z)=\Delta u+\mathrm{i}\Delta v,$$

复变函数的导数

其中

$$\Delta u=u(x+\Delta x,y+\Delta y)-u(x,y),\quad \Delta v=v(x+\Delta x,y+\Delta y)-v(x,y).$$

不妨先取 $\Delta y=0$,$\Delta x\to 0$,有 $\Delta z\to 0$,则

$$f'(z)=\lim_{\Delta z\to 0}\frac{\Delta f}{\Delta z}=\lim_{\substack{\Delta x\to 0\\ \Delta y=0}}\frac{\Delta u+\mathrm{i}\Delta v}{\Delta x}=\lim_{\Delta x\to 0}\frac{\Delta u}{\Delta x}+\mathrm{i}\lim_{\Delta x\to 0}\frac{\Delta v}{\Delta x}=\frac{\partial u}{\partial x}+\mathrm{i}\frac{\partial v}{\partial x}.$$

再取 $\Delta x=0$,$\Delta y\to 0$,同样有 $\Delta z\to 0$,则

$$f'(z)=\lim_{\Delta z\to 0}\frac{\Delta f}{\Delta z}=\lim_{\substack{\Delta y\to 0\\ \Delta x=0}}\frac{\Delta u+\mathrm{i}\Delta v}{\mathrm{i}\Delta y}=\lim_{\Delta y\to 0}\frac{\Delta u}{\mathrm{i}\Delta y}+\lim_{\Delta y\to 0}\frac{\Delta v}{\Delta y}=-\mathrm{i}\frac{\partial u}{\partial y}+\frac{\partial v}{\partial y}.$$

比较上面两式,得到

$$\frac{\partial u}{\partial x}=\frac{\partial v}{\partial y},\ \frac{\partial u}{\partial y}=-\frac{\partial v}{\partial x},$$

且在点 z 处有

$$f'(z)=\frac{\partial u}{\partial x}+\mathrm{i}\frac{\partial v}{\partial x}=\frac{\partial v}{\partial y}-\mathrm{i}\frac{\partial u}{\partial y}.$$

定义 2.5 式(2.3)称为**柯西-黎曼条件**,通常称为 C-R 条件.

定理表明,若函数 $f(z)$ 在点 z 处可导,则依据式(2.4)可求得点 z 处的导数 $f'(z)$,这

种方法比利用导数定义计算方便很多. 需要注意 C-R 条件的成立,仅能保证按 $\Delta z = \Delta x$ 与 $\Delta z = \mathrm{i}\Delta y$ 的方式趋于零时,极限值相同;但不能保证 Δz 按其他方式趋于零时,上式也趋于同一极限,因此定理 2.2 只是函数 $f(z)$ 在点 z 处可导的必要条件.

例 2.6 讨论 $f(z) = \sqrt{|xy|}$ 在点 $z = 0$ 处的可导性.

解 由题设,$u(x,y) = \sqrt{|xy|}$,$v(x,y) = 0$,在点 $z = 0$ 处有

$$\left.\frac{\partial u}{\partial x}\right|_{(0,0)} = \lim_{\Delta x \to 0} \frac{u(0+\Delta x, 0) - u(0,0)}{\Delta x} = 0, \quad \left.\frac{\partial u}{\partial y}\right|_{(0,0)} = 0,$$

同理

$$\left.\frac{\partial v}{\partial x}\right|_{(0,0)} = \left.\frac{\partial v}{\partial y}\right|_{(0,0)} = 0,$$

所以函数 $f(z) = \sqrt{|xy|}$ 在点 $z = 0$ 处满足 C-R 条件.

但是根据导数定义,

$$\frac{f(\Delta z) - f(0)}{\Delta z} = \frac{\sqrt{|\Delta x \cdot \Delta y|}}{\Delta x + \mathrm{i}\Delta y},$$

当 Δz 沿射线 $\Delta y = k\Delta x$ 趋于零时,极限值为 $\pm\dfrac{\sqrt{|k|}}{1+\mathrm{i}k}$,随 k 的变化而变化,即 $\Delta z \to 0$ 时上式极限不存在,$f(z)$ 在该点 $z = 0$ 处不可导.

例 2.6 再次表明,定理 2.2 是 $f(z)$ 在点 z 处可导的必要条件. 要得到充要条件,需要进一步对定理 2.2 中的条件进行加强.

定理 2.3 函数 $f(z) = u(x,y) + \mathrm{i}v(x,y)$ 在区域 D 内任一点 $z = x + \mathrm{i}y$ 处可导的充要条件为 $u(x,y)$、$v(x,y)$ 在该点 (x,y) 处可微,且满足 C-R 条件.

证 先证明必要性. 设 $f(z)$ 在区域 D 内一点 $z = x + \mathrm{i}y$ 处可导,则对充分小的 $|\Delta z| > 0$,有

$$f(z+\Delta z) - f(z) = f'(z) \cdot \Delta z + \rho(\Delta z) \cdot \Delta z \tag{2.5}$$

其中

$$\lim_{\Delta z \to 0} \rho(\Delta z) = 0.$$

令

$$f'(z) = a + \mathrm{i}b, \quad \rho(\Delta z) = \rho_1 + \mathrm{i}\rho_2,$$

则式(2.5)写成

$$\Delta u + \mathrm{i}\Delta v = (a\Delta x - b\Delta y) + \mathrm{i}(b\Delta x + a\Delta y) + (\rho_1\Delta x - \rho_2\Delta y) + \mathrm{i}(\rho_2\Delta x + \rho_1\Delta y).$$

其中 $\rho_1\Delta x - \rho_2\Delta y$ 和 $\rho_2\Delta x + \rho_1\Delta y$ 是比 $|\Delta z|$ 更高阶的无穷小.

比较上式的实部和虚部,即得

$$\Delta u = a\Delta x - b\Delta y + \rho_1\Delta x - \rho_2\Delta y,$$
$$\Delta v = b\Delta x + a\Delta y + \rho_2\Delta x + \rho_1\Delta y.$$

根据二元实函数的微分定义,$u(x,y)$,$v(x,y)$ 在点 (x,y) 处可微,且有

$$\frac{\partial u}{\partial x}=a, \quad \frac{\partial u}{\partial y}=-b, \quad \frac{\partial v}{\partial x}=b, \quad \frac{\partial v}{\partial y}=a,$$

从而满足 C-R 条件.

再证明充分性. 因 $u(x,y)$，$v(x,y)$ 在点 (x,y) 处可微，所以

$$\Delta u = \frac{\partial u}{\partial x}\Delta x + \frac{\partial u}{\partial y}\Delta y + \rho_1,$$

$$\Delta v = \frac{\partial v}{\partial x}\Delta x + \frac{\partial v}{\partial y}\Delta y + \rho_2.$$

其中，ρ_1, ρ_2 是比 $|\Delta z|$ 更高阶的无穷小. 再由 C-R 条件，可令

$$\frac{\partial u}{\partial x}=\frac{\partial v}{\partial y}=a, \quad \frac{\partial u}{\partial y}=-\frac{\partial v}{\partial x}=-b,$$

则

$$f(z+\Delta z)-f(z)=\Delta u+\mathrm{i}\Delta v = a\Delta x - b\Delta y + \rho_1 + \mathrm{i}(b\Delta x + a\Delta y + \rho_2)$$
$$= (a+\mathrm{i}b)(\Delta x + \mathrm{i}\Delta y) + \rho_1 + \mathrm{i}\rho_2,$$

两端同除以 Δz，有

$$\frac{f(z+\Delta z)-f(z)}{\Delta z} = a + \mathrm{i}b + \frac{\rho_1 + \mathrm{i}\rho_2}{\Delta z}.$$

令 $\Delta z \to 0$，注意到

$$|\rho| = \left|\frac{\rho_1 + \mathrm{i}\rho_2}{\Delta z}\right| \leqslant \frac{|\rho_1| + |\rho_2|}{|\Delta z|} \to 0,$$

所以

$$\lim_{\Delta z \to 0}\frac{f(z+\Delta z)-f(z)}{\Delta z} = a+\mathrm{i}b,$$

即

$$f'(z) = a + \mathrm{i}b = \frac{\partial u}{\partial x} + \mathrm{i}\frac{\partial v}{\partial x} = \frac{\partial v}{\partial y} - \mathrm{i}\frac{\partial u}{\partial y}.$$

定理 2.3 给出了判断函数在一点处可导的充要条件及计算方法. 进一步地，可给出函数在一点处解析的充要条件.

定理 2.4 函数 $f(z)=u(x,y)+\mathrm{i}v(x,y)$ 在区域 D 内一点 z_0 处解析的充要条件是存在 z_0 的一个邻域 $U(z_0,\delta)$，使得 $u(x,y)$，$v(x,y)$ 在 $U(z_0,\delta)$ 内可微，且满足 C-R 条件.

依据定理 2.4 即可得到函数在区域内解析的充要条件.

定理 2.5 函数 $f(z)=u(x,y)+\mathrm{i}v(x,y)$ 在区域 D 内解析的充要条件是 $u(x,y)$、$v(x,y)$ 在区域 D 内可微，且满足 C-R 条件.

例 2.7 判断下列函数是否解析.

(1) $f(z) = \mathrm{e}^x(\cos y + \mathrm{i}\sin y)$； (2) $f(z) = 3x^2 + 4\mathrm{i}y^3$.

解 (1) $u = \mathrm{e}^x\cos y$，$v = \mathrm{e}^x\sin y$，有

$$\frac{\partial u}{\partial x} = \mathrm{e}^x\cos y, \quad \frac{\partial u}{\partial y} = -\mathrm{e}^x\sin y, \quad \frac{\partial v}{\partial x} = \mathrm{e}^x\sin y, \quad \frac{\partial v}{\partial y} = \mathrm{e}^x\cos y,$$

例 2.7 讲解

则
$$\frac{\partial u}{\partial x} = \frac{\partial v}{\partial y}, \quad \frac{\partial u}{\partial y} = -\frac{\partial v}{\partial x},$$

且上述四个偏导数都是连续的，所以 $u(x,y)$，$v(x,y)$ 可微，$f(z)$ 在复平面内处处解析。

由式(2.4)，得
$$f'(z) = e^x(\cos y + i\sin y) = f(z),$$

这个特殊函数就是下一节要介绍的复变**指数函数**。

(2) $u = 3x^2$，$v = 4y^3$，有
$$\frac{\partial u}{\partial x} = 6x, \quad \frac{\partial u}{\partial y} = 0, \quad \frac{\partial v}{\partial x} = 0, \quad \frac{\partial v}{\partial y} = 12y^2,$$

四个偏导数在复平面上处处连续，但只在 $6x = 12y^2$ 时满足 C-R 条件，即 $f(z)$ 只在曲线 $x = 2y^2$ 上可导，从而在 z 平面上处处不解析。

例 2.8 设函数 $f(z) = my^3 + nx^2y + i(x^3 + lxy^2)$，试问常数 m, n, l 取何值时，$f(z)$ 在复平面内处处解析？

解 $u = my^3 + nx^2y$，$v = x^3 + lxy^2$，有
$$\frac{\partial u}{\partial x} = 2nxy, \quad \frac{\partial u}{\partial y} = 3my^2 + nx^2, \quad \frac{\partial v}{\partial x} = 3x^2 + ly^2, \quad \frac{\partial v}{\partial y} = 2lxy,$$

这四个偏导数在复平面上连续，且满足 C-R 条件，即
$$\frac{\partial u}{\partial x} = \frac{\partial v}{\partial y}, \quad \frac{\partial u}{\partial y} = -\frac{\partial v}{\partial x},$$

只需
$$2nxy = 2lxy, \quad 3my^2 + nx^2 = -3x^2 - ly^2.$$

因此，当 $m = 1$，$n = l = -3$ 时，函数在复平面内处处解析。

例 2.9 证明 若函数 $f(z)$ 在区域 D 内解析，且满足下列条件之一，则 $f(z)$ 是常数。

(1) $|f(z)|$ 在 D 内为非零常数；　　(2) $\overline{f(z)}$ 在 D 内解析。

证 设 $f(z) = u(x,y) + iv(x,y)$。

(1) $|f(z)| = \sqrt{u^2 + v^2} = c(\neq 0)$，得 $u^2 + v^2 = c^2$。两边求偏导数，得
$$u\frac{\partial u}{\partial x} + v\frac{\partial v}{\partial x} = 0,$$
$$u\frac{\partial u}{\partial y} + v\frac{\partial v}{\partial y} = 0.$$

由于 $c \neq 0$，u, v 不能同时为零，即上述齐次线性方程组有非零解，故系数行列式必为零，有
$$\begin{vmatrix} \dfrac{\partial u}{\partial x} & \dfrac{\partial v}{\partial x} \\ \dfrac{\partial u}{\partial y} & \dfrac{\partial v}{\partial y} \end{vmatrix} = 0,$$

即
$$\frac{\partial u}{\partial x}\cdot\frac{\partial v}{\partial y}-\frac{\partial u}{\partial y}\cdot\frac{\partial v}{\partial x}=0.$$

利用 C-R 条件，上式变成
$$\left(\frac{\partial u}{\partial x}\right)^2+\left(\frac{\partial u}{\partial y}\right)^2=0,$$

因此
$$\frac{\partial u}{\partial x}=0,\quad \frac{\partial u}{\partial y}=0.$$

再由 C-R 条件，得
$$\frac{\partial v}{\partial x}=0,\quad \frac{\partial v}{\partial y}=0.$$

故 u、v 都与 x、y 无关，即 $u=c_1$，$v=c_2$，所以 $f(z)=c_1+\mathrm{i}c_2$，$f(z)$ 是常数.

(2) 由于 $f(z)$ 在区域 D 内解析，因此在 D 内满足
$$\frac{\partial u}{\partial x}=\frac{\partial v}{\partial y},\quad \frac{\partial u}{\partial y}=-\frac{\partial v}{\partial x}.$$

又 $\overline{f(z)}=u-\mathrm{i}v$ 在 D 内解析，有
$$\frac{\partial u}{\partial x}=\frac{\partial(-v)}{\partial y},\quad \frac{\partial u}{\partial y}=-\frac{\partial(-v)}{\partial x}.$$

由上述四个式子，得
$$\frac{\partial u}{\partial x}=\frac{\partial u}{\partial y}=0,\quad \frac{\partial v}{\partial x}=\frac{\partial v}{\partial y}=0.$$

故 u、v 都与 x、y 无关，即 $u=c_1$，$v=c_2$，所以 $f(z)=c_1+\mathrm{i}c_2$，$f(z)$ 是常数.

§2.3 初等复变函数

初等复变函数是实变函数中相应初等函数的推广. 作为一种推广，自然不能违反原有实变函数的特点，但此时已突破实数范围的限制，因此即将看到许多重要性质，如指数函数的周期性，对数函数的无穷多值性，正弦、余弦函数的无界性，特别是多值函数的本质等.

2.3.1 指数函数

在高等数学中，指数函数 e^x 的导数仍然是它本身. 要定义复变指数函数 $f(z)$，当然要求也具有此性质，即 $f'(z)=f(z)$；此外，还需满足当 z 取实数，即 $\mathrm{Im}\, z=0$ 时，$f(z)=\mathrm{e}^x$. 上节中例 2.7 中(1)给出的函数

$$f(z) = e^x(\cos y + i\sin y)$$

正好满足条件.

定义 2.6 对于复数 $z = x + iy$，称
$$w = e^z = \exp(z) = e^x(\cos y + i\sin y)$$

为 z 的**指数函数**.

特殊地，当 z 取实数，即 $y = 0$，$z = x$ 时，得 $e^z = e^x$，与实变指数函数 e^x 一致；当 z 取纯虚数，即 $x = 0$，$z = iy$ 时，得 $e^z = e^{iy} = \cos y + i\sin y$，即欧拉公式.

由定义，容易验证指数函数具有以下性质.

(1) 指数函数 e^z 在整个 z 平面上都有定义，且 $e^z \neq 0$.

事实上，对 z 平面上的任意一点 z，$e^x, \cos y$ 和 $\sin y$ 都有定义，且 $|e^z| = e^x > 0$.

(2) 对任意的 $z_1 = x_1 + iy_1$，$z_2 = x_2 + iy_2$，有
$$e^{z_1+z_2} = e^{z_1} \cdot e^{z_2}$$

事实上，$e^{z_1+z_2} = e^{(x_1+x_2)+i(y_1+y_2)} = e^{x_1+x_2}[\cos(y_1+y_2) + i\sin(y_1+y_2)]$
$= e^{x_1}(\cos y_1 + i\sin y_1) \cdot e^{x_2}(\cos y_2 + i\sin y_2)$
$= e^{x_1+iy_1} \cdot e^{x_2+iy_2} = e^{z_1} \cdot e^{z_2}$.

(3) e^z 是以 $2\pi i$ 为周期的周期函数，即
$$e^{z+2\pi i} = e^z.$$

事实上，$e^{z+2\pi i} = e^z \cdot e^{2\pi i} = e^z(\cos 2\pi + i\sin 2\pi) = e^z$.

一般地，$e^{z+2k\pi i} = e^z$，其中 $k = 0, \pm 1, \pm 2, \cdots$

(4) e^z 在整个 z 平面上处处解析，且有 $(e^z)' = e^z$.

2.3.2 对数函数

定义 2.7 指数函数 $z = e^w (z \neq 0)$ 的反函数，称为**对数函数**，记为 $w = \text{Ln}\, z$.

为导出其计算公式，设 $z = re^{i\theta}$，$w = u + iv$，则由 $z = e^w$，得
$$e^{u+iv} = re^{i\theta},$$

对数函数与幂函数

所以
$$e^u = r, \quad v = \theta + 2k\pi \,(k \text{ 为任意整数}).$$

从而 $u = \ln r$，因此
$$w = \ln r + i(\theta + 2k\pi),$$

即
$$w = \text{Ln}\, z = \ln|z| + i\,\text{Arg}\, z$$

或
$$w = \text{Ln}\, z = \ln|z| + i\arg z + i2k\pi \,(k \text{ 为任意整数}).$$

由此可见，由于 $\text{Arg}\, z$ 是无穷多值的，因此对数函数 $w = \text{Ln}\, z$ 也是无穷多值的. 对于不同的 k 值，对应一个单值函数，称为 $w = \text{Ln}\, z$ 的一个分支，且每两个分支之间相差 $2\pi i$ 的整数倍.

当 $k = 0$ 时，$w = \ln|z| + i\arg z$ 称为 $\text{Ln}\, z$ 的**主值支**，记为 $\ln z$，即

$$\ln z = \ln|z| + i\arg z \quad \text{或} \quad \operatorname{Ln} z = \ln z + 2k\pi i.$$

当 $z = x > 0$ 时，$\ln|z| = \ln x$，$\arg z = 0$，有 $\ln z = \ln x$，即主值对数是正实数对数在复数域的推广.

复变对数函数保持了实对数函数的基本性质.

设 $z_1 \neq 0$，$z_2 \neq 0$，由对数定义和辐角的性质，有

(1) $\operatorname{Ln}(z_1 z_2) = \operatorname{Ln} z_1 + \operatorname{Ln} z_2$.

(2) $\operatorname{Ln}\left(\dfrac{z_1}{z_2}\right) = \operatorname{Ln} z_1 - \operatorname{Ln} z_2$.

需要注意，等式两端都是无穷多个复数值的集合，其等号成立是指两边的集合相等.

(3) 连续性(仅讨论主值支 $\ln z = \ln|z| + i\arg z$).

$\ln|z|$ 在除原点外的复平面内处处连续，而 $\arg z$ 在原点及负实轴上不连续，因此 $\ln z$ 在除原点及负实轴外的复平面上处处连续.

(4) 解析性.

当 $-\pi < \arg z < \pi$ 时，$z = e^w$ 的反函数 $w = \ln z$ 是单值的，由反函数的求导法则可知

$$\frac{d\ln z}{dz} = \frac{1}{\dfrac{de^w}{dw}} = \frac{1}{e^w} = \frac{1}{z},$$

因此 $\ln z$ 在除原点及负实轴的平面内解析. 类似地，$\operatorname{Ln} z$ 的各个单值分支在除原点及负实轴的平面内也是解析的，并且有相同的导数值.

例 2.10 求 $\ln(1+i)$，$\operatorname{Ln}(-1)$ 的值.

解 $\ln(1+i) = \ln\sqrt{2} + \dfrac{\pi i}{4}$；

$\operatorname{Ln}(-1) = \ln|-1| + i\arg(-1) + 2k\pi i = \pi i + 2k\pi i \ (k = 0, \pm 1, \pm 2, \cdots)$.

2.3.3 幂函数

定义 2.8 函数 $w = z^\alpha$ (α 为复常数，$z \neq 0$)规定为

$$z^\alpha = e^{\alpha \operatorname{Ln} z} = e^{\alpha(\ln|z| + i\arg z + 2k\pi i)} \quad (k = 0, \pm 1, \pm 2, \cdots)$$

称为复变量 z 的**幂函数**.

补充规定：当 α 为正实数且 $z = 0$ 时，$z^\alpha = 0$.

由于 $\operatorname{Ln} z$ 是多值函数，所以 z^α 一般也是多值函数.

下面讨论当 α 取几种特殊值时的情形.

(1) 当 $\alpha = n$ (n 为正整数)时，有

$$w = z^n = e^{n\ln z} \cdot e^{2nk\pi i} = e^{n\ln z}$$

是单值函数，也就是 z 的 n 次幂.

(2) 当 $\alpha = -n$ (n 为正整数)时，有

$$z^{-n} = e^{-n\ln z} = \frac{1}{e^{n\ln z}} = \frac{1}{z^n}$$

也是单值函数.

(3) 当 α 为有理数 $\dfrac{p}{q}$ (p 与 q 为互质的整数，$q>0$)时，有

$$z^{\frac{p}{q}} = e^{\frac{p}{q}\text{Ln}z} = e^{\frac{p}{q}\ln z} \cdot e^{\frac{2p}{q}k\pi i} \quad (k=0,\pm 1,\pm 2,\cdots).$$

由于 p 与 q 互质，当 k 取 $0,1,\cdots,q-1$ 时，

$$e^{\frac{2p}{q}k\pi i} = (e^{2kp\pi i})^{\frac{1}{q}}$$

是 q 个不同的值；若 k 取其他整数，上述 q 个值将重复出现，因此是 q 值函数，有 q 个不同的分支.

特殊地，当 $p=1$、$q=n$ 时，就是根式函数 $w=\sqrt[n]{z}$.

(4) 当 α 取无理数或复数($\text{Im}\alpha \neq 0$)时，z^α 是无穷多值函数.

此外，由于对数函数 $\text{Ln}z$ 的各个分支在除原点和负实轴的复平面内是解析的，因此幂函数 z^α 的各个分支在除原点和负实轴的复平面内也是解析的. 由复合函数的求导法则，有

$$(z^\alpha)' = (e^{\alpha \text{Ln}z})' = (e^{\alpha \text{Ln}z}) \cdot (\alpha \text{Ln}z)' = e^{\alpha \text{Ln}z} \cdot \dfrac{\alpha}{z} = \alpha z^{\alpha-1}.$$

例 2.11 求 i^{1+i}，$2^{\sqrt{2}}$ 的值.

解
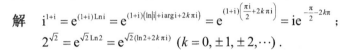

$2^{\sqrt{2}} = e^{\sqrt{2}\text{Ln}2} = e^{\sqrt{2}(\ln 2 + 2k\pi i)} \quad (k=0,\pm 1,\pm 2,\cdots).$

例 2.11 讲解

2.3.4 三角函数与双曲函数

由欧拉公式

$$e^{iy} = \cos y + i\sin y, \quad e^{-iy} = \cos y - i\sin y,$$

将两式相减、相加，分别得到

$$\sin y = \dfrac{1}{2i}(e^{iy} - e^{-iy}), \tag{2.6}$$

$$\cos y = \dfrac{1}{2}(e^{iy} + e^{-iy}). \tag{2.7}$$

这两个式子给出了实三角函数与复变指数函数之间的关系.

定义 2.9 现将式(2.6)和式(2.7)中的实变量推广到复变量 z，即

$$\sin z = \dfrac{1}{2i}(e^{iz} - e^{-iz}) \tag{2.8}$$

和

$$\cos z = \dfrac{1}{2}(e^{iz} + e^{-iz}), \tag{2.9}$$

分别称为 z 的**正弦函数**和**余弦函数**.

由复变指数函数的性质给出正弦函数和余弦函数的性质.

(1) 当 $z=x$ 时，与高等数学中正弦函数及余弦函数的定义是一致的.

(2) 在复平面内处处解析，且

$$(\sin z)' = \cos z, \quad (\cos z)' = -\sin z.$$

(3) $\sin z$ 是奇函数，$\cos z$ 是偶函数，且实三角函数的三角恒等式仍成立，例如
$$\sin^2 z + \cos^2 z = 1, \quad \cos 2z = \cos^2 z - \sin^2 z,$$
$$\sin(z_1 + z_2) = \sin z_1 \cos z_2 + \cos z_1 \sin z_2,$$
等等.

(4) $\sin z$ 及 $\cos z$ 是以 2π 为周期的周期函数.

根据定义，有
$$\sin(z + 2\pi) = \frac{e^{i(z+2\pi)} - e^{-i(z+2\pi)}}{2i} = \frac{e^{iz} \cdot e^{2\pi i} - e^{-iz} \cdot e^{-2\pi i}}{2i} = \sin z.$$

同理，$\cos(z + 2\pi) = \cos z$.

(5) 零点.

令 $\sin z = \dfrac{e^{iz} - e^{-iz}}{2i} = 0$，则 $e^{iz} = e^{-iz}$，即 $e^{2iz} = 1$.

设 $z = x + iy$，有
$$e^{2ix} \cdot e^{-2y} = e^{-2y}(\cos 2x + i\sin 2x) = 1,$$

因此
$$e^{-2y}\cos 2x = 1, \quad e^{-2y}\sin 2x = 0.$$

故
$$x = k\pi, \quad y = 0.$$

所以 $\sin z$ 的零点是 $z = k\pi$ $(k = 0, \pm 1, \pm 2, \cdots)$.

同理，$\cos z = 0$ 的零点是 $z = k\pi + \dfrac{\pi}{2}$ $(k = 0, \pm 1, \pm 2, \cdots)$.

(6) $|\sin z| \leqslant 1$ 与 $|\cos z| \leqslant 1$ 在复数范围内不成立，这一性质与实三角函数完全不同.

事实上，$|\sin z| = \left|\dfrac{e^{iz} - e^{-iz}}{2i}\right| = \dfrac{1}{2}\left|e^{iz} - e^{-iz}\right| \geqslant \dfrac{1}{2}\left||e^{iz}| - |e^{-iz}|\right|$，

令 $z = iy$，则
$$\frac{1}{2}\left||e^{iz}| - |e^{-iz}|\right| = \frac{1}{2}\left|e^{-y} - e^{y}\right| \to +\infty \quad (y \to +\infty).$$

同理，$|\cos z| \to +\infty$.

(7) $\cos^2 z$ 及 $\sin^2 z$ 不总是非负的，可能取任意复数值，这一性质与实三角函数也不同.

定义 2.10 引入 $\sin z$ 及 $\cos z$ 的定义后，可以定义其他三角函数
$$\tan z = \frac{\sin z}{\cos z}, \quad \cot z = \frac{\cos z}{\sin z},$$
$$\sec z = \frac{1}{\cos z}, \quad \csc z = \frac{1}{\sin z}.$$

上述四个函数在 z 平面上分母不为零的点处解析(读者可自行求其导数).

定义 2.11 定义
$$\sinh z = \frac{e^z - e^{-z}}{2}, \quad \cosh z = \frac{e^z + e^{-z}}{2},$$
$$\tanh z = \frac{\sinh z}{\cosh z}, \quad \coth z = \frac{1}{\tanh z},$$

分别称为**双曲正弦**、**双曲余弦**、**双曲正切**和**双曲余切**函数.

双曲函数的性质如下.

(1) 都是相应的实双曲函数在复数范围内的推广.

(2) $\sinh z$ 及 $\cosh z$ 以 $2\pi i$ 为基本周期.

(3) $\sinh z$ 为奇函数，$\cosh z$ 为偶函数.

(4) $\sinh z$、$\cosh z$ 是复平面内的解析函数，且
$$(\cosh z)' = \sinh z, \qquad (\sinh z)' = \cosh z.$$

(5) 三角函数与双曲函数有如下关系.
$$\cosh(iz) = \cos z, \qquad \cos(iz) = \cosh z,$$
$$\sinh(iz) = i\sin z, \qquad \sin(iz) = i\sinh z,$$
$$\cosh^2 z - \sinh^2 z = 1.$$

例 2.12 计算 $\cos(1+i)$ 的值.

解 $\cos(1+i) = \dfrac{e^{i(1+i)} + e^{-i(1+i)}}{2} = \dfrac{e^{i-1} + e^{1-i}}{2} = \dfrac{e^{-1} \cdot e^{i} + e \cdot e^{-i}}{2}$

$= \dfrac{e + e^{-1}}{2}\cos 1 + i\dfrac{e^{-1} - e}{2}\sin 1.$

2.3.5 反三角函数与反双曲函数

反三角函数定义为三角函数的反函数.

定义 2.12 设
$$z = \sin w,$$
则称 w 为 z 的**反正弦函数**，记为 $w = \text{Arcsin}\, z$.

由
$$z = \sin w = \dfrac{e^{iw} - e^{-iw}}{2i},$$

得到
$$e^{2iw} - 2ize^{iw} - 1 = 0.$$

这是关于 e^{iw} 的二次方程，解得
$$e^{iw} = iz \pm \sqrt{1-z^2}.$$

由于上式中 $\sqrt{1-z^2}$ 已表示根式的两个值，因此根号前的"−"可以去掉，有
$$\text{Arcsin}\, z = -i\,\text{Ln}(iz + \sqrt{1-z^2}).$$

同理，有
$$\text{Arccos}\, z = -i\,\text{Ln}(z + \sqrt{z^2-1}),$$
$$\text{Arctan}\, z = -\dfrac{i}{2}\text{Ln}\dfrac{1+iz}{1-iz}.$$

反双曲函数定义为双曲函数的反函数.

定义 2.13　反双曲正弦　　$\text{Arsinh}\,z = \text{Ln}(z+\sqrt{z^2+1})$，

　　　　　　　反双曲余弦　　$\text{Arcosh}\,z = \text{Ln}(z+\sqrt{z^2-1})$，

　　　　　　　反双曲正切　　$\text{Artanh}\,z = \dfrac{1}{2}\text{Ln}\dfrac{1+z}{1-z}$，

它们都是多值函数.

§2.4　用 MATLAB 运算

MATLAB 中的数学函数，其输入参数可以是实数、复数及数组，因此对初等复变函数的计算可直接将函数的输入参数用复数代入即可.

例 2.13　计算 e^{1+i}，$\ln(-2)$，i^i，$\sin 2i$ 的值.

解　求解过程如下：

```
>>w=exp(1+i)              %求指数函数的命令行
w=
  1.4687+2.2874i
>>w=log(-2)               %求对数函数的命令行
w=
  0.6931+3.1416i
>>w=i^i                   %求幂函数的命令行
w=
  0.2079
>>w=sin(2*i)              %求正弦函数的命令行
w=
  0.0000+3.6269i
```

本 章 小 结

本章主要研究复变函数的导数与解析函数的基本概念，掌握判断复变函数可导与解析的方法，熟悉复变量初等函数的定义和性质. 需要注意在复数范围内，实变量初等函数的哪些性质不再成立，哪些性质是新呈现的.

本章学习的基本要求如下.

(1) 理解复变函数在一点处可导与解析的关系以及在区域内可导与解析的关系.

(2) 掌握判断复变函数在一点处以及区域内可导与解析的方法；掌握复变函数求导的方法.

(3) 熟悉并且掌握常见复变量初等函数的定义、性质、连续性以及解析性，尤其是和实变量初等函数不同的性质.

练 习 题

1. 下列函数在何处可导？何处解析？
   (1) $f(z) = x^2 - iy$.
   (2) $f(z) = e^{-y}(\cos x + i\sin x)$.

2. 指出下列函数的解析区域，并求其导数.
   (1) $z^3 + 2iz$.
   (2) $\dfrac{1}{z^2 - 1}$.

3. 判断题.
   (1) 如果 $f(z)$ 在点 z_0 处连续，那么 $f'(z_0)$ 存在.
   (2) 如果 $f'(z_0)$ 存在，那么 $f(z)$ 在点 z_0 处解析.
   (3) 如果点 z_0 是 $f(z)$ 的奇点，那么 $f(z)$ 在点 z_0 处不可导.
   (4) 如果 $f(z) = u + iv$ 在点 $z_0 = x_0 + iy_0$ 处可导，那么 u, v 在 (x_0, y_0) 处满足 C-R 条件.

4. a 为何值时，函数 $f(z) = a\ln(x^2 + y^2) + i\arctan\dfrac{y}{x}$ 在区域 $x > 0$ 内是解析的？

5. 计算下列函数的值.
   (1) $\operatorname{Im}[\exp(\exp(i))]$.
   (2) $\operatorname{Re}(\sin(1+i))$.

6. 求解下列方程.
   (1) $e^z = -1$.
   (2) $\sin z + \cos z = 0$.

7. 计算下列各值.
   (1) $\ln(-3 + 4i)$.
   (2) 设 $1 - i = e^z$，求 $\operatorname{Im} z$.
   (3) 设 $i^i = e^z$，求 $\operatorname{Re} z$.
   (4) 2^{3-i}.

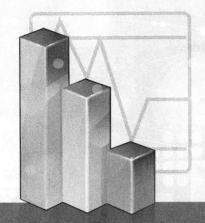

第 3 章 复变函数的积分

本章主要介绍柯西(Cauchy)积分定理、柯西积分公式和高阶导数公式，这些都是解析函数的重要理论基础．通过本章的学习，读者可以认识并掌握解析函数用积分形式表现出来的种种特征以及与之有关的一系列重要的定理和推论，这些内容都是经典复变函数论的主要部分．

本章内容与实变量二元函数有紧密联系，特别是二元函数的第二类曲线积分的概念、性质和计算方法，全微分及积分与路径无关的问题，格林公式，等等．希望读者能结合本章的学习适当复习高等数学的有关知识．

§3.1 复变函数积分的概念与性质

3.1.1 复变函数积分的概念

定义 3.1 设 C 为复平面上以 A 为起点 B 为终点的光滑(或分段光滑)有向曲线，函数 $f(z)$ 在 C 上连续，如果以分点

$$A = z_0, z_1, z_2, \cdots, z_{n-1}, z_n = B$$

将曲线 C 任意分成 n 个小弧段，并在每个弧段 $\widehat{z_{k-1}z_k}$ $(k=1,2,\cdots,n)$ 上任取一点 ζ_k（见图 3.1），作和式 $s_n = \sum_{k=1}^{n} f(\zeta_k) \cdot \Delta z_k$．其中 $\Delta z_k = z_k - z_{k-1}$，记 $\widehat{z_{k-1}z_k}$ 的长度为 Δs_k，$\lambda = \max_{1 \leqslant k \leqslant n} \{\Delta s_k\}$．若不论对 C 如何分法及 ζ_k 如何取法，极限 $\lim_{\lambda \to 0} \sum_{k=1}^{n} f(\zeta_k) \cdot \Delta z_k$ 总存在并相等，则称该极限值为函数 $f(z)$ 沿曲线 C 从 A 到 B 的**积分**，记为 $\int_C f(z) \mathrm{d}z$，即

$$\int_C f(z) \mathrm{d}z = \lim_{\lambda \to 0} \sum_{k=1}^{n} f(\zeta_k) \cdot \Delta z_k, \tag{3.1}$$

其中 $f(z)$ 为被积函数，C 为积分曲线.

如果 C 为封闭曲线，则沿此闭曲线 C 的积分记为 $\oint_C f(z)\mathrm{d}z$.

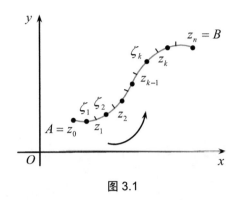

图 3.1

3.1.2 复变函数积分的存在性及其计算

复变函数积分的
存在性及计算

定理 3.1 设函数 $f(z)=u(x,y)+\mathrm{i}v(x,y)$ 在逐段光滑的曲线 C 上连续，则 $f(z)$ 在 C 上积分存在，且

$$\boxed{\int_C f(z)\mathrm{d}z = \int_C u\mathrm{d}x - v\mathrm{d}y + \mathrm{i}\int_C v\mathrm{d}x + u\mathrm{d}y} \tag{3.2}$$

证 将曲线 C 任意分成 n 个弧段，设分点 $z_k = x_k + \mathrm{i}y_k$（$k=1,2,\cdots,n$），则

$$\Delta z_k = z_k - z_{k-1} = \Delta x_k + \mathrm{i}\Delta y_k,$$

在每个弧段上任意取点 $\zeta_k = \xi_k + \mathrm{i}\eta_k$（$k=1,2,\cdots,n$），并记 λ 为 n 个弧段长度的最大值，则

$$\lim_{\lambda \to 0} \sum_{k=1}^{n} f(\zeta_k) \cdot \Delta z_k$$

$$= \lim_{\lambda \to 0} \sum_{k=1}^{n} [u(\xi_k,\eta_k) + \mathrm{i}v(\xi_k,\eta_k)] \cdot (\Delta x_k + \mathrm{i}\Delta y_k)$$

$$= \lim_{\lambda \to 0} \{\sum_{k=1}^{n} [u(\xi_k,\eta_k)\Delta x_k - v(\xi_k,\eta_k)\Delta y_k] + \mathrm{i}\sum_{k=1}^{n} [v(\xi_k,\eta_k)\Delta x_k + u(\xi_k,\eta_k)\Delta y_k]\}.$$

由 $f(z)$ 的连续性，$u(x,y)$，$v(x,y)$ 也是连续的，这样上述等式右边的两个曲线积分存在，从而左边极限也存在，即为 $\int_C f(z)\mathrm{d}z$，因此

$$\int_C f(z)\mathrm{d}z = \int_C u\mathrm{d}x - v\mathrm{d}y + \mathrm{i}\int_C v\mathrm{d}x + u\mathrm{d}y.$$

式(3.2)说明了以下两个问题.

(1) 当 $f(z)$ 是连续函数而 C 是光滑曲线时，$\int_C f(z)\mathrm{d}z$ 一定存在.

(2) 一个复变函数的积分可以转化成两个二元实函数的第二类曲线积分来计算.

利用式(3.2)还可以将复积分化为普通的定积分，设曲线 C 的参数方程为

$$z(t) = x(t) + \mathrm{i}y(t) \quad (a \leqslant t \leqslant b), \tag{3.3}$$

将它代入式(3.2)右端，得

$$\int_C f(z)\,dz = \int_a^b [u(x(t),y(t))x'(t) - v(x(t),y(t))y'(t)]\,dt$$
$$+ i\int_a^b [v(x(t),y(t))x'(t) + u(x(t),y(t))y'(t)]\,dt$$
$$= \int_a^b [u(x(t),y(t)) + iv(x(t),y(t))] \cdot [x'(t) + iy'(t)]\,dt$$
$$= \int_a^b f[z(t)] \cdot z'(t)\,dt. \tag{3.4}$$

例 3.1 计算从 $\alpha = -i$ 到 $\beta = i$ 的积分 $\int_C \overline{z}\,dz$，其中 C 如图 3.2 所示.

(1) 线段 $\overline{\alpha\beta}$；
(2) 左半平面中以原点为中心的单位半圆；
(3) 右半平面中以原点为中心的单位半圆.

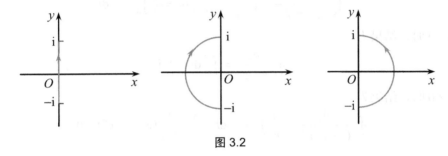

图 3.2

解 (1) 线段 $\overline{\alpha\beta}$ 的参数方程为

$$z = it, \quad t: -1 \to 1,$$

于是

$$\overline{z} = -it, \quad dz = i\,dt,$$

因而由式(3.4)得

$$\int_C \overline{z}\,dz = \int_{-1}^{1} (-it) \cdot i\,dt = 0.$$

(2) 左半平面中单位半圆的参数方程为

$$z = e^{it}, \quad t: \frac{3\pi}{2} \to \frac{\pi}{2},$$

从而

$$dz = ie^{it}dt, \quad \overline{z} = e^{-it},$$

由式(3.4)得

$$\int_C \overline{z}\,dz = \int_{\frac{3\pi}{2}}^{\frac{\pi}{2}} e^{-it} \cdot ie^{it}dt = i\int_{\frac{3\pi}{2}}^{\frac{\pi}{2}} dt = -\pi i.$$

(3) 右半平面中单位半圆的参数方程为

$$z = e^{it}, \quad t: -\frac{\pi}{2} \to \frac{\pi}{2},$$

从而

$$dz = ie^{it}dt, \quad \overline{z} = e^{-it},$$

代入式(3.4)得
$$\int_C \overline{z}\,dz = \int_{-\frac{\pi}{2}}^{\frac{\pi}{2}} e^{-it} \cdot ie^{it}\,dt = i\int_{-\frac{\pi}{2}}^{\frac{\pi}{2}} dt = \pi i.$$

从例 3.1 可以看出积分起点、终点相同，被积函数相同，但积分路线不同时，积分结果可能是不同的，也就是说，积分与路径是有关的．关于什么条件下积分与路径无关，这个问题将在下一节中讨论．

例 3.2 计算 $\oint_C \dfrac{dz}{(z-z_0)^{n+1}}$，其中 C 为以 z_0 为中心，r 为半径的正向圆周，n 为整数．

解 因正向圆周的参数方程为
$$z = z_0 + re^{it},\quad t:0 \to 2\pi,$$
所以
$$\oint_C \frac{dz}{(z-z_0)^{n+1}} = \int_0^{2\pi} \frac{ire^{it}}{r^{n+1}e^{i(n+1)t}}\,dt = \frac{i}{r^n}\int_0^{2\pi} e^{-int}\,dt.$$

当 $n=0$ 时，结果为
$$\oint_C \frac{dz}{z-z_0} = i\int_0^{2\pi} dt = 2\pi i.$$

当 $n \neq 0$ 时，结果为
$$\oint_C \frac{dz}{(z-z_0)^{n+1}} = \frac{i}{r^n}\int_0^{2\pi} e^{-int}\,dt = \frac{i}{r^n}\cdot\frac{1}{-in}(e^{-2n\pi i} - e^0) = 0.$$

所以
$$\boxed{\oint_C \frac{dz}{(z-z_0)^{n+1}} = \begin{cases} 2\pi i & n=0, \\ 0 & n \neq 0. \end{cases}} \tag{3.5}$$

例 3.2 的结果非常重要，以后经常要用到．其特点是这个结果与积分路径、圆周的中心、半径无关，应记住这一特点．

例 3.3 计算积分 $\int_C z\,dz$，其中 C 为以 $z_0 = x_0 + iy_0$ 为起点、$z_1 = x_1 + iy_1$ 为终点的任何一条光滑曲线．

解 $\int_C z\,dz = \int_C (x+iy)(dx+i\,dy) = \int_C x\,dx - y\,dy + i\int_C y\,dx + x\,dy.$

根据曲线积分 $\int_C P\,dx + Q\,dy$ 与路径无关的充要条件
$$\frac{\partial P}{\partial y} = \frac{\partial Q}{\partial x}$$
可知，上式两端的两个曲线积分均与路径无关，因此本题积分与路径无关，下面分别用高等数学中的曲线积分和复变函数积分两种方法进行计算．

方法一：曲线积分，路线选择与坐标轴平行的折线，如图 3.3 所示．

C_1：$y = y_0$，x 变化范围为 $x_0 \to x_1$，C_2：$x = x_1$，y 变化范围为 $y_0 \to y_1$．

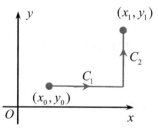

图 3.3

$$\int_C z\,dz = \int_C x\,dx - y\,dy + i\int_C y\,dx + x\,dy$$
$$= \int_{x_0}^{x_1} x\,dx + i\int_{x_0}^{x_1} y_0\,dx + \int_{y_0}^{y_1}(-y)\,dy + i\int_{y_0}^{y_1} x_1\,dy$$
$$= \frac{1}{2}(x_1^2 - x_0^2) + i(x_1 - x_0)y_0 - \frac{1}{2}(y_1^2 - y_0^2) + i(y_1 - y_0)x_1$$
$$= \frac{1}{2}(x_1 + iy_1)^2 - \frac{1}{2}(x_0 + iy_0)^2$$
$$= \frac{1}{2}(z_1^2 - z_0^2)$$

方法二：复变函数积分，路线选择参数方程
$$z = z_0 + (z_1 - z_0)t \qquad t: 0 \to 1,$$
$$\int_C z\,dz = \int_0^1 [z_0 + (z_1 - z_0)t](z_1 - z_0)\,dt = (z_1 - z_0)\left[z_0 t + \frac{1}{2}(z_1 - z_0)t^2\right]\Big|_0^1 = \frac{1}{2}(z_1^2 - z_0^2).$$

3.1.3 复变函数积分的性质

复变函数的积分可转化为两个实变函数的第二类曲线积分，因此复积分的性质与曲线积分的性质类似.

设 $f(z)$、$g(z)$ 在曲线 C 上可积，则

(1) $\int_C k\,f(z)\,dz = k\int_C f(z)\,dz$，其中 k 为复常数.

(2) $\int_C f(z)\,dz = -\int_{C^-} f(z)\,dz$，$C^-$ 表示曲线 C 的反向.

(3) $\int_C [f(z) \pm g(z)]\,dz = \int_C f(z)\,dz \pm \int_C g(z)\,dz$.

(4) $\int_C f(z)\,dz = \int_{C_1} f(z)\,dz + \int_{C_2} f(z)\,dz$，其中 $C = C_1 + C_2$.

(5) 设曲线 C 的长度为 L，$f(z)$ 在 C 上有 $|f(z)| \leq M$ ($M > 0$)，则
$$\left|\int_C f(z)\,dz\right| \leq \int_C |f(z)|\,ds \leq ML, \tag{3.6}$$

其中式(3.6)右端是实连续函数 $|f(z)|$ 沿曲线 C 的第一类曲线积分.

性质(1)~(4)显然成立，以下证明性质(5).

事实上，由于
$$\left|\sum_{k=1}^n f(\zeta_k)\Delta z_k\right| \leq \sum_{k=1}^n |f(\zeta_k)||\Delta z_k| \leq \sum_{k=1}^n |f(\zeta_k)|\Delta s_k \leq M\sum_{k=1}^n \Delta s_k = ML,$$

其中，Δs_k 是小弧段 $\widehat{z_{k-1}z_k}$ 的长，$|\Delta z_k| = \sqrt{\Delta x_k^2 + \Delta y_k^2} \leq \Delta s_k$，将此不等式两边取极限，即得式(3.6)，该式以后常用作积分估计.

例 3.4 用性质(5)估计积分 $I = \oint_C \dfrac{z+1}{z-1}\,dz$ 的值，其中 C 为正向圆周 $|z-1| = 2$.

解 在圆周 $|z-1| = 2$ 上有
$$\left|\frac{z+1}{z-1}\right| = \frac{|z-1+2|}{2} \leq \frac{1}{2}(|z-1| + 2) = 2,$$

而圆周 $|z-1|=2$ 的长度为 $L=4\pi$，由性质(5)，得
$$|I| \leqslant ML = 8\pi.$$

§3.2 柯西积分定理及其推广

柯西积分定理及其推广

从上一节的例题可以看出，复变函数的积分，有时与积分路径有关(见例3.2)，而有时又与积分路径无关(见例3.3)，那么在什么条件下这个积分值只与起点和终点有关，而与积分曲线 C 无关呢？

由式(3.2)，复变函数积分可转化为两个实变函数的第二类曲线积分，而由高等数学知，第二类曲线积分 $\int_C P\,\mathrm{d}x + Q\,\mathrm{d}y$ 在单连通域 D 内满足条件 P,Q 具有一阶连续偏导数且 $\dfrac{\partial Q}{\partial x} = \dfrac{\partial P}{\partial y}$，则积分仅与起点、终点有关，而与积分路径无关，因此复变函数的积分在一定条件下也是仅与起点、终点有关，而与积分路径无关．

法国数学家柯西于 1825 年发表下面的定理，给出了复变函数的积分与路径无关的条件，人们称之为柯西积分定理．

3.2.1 柯西积分定理

定理 3.2 (柯西积分定理) 设 $f(z)$ 在单连通域 D 内解析，C 为 D 内任意一条简单闭曲线，则 $\oint_C f(z)\,\mathrm{d}z = 0$．

这个定理证明较长，这里从略，读者可参看普里瓦洛夫所著《复变函数引论》第 4 章第 3 节．以下给出一种比较简便的证法．

证 令 $z = x + \mathrm{i}y$，$f(z) = u(x,y) + \mathrm{i}v(x,y)$，
因为
$$\oint_C f(z)\,\mathrm{d}z = \oint_C u\,\mathrm{d}x - v\,\mathrm{d}y + \mathrm{i}\oint_C v\,\mathrm{d}x + u\,\mathrm{d}y,$$
而 $f'(z)$ 在 D 内连续，所以 $u(x,y)$，$v(x,y)$ 具有一阶连续偏导数，并符合 C-R 条件：
$$\frac{\partial u}{\partial x} = \frac{\partial v}{\partial y},\quad \frac{\partial v}{\partial x} = -\frac{\partial u}{\partial y},$$
所以根据第二类曲线积分与路径无关的条件可知
$$\oint_C u\,\mathrm{d}x - v\,\mathrm{d}y = 0,\quad \oint_C v\,\mathrm{d}x + u\,\mathrm{d}y = 0,$$
即 $\oint_C f(z)\,\mathrm{d}z = 0$．

细心的读者不难发现，证明中附加了假设"$f'(z)$ 在 D 内连续"这个条件，这是数学家黎曼在 1851 年引入的，以后将证明，只要 f 解析，f' 必连续，即 f' 的连续性已包含在解析的假设中．法国数学家古萨(E. Goursat)对柯西定理的证明中，不需要设 f' 连续，但比较复杂，人们这时称柯西积分定理为**柯西-古萨定理**．

由定理可推出一个常用的结论,若函数 $f(z)$ 在简单闭曲线 C 上及其内部解析,则一定有

$$\oint_C f(z)\,\mathrm{d}z = 0$$

例 3.5 计算积分 $I = \oint_C \dfrac{\mathrm{e}^{\sin(z^2+3z+2)}}{z^2+1}\,\mathrm{d}z$,其中 C 为正向闭曲线,$|z-3|=1$.

解 被积函数的奇点为 $z = \pm\mathrm{i}$,都在封闭曲线 C 的外部,于是被积函数在圆周 C 上以及其内部解析,由定理 3.2,$I = 0$.

定理 3.3 若函数 $f(z)$ 在单连通域 D 内解析,则 $f(z)$ 沿着 D 内的曲线 C 上的积分 $\int_C f(z)\,\mathrm{d}z$ 只与起点、终点有关,而与 C 的路径无关.

满足定理条件时,由于积分与路径无关,因此在 D 内固定起点 z_0,而终点 z 在 D 内变化,C 为连接 z_0 与 z 的任意曲线,则 $\int_C f(z)\,\mathrm{d}z$ 就定义了一个单值函数,记为

$$F(z) = \int_C f(z)\,\mathrm{d}z = \int_{z_0}^{z} f(\xi)\,\mathrm{d}\xi. \tag{3.7}$$

3.2.2 解析函数的原函数

定理 3.4 设 $f(z)$ 在单连通域 D 内解析,$z_0 \in D$,则 $F(z) = \int_{z_0}^{z} f(\xi)\,\mathrm{d}\xi$ 在 D 内解析,且 $F'(z) = f(z)$.

证 记 $z = x + \mathrm{i}y$,$z_0 = x_0 + \mathrm{i}y_0$,则

$$F(z) = \int_{z_0}^{z} f(\xi)\,\mathrm{d}\xi = \int_{(x_0,y_0)}^{(x,y)} u\,\mathrm{d}x - v\,\mathrm{d}y + \mathrm{i}\int_{(x_0,y_0)}^{(x,y)} v\,\mathrm{d}x + u\,\mathrm{d}y = P(x,y) + \mathrm{i}Q(x,y).$$

因 $f(z)$ 在 D 内解析,所以由定理 3.3,$F(z)$ 与路径无关,从而 $P(x,y)$,$Q(x,y)$ 与路径无关. 所以

$$\mathrm{d}P = u\,\mathrm{d}x - v\,\mathrm{d}y, \quad \mathrm{d}Q = v\,\mathrm{d}x + u\,\mathrm{d}y,$$

从而由全微分的形式,有

$$\frac{\partial P}{\partial x} = u, \quad \frac{\partial P}{\partial y} = -v, \quad \frac{\partial Q}{\partial x} = v, \quad \frac{\partial Q}{\partial y} = u,$$

即有

$$\frac{\partial P}{\partial x} = \frac{\partial Q}{\partial y}, \quad \frac{\partial P}{\partial y} = -\frac{\partial Q}{\partial x}.$$

由此可知,函数 $F(z) = P(x,y) + \mathrm{i}Q(x,y)$ 是 D 内的解析函数,而且

$$F'(z) = \frac{\partial P}{\partial x} + \mathrm{i}\frac{\partial Q}{\partial x} = u + \mathrm{i}v = f(z).$$

下面给出原函数和不定积分的定义.

定义 3.2 设函数 $f(z)$ 在区域 D 内连续,若 D 内的一个函数 $\Phi(z)$ 满足条件

$$\Phi'(z) = f(z),$$

则称 $\Phi(z)$ 为 $f(z)$ 在 D 内的一个**原函数**,$f(z)$ 的全体原函数称为 $f(z)$ 的**不定积分**,显然原函数 $\Phi(z)$ 在 D 内解析.

利用原函数的这个关系，可以推得与一元实函数中牛顿-莱布尼兹(Newton-Leibniz)公式类似的解析函数的积分公式.

定理 3.5 若函数 $f(z)$ 在区域 D 内解析，$\Phi(z)$ 是 $f(z)$ 在 D 内的一个原函数，z_1、z_2 是 D 内的两点，则

$$\int_{z_1}^{z_2} f(z)\,\mathrm{d}z = \Phi(z_2) - \Phi(z_1)$$

证 由假设，有 $\Phi'(z) = f(z)$，由定理 3.4，有 $F(z) = \int_{z_1}^{z} f(\xi)\,\mathrm{d}\xi$ 也是 $f(z)$ 的原函数，于是有

$$[F(z) - \Phi(z)]' = 0,$$

得

$$F(z) - \Phi(z) = C \text{ (}C\text{ 为常数)},$$

即

$$\int_{z_1}^{z} f(\xi)\,\mathrm{d}\xi = \Phi(z) + C,$$

因此

当 $z = z_1$ 时，$\Phi(z_1) + C = 0$，得 $C = -\Phi(z_1)$，

当 $z = z_2$ 时，有 $\int_{z_1}^{z_2} f(z)\,\mathrm{d}z = \Phi(z_2) - \Phi(z_1)$.

例 3.6 计算下列积分.

(1) $\int_1^{1+\mathrm{i}} (z+1)^2\,\mathrm{d}z$. (2) $\int_0^{\pi+2\mathrm{i}} \sin\dfrac{z}{2}\,\mathrm{d}z$.

解 由于 $(z+1)^2$，$\sin\dfrac{z}{2}$ 在 z 平面内处处解析，所以由定理 3.5，

(1) $\int_1^{1+\mathrm{i}} (z+1)^2\,\mathrm{d}z = \dfrac{1}{3}(z+1)^3 \Big|_1^{1+\mathrm{i}} = -2 + \dfrac{11}{3}\mathrm{i}$；

(2) $\int_0^{\pi+2\mathrm{i}} \sin\dfrac{z}{2}\,\mathrm{d}z = -2\cos\dfrac{z}{2}\Big|_0^{\pi+2\mathrm{i}} = 2 - 2\cos\left(\dfrac{\pi}{2} + \mathrm{i}\right) = 2 + 2\sin\mathrm{i} = 2 + (\mathrm{e} - \mathrm{e}^{-1})\mathrm{i}$.

3.2.3 复合闭路定理

所谓复合闭路是指一种特殊的有界多连通域 D 的边界曲线 C，它由一条正向简单闭曲线 C_0 与在 C_0 内部的有限条互不包含且互不相交的负向简单闭曲线 $C_1^-, C_2^-, \cdots, C_n^-$ 所围成(见图 3.4)，

$$C = C_0 + C_1^- + C_2^- + \cdots + C_n^-.$$

定理 3.6 (复合闭路定理) 如果 $f(z)$ 在多连通域 D 内解析，复合闭路 $C(= C_0 + C_1^- + C_2^- + \cdots + C_n^-)$ 所围成的区域完全包含于 D 中，那么

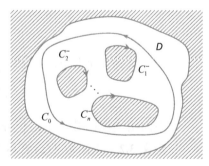

图 3.4

$$\oint_C f(z)\,\mathrm{d}z = \oint_{C_0 + C_1^- + C_2^- + \cdots + C_n^-} f(z)\,\mathrm{d}z = 0,$$

也可以写为

$$\boxed{\oint_{C_0} f(z)\,\mathrm{d}z = \sum_{k=1}^n \oint_{C_k} f(z)\,\mathrm{d}z} \tag{3.8}$$

证 作 n 条互不相交且全在 D 内的辅助线 $\Gamma_1, \Gamma_2, \cdots, \Gamma_n$ 为割线，使 C_0 分别与 $C_1, C_2, \cdots, C_n$ 连接 (见图 3.5)，形成一个以

$$C' = C_0 + (\Gamma_1^- + C_1^- + \Gamma_1) + \cdots + (\Gamma_n^- + C_n^- + \Gamma_n)$$

为边界的单连通区域，所以

$$\oint_{C'} f(z)\,\mathrm{d}z = 0,$$

注意到沿 $\Gamma_1, \Gamma_2, \cdots, \Gamma_n$ 的积分与沿 $\Gamma_1^-, \Gamma_2^-, \cdots, \Gamma_n^-$ 的积分相抵消，即得

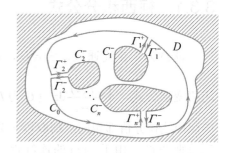

图 3.5

$$\oint_C f(z)\,\mathrm{d}z = \oint_{C'} f(z)\,\mathrm{d}z = \sum_{k=1}^n \oint_{C_k} f(z)\,\mathrm{d}z.$$

特别的，当 $n=1$ 时，式(3.8)化为

$$\boxed{\oint_{C_0} f(z)\,\mathrm{d}z = \oint_{C_1} f(z)\,\mathrm{d}z} \tag{3.9}$$

式(3.9)的重要性在于能够把函数沿某一闭曲线的积分转化为沿另一闭曲线的积分，这时只要 $f(z)$ 在以这两条闭曲线所围的闭环区域中解析就行. 因此，利用式(3.9)可以把解析函数在较复杂的封闭曲线上的积分化为较简单的封闭曲线上的积分，式(3.9)称为**闭路变形公式**.

例 3.7 设 C 为包含 z_0 的任一正向闭曲线，求 $\oint_C \dfrac{1}{(z-z_0)^{n+1}}\,\mathrm{d}z$.

解 由于 C 的形状是任意的，直接计算很不方便，所以由复合闭路原理，以 z_0 为圆心作圆周 C_1，使 C_1 含于 C 的内部，则由式(3.9)以及例 3.2 可知

$$\oint_C \frac{1}{(z-z_0)^{n+1}}\,\mathrm{d}z = \oint_{C_1} \frac{1}{(z-z_0)^{n+1}}\,\mathrm{d}z = \begin{cases} 2\pi\mathrm{i} & n=0, \\ 0 & n \neq 0. \end{cases}$$

例 3.8 计算 $\oint_C \dfrac{z+3}{z^2-5z+6}\,\mathrm{d}z$ 的值，其中 C 为包含 $z=2$，$z=3$ 两个点在内的任何正向简单闭曲线.

解 先将被积函数拆为部分分式，然后利用例 3.7 的结论进行计算：

$$\oint_C \frac{z+3}{z^2-5z+6}\,\mathrm{d}z = \oint_C \frac{z+3}{(z-2)(z-3)}\,\mathrm{d}z = \oint_C \frac{6}{z-3}\,\mathrm{d}z - \oint_C \frac{5}{z-2}\,\mathrm{d}z = 6\cdot 2\pi\mathrm{i} - 5\cdot 2\pi\mathrm{i} = 2\pi\mathrm{i}.$$

§3.3 柯西积分公式和解析函数的高阶导数

3.3.1 柯西积分公式

设 D 为一单连通域，$z_0 \in D$，若 $f(z)$ 在 D 内解析，则函数 $\dfrac{f(z)}{z-z_0}$ 在 z_0 处不解析. 由闭路变形公式，$\oint_C \dfrac{f(z)}{z-z_0} \mathrm{d}z$（$C$ 为 D 内含 z_0 的一条正向闭曲线）与沿任一围绕 z_0 的简单正向闭曲线积分值都相同，则取以 z_0 为圆心、δ 为很小半径的圆周 $|z-z_0|=\delta$（取其正向）作为积分曲线 C，由于 $f(z)$ 的连续性（解析），在 C 上，函数值 $f(z)$ 与在圆心 z_0 处的函数值 $f(z_0)$ 相差很小（因为 δ 很小），即 $\oint_C \dfrac{f(z)}{z-z_0} \mathrm{d}z$ 的值随 δ 的减小而逐渐接近于

$$\oint_C \frac{f(z_0)}{z-z_0} \mathrm{d}z = f(z_0) \oint_C \frac{1}{z-z_0} \mathrm{d}z = f(z_0) \cdot 2\pi \mathrm{i},$$

那么二者的值是否相等呢？下面的定理给出了答案.

定理 3.7 设 $f(z)$ 在区域 D 内解析，C 为 D 内的任何一条正向简单闭曲线，它的内部完全含于 D，z_0 为 C 内任意一点，则

$$\boxed{f(z_0) = \frac{1}{2\pi \mathrm{i}} \oint_C \frac{f(z)}{z-z_0} \mathrm{d}z} \tag{3.10}$$

证 由于 $f(z)$ 在 z_0 处连续，任意给定 $\varepsilon > 0$，必有一个 $\delta(\varepsilon) > 0$，当 $|z-z_0| < \delta$ 时，有 $|f(z)-f(z_0)| < \varepsilon$.

现以 z_0 为中心，R 为半径作圆周 K：$|z-z_0| = R$，使其全部在 C 的内部，且 $R < \delta$（见图 3.6），则

$$\oint_C \frac{f(z)}{z-z_0} \mathrm{d}z = \oint_K \frac{f(z)}{z-z_0} \mathrm{d}z$$
$$= \oint_K \frac{f(z_0)}{z-z_0} \mathrm{d}z + \oint_K \frac{f(z)-f(z_0)}{z-z_0} \mathrm{d}z$$
$$= 2\pi \mathrm{i} f(z_0) + \oint_K \frac{f(z)-f(z_0)}{z-z_0} \mathrm{d}z.$$

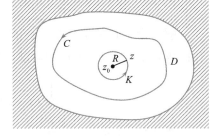

图 3.6

由式(3.6)知

$$\left| \oint_K \frac{f(z)-f(z_0)}{z-z_0} \mathrm{d}z \right| \leq \oint_K \frac{|f(z)-f(z_0)|}{|z-z_0|} \mathrm{d}s < \frac{\varepsilon}{R} \oint_K \mathrm{d}s = 2\pi \varepsilon.$$

这表明以上不等式左端积分的模可任意小，但是该积分值是一个常数，所以要使模任意小，唯一的可能就是积分值为零，因此

$$\oint_C \frac{f(z)}{z-z_0} \mathrm{d}z = 2\pi \mathrm{i} f(z_0),$$

即式(3.10)成立.

如果 $f(z)$ 在简单闭曲线 C 所围成的区域内及 C 上解析，则式(3.10)仍然成立.

例 3.9 求下列积分的值.

(1) $\oint_{|z|=2} \dfrac{e^z}{z-1} dz$.

(2) $\oint_{|z|=2} \dfrac{z^2}{(z^2-5)(z+i)} dz$.

例 3.9 讲解

解 由式(3.10)，得

(1) $\oint_{|z|=2} \dfrac{e^z}{z-1} dz = 2\pi i e^z \big|_{z=1} = 2\pi i e$；

(2) $\oint_{|z|=2} \dfrac{z^2}{(z^2-5)(z+i)} dz = \oint_{|z|=2} \dfrac{\frac{z^2}{z^2-5}}{z-(-i)} dz = 2\pi i \dfrac{z^2}{z^2-5}\bigg|_{z=-i} = \dfrac{\pi i}{3}$.

3.3.2 解析函数的高阶导数

在实函数中，一阶导数的存在并不能保证高阶导数的存在，而复变函数只要在某区域内可导便有以下重要性质：解析函数的导数仍然是解析的，即解析函数的任意阶导数都存在. 关于解析函数的高阶导数有下面的定理.

定理 3.8 解析函数 $f(z)$ 的导数仍为解析函数，它的 n 阶导数为

$$f^{(n)}(z) = \dfrac{n!}{2\pi i} \oint_C \dfrac{f(\xi)}{(\xi-z)^{n+1}} d\xi \quad (n=1,2,\cdots) \tag{3.11}$$

其中，C 为在函数 $f(z)$ 的解析区域 D 内围绕 z 的任意一条正向简单闭曲线，而且它的内部全含于 D.

证 令 $z+\Delta z$ 在 C 内，则由柯西积分公式，得

$$f(z) = \dfrac{1}{2\pi i} \oint_C \dfrac{f(\xi)}{\xi-z} d\xi,$$

$$f(z+\Delta z) = \dfrac{1}{2\pi i} \oint_C \dfrac{f(\xi)}{\xi-(z+\Delta z)} d\xi,$$

高阶导数定理

从而有

$$\dfrac{f(z+\Delta z)-f(z)}{\Delta z} = \dfrac{1}{2\pi i} \oint_C \dfrac{f(\xi)}{(\xi-z)(\xi-z-\Delta z)} d\xi$$

$$= \dfrac{1}{2\pi i} \oint_C \dfrac{f(\xi)}{(\xi-z)^2} d\xi + \dfrac{1}{2\pi i} \oint_C \dfrac{\Delta z \cdot f(\xi)}{(\xi-z)^2(\xi-z-\Delta z)} d\xi,$$

设后一个积分为 I，那么

$$|I| = \dfrac{1}{2\pi} \left| \oint_C \dfrac{\Delta z \cdot f(\xi)}{(\xi-z)^2(\xi-z-\Delta z)} d\xi \right| \leq \dfrac{1}{2\pi} \oint_C \dfrac{|\Delta z| \cdot |f(\xi)|}{|\xi-z|^2 \cdot |\xi-z-\Delta z|} ds .$$

由于 $f(z)$ 在 C 上是解析的，所以在 C 上，$f(z)$ 是有界的，即存在 $M>0$，使得在 C 上有 $|f(z)| \leq M$.

设 d 为从 z 到曲线 C 上各点的最短距离(见图 3.7)，取适当小的 $|\Delta z|$，使 $|\Delta z| \leq \dfrac{d}{2}$；则有

$$|\xi-z|^2 \geq d^2,$$
$$|\xi-z-\Delta z| \geq |\xi-z|-|\Delta z| > \frac{d}{2},$$

所以
$$|I| < \frac{1}{2\pi} \frac{|\Delta z| \cdot ML}{d^2 \cdot \frac{d}{2}},$$

其中，L 是 C 的长度.

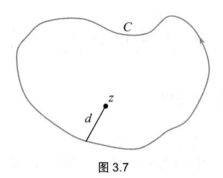

图 3.7

若 $\Delta z \to 0$，则有 $I \to 0$，从而得
$$f'(z) = \lim_{\Delta z \to 0} \frac{f(z+\Delta z)-f(z)}{\Delta z} = \frac{1}{2\pi i} \oint_C \frac{f(\xi)}{(\xi-z)^2} \mathrm{d}\xi. \tag{3.12}$$

类似地，再利用式(3.12)及上述方法去求极限
$$\lim_{\Delta z \to 0} \frac{f'(z+\Delta z)-f'(z)}{\Delta z},$$

便可得到
$$f''(z) = \frac{2!}{2\pi i} \oint_C \frac{f(\xi)}{(\xi-z)^3} \mathrm{d}\xi.$$

由此，我们已证明了一个解析函数的导数仍然是解析函数.

以此类推，用数学归纳法可证明式(3.11).

式(3.11)称为解析函数的高阶导数公式，可以从两方面应用这个公式，一方面用求积分来代替求导数，但更常用的是另一方面，即采用求导的方法来计算积分，即
$$\oint_C \frac{f(z)}{(z-z_0)^{n+1}} \mathrm{d}z = \frac{2\pi i}{n!} f^{(n)}(z_0),$$

从而为某些积分的计算开辟了新的途径.

例 3.10 计算积分 $\oint_C \frac{e^{2z}}{z^3} \mathrm{d}z$，其中 C 为包含原点的任意一条正向简单闭曲线.

解 由于 $f(z) = e^{2z}$ 在 C 所围区域内解析，那么由解析函数高阶导数公式，得
$$\oint_C \frac{e^{2z}}{z^3} \mathrm{d}z = \frac{2\pi i}{2!} (e^{2z})'' \Big|_{z=0} = 4\pi i.$$

例 3.11 计算积分 $\oint_C \dfrac{\cos z}{z^2(z-1)}\mathrm{d}z$，其中 C 为正向圆周 $|z|=2$.

解 方法一：由于

$$\frac{1}{z^2(z-1)} = \frac{1}{z-1} - \frac{1}{z} - \frac{1}{z^2},$$

所以

$$\oint_C \frac{\cos z}{z^2(z-1)}\mathrm{d}z = \oint_C \frac{\cos z}{z-1}\mathrm{d}z - \oint_C \frac{\cos z}{z}\mathrm{d}z - \oint_C \frac{\cos z}{z^2}\mathrm{d}z.$$

由柯西积分公式和高阶导数公式，得

$$\oint_C \frac{\cos z}{z-1}\mathrm{d}z = 2\pi\mathrm{i}\cos z\big|_{z=1} = 2\pi\mathrm{i}\cos 1,$$

$$\oint_C \frac{\cos z}{z}\mathrm{d}z = 2\pi\mathrm{i}\cos z\big|_{z=0} = 2\pi\mathrm{i},$$

$$\oint_C \frac{\cos z}{z^2}\mathrm{d}z = 2\pi\mathrm{i}(\cos z)'\big|_{z=0} = 0,$$

因此

$$\oint_C \frac{\cos z}{z^2(z-1)}\mathrm{d}z = 2\pi\mathrm{i}(\cos 1 - 1).$$

方法二：如图 3.8 所示，分别以 0、1 为圆心，$\dfrac{1}{4}$ 为半径作圆，利用复合闭路定理、柯西积分公式和高阶导数公式，得

$$\oint_{|z|=2} \frac{\cos z}{z^2(z-1)}\mathrm{d}z$$

$$= \oint_{|z|=\frac{1}{4}} \frac{\frac{\cos z}{z-1}}{z^2}\mathrm{d}z + \oint_{|z-1|=\frac{1}{4}} \frac{\frac{\cos z}{z^2}}{z-1}\mathrm{d}z$$

$$= 2\pi\mathrm{i}\left(\frac{\cos z}{z-1}\right)'\bigg|_{z=0} + 2\pi\mathrm{i}\left(\frac{\cos z}{z^2}\right)\bigg|_{z=1}$$

$$= 2\pi\mathrm{i}(\cos 1 - 1).$$

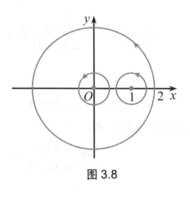

图 3.8

例 3.12 计算积分 $\oint_C \dfrac{\sin z}{z^3(z-1)}\mathrm{d}z$，其中 C 为一条不经过点 $z=0$、$z=1$ 的正向简单闭曲线.

解 分以下四种情况：

(1) 包含 $z=0$ 而不包含 $z=1$ 的曲线记为 C_1，如图 3.9(a)所示；
(2) 包含 $z=1$ 而不包含 $z=0$ 的曲线记为 C_2，如图 3.9(b)所示；
(3) 既不包含 $z=0$ 也不包含 $z=1$ 的曲线记为 C_3，如图 3.9(c)所示；
(4) 既包含 $z=0$ 也包含 $z=1$ 的曲线记为 C_4，如图 3.9(d)所示.

例 3.12 讲解

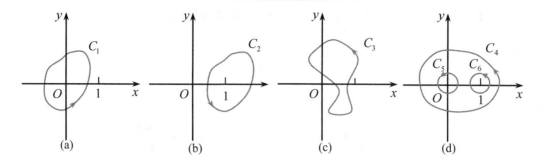

图 3.9

(1) 由于函数 $\dfrac{\sin z}{z-1}$ 在 C_1 内解析，由高阶导数公式，得

$$\oint_{C_1} \dfrac{\sin z}{z^3(z-1)} \mathrm{d}z = \dfrac{2\pi \mathrm{i}}{2}\left(\dfrac{\sin z}{z-1}\right)''\bigg|_{z=0} = -2\pi \mathrm{i}.$$

(2) 由于函数 $\dfrac{\sin z}{z^3}$ 在 C_2 内解析，由柯西积分公式，得

$$\oint_{C_2} \dfrac{\sin z}{z^3(z-1)} \mathrm{d}z = 2\pi \mathrm{i}\left(\dfrac{\sin z}{z^3}\right)\bigg|_{z=1} = 2\pi \mathrm{i}\sin 1.$$

(3) 由于函数 $\dfrac{\sin z}{z^3(z-1)}$ 在 C_3 内解析，由柯西积分定理，得

$$\oint_{C_3} \dfrac{\sin z}{z^3(z-1)} \mathrm{d}z = 0.$$

(4) 方法一：分别以 0、1 为圆心作两个半径充分小，互不相交的小圆 C_5 和 C_6，由复合闭路定理，得

$$\oint_{C_4} \dfrac{\sin z}{z^3(z-1)} \mathrm{d}z = \oint_{C_5} \dfrac{\sin z}{z^3(z-1)} \mathrm{d}z + \oint_{C_6} \dfrac{\sin z}{z^3(z-1)} \mathrm{d}z$$

$$= \dfrac{2\pi \mathrm{i}}{2!}\left(\dfrac{\sin z}{z-1}\right)''\bigg|_{z=0} + 2\pi \mathrm{i}\left(\dfrac{\sin z}{z^3}\right)\bigg|_{z=1} = 2\pi \mathrm{i}(\sin 1 - 1).$$

方法二：由于

$$\dfrac{1}{z^3(z-1)} = \dfrac{1}{z-1} - \dfrac{1}{z^3} - \dfrac{1}{z^2} - \dfrac{1}{z},$$

所以

$$\oint_{C_4} \dfrac{\sin z}{z^3(z-1)} \mathrm{d}z = \oint_{C_4} \dfrac{\sin z}{z-1} \mathrm{d}z - \oint_{C_4} \dfrac{\sin z}{z^3} \mathrm{d}z - \oint_{C_4} \dfrac{\sin z}{z^2} \mathrm{d}z - \oint_{C_4} \dfrac{\sin z}{z} \mathrm{d}z$$

$$= 2\pi \mathrm{i}(\sin 1 - 1).$$

§3.4 解析函数与调和函数的关系

3.4.1 调和函数

调和函数与解析函数及位势理论都是密切相关的，所谓位势理论就是关于 Laplace 方程解的理论，而二维 Laplace 方程

$$\Delta u = \nabla^2 u = \frac{\partial^2 u}{\partial x^2} + \frac{\partial^2 u}{\partial y^2} = 0$$

是"工程数学"中最重要的偏微分方程之一，它出现在二维引力场、电场、不可压缩流体的流动以及稳态热传导等有关问题中，这里仅从数学角度来讨论调和函数。

首先我们给出调和函数的定义。

定义 3.3 若函数 $u(x,y)$ 在区域 D 内具有二阶连续偏导数，且在 D 内满足二维 Laplace 方程 $\frac{\partial^2 u}{\partial x^2} + \frac{\partial^2 u}{\partial y^2} = 0$，则称 $u(x,y)$ 为 D 内的调和函数。

定理 3.9 设函数 $f(z) = u(x,y) + \mathrm{i}v(x,y)$ 在区域 D 内解析，则 $f(z)$ 的实部 $u(x,y)$ 和虚部 $v(x,y)$ 都是区域 D 内的调和函数。

证 因 $f(z)$ 在区域 D 内解析，所以 u,v 在 D 内满足 C-R 条件

$$\frac{\partial u}{\partial x} = \frac{\partial v}{\partial y}, \quad \frac{\partial u}{\partial y} = -\frac{\partial v}{\partial x}.$$

当 $f(z)$ 解析时，u,v 有任意阶连续偏导数。

在上述两式中，分别对 y 与 x 求偏导数，得

$$\frac{\partial^2 u}{\partial x \partial y} = \frac{\partial^2 v}{\partial y^2}, \quad \frac{\partial^2 u}{\partial y \partial x} = -\frac{\partial^2 v}{\partial x^2}.$$

因为 $\frac{\partial^2 u}{\partial x \partial y} = \frac{\partial^2 u}{\partial y \partial x}$，于是

$$\frac{\partial^2 v}{\partial x^2} + \frac{\partial^2 v}{\partial y^2} = 0.$$

同样的方法可得

$$\frac{\partial^2 u}{\partial x^2} + \frac{\partial^2 u}{\partial y^2} = 0.$$

这就是说，$u(x,y)$，$v(x,y)$ 都是区域 D 内的调和函数。

应当注意，以上定理的逆命题并不成立，即一般来讲，对于定义在区域 D 上的调和函数 u 及 v，函数 $u + \mathrm{i}v$ 在 D 上不一定解析。但对一个解析函数 $u + \mathrm{i}v$ 来说，u,v 是 D 上的调和函数是必要的，问题是，要使 $u + \mathrm{i}v$ 在 D 上解析，还需 u,v 满足 C-R 条件，这为我们构造一个解析函数提供了思路。

3.4.2 共轭调和函数

解析函数与调和函数

定义 3.4 对于给定的调和函数 $u(x,y)$，把使 $u(x,y)+\mathrm{i}v(x,y)$ 构成解析函数的调和函数 $v(x,y)$ 称为 $u(x,y)$ 的**共轭调和函数**.

显然，解析函数的虚部是实部的共轭调和函数，但是，一般来说，解析函数的实部不是虚部的共轭调和函数，即在这里 u 和 v 的地位不能颠倒. 例如：$x^2-y^2+2xy\mathrm{i}$ 是解析函数，所以 $2xy$ 是 x^2-y^2 的共轭调和函数，但 x^2-y^2 不是 $2xy$ 的共轭调和函数，原因是 $2xy+(x^2-y^2)\mathrm{i}$ 不是解析函数(容易验证不满足 C-R 条件). 事实上，一对调和函数是否能互为共轭调和函数，本质上需满足 C-R 条件，因而，也可给出如下定义.

定义 3.5 设函数 $u(x,y)$ 及 $v(x,y)$ 均为区域 D 内的调和函数且满足 C-R 条件，

$$\frac{\partial u}{\partial x}=\frac{\partial v}{\partial y}, \quad \frac{\partial u}{\partial y}=-\frac{\partial v}{\partial x},$$

则称 $v(x,y)$ 为 $u(x,y)$ 的**共轭调和函数**.

定理 3.10 如果 $u(x,y)$ 是区域 D 内的调和函数，则存在一个 $v(x,y)$，使 $u+\mathrm{i}v$ 在 D 内解析.

证 因 $u(x,y)$ 是 D 内的调和函数，故

$$\frac{\partial^2 u}{\partial x^2}+\frac{\partial^2 u}{\partial y^2}=0$$

或

$$\frac{\partial}{\partial x}\left(\frac{\partial u}{\partial x}\right)=\frac{\partial}{\partial y}\left(-\frac{\partial u}{\partial y}\right).$$

于是由二元实函数全微分的判别准则，$-\frac{\partial u}{\partial y}\mathrm{d}x+\frac{\partial u}{\partial x}\mathrm{d}y$ 是某二元函数 $v(x,y)$ 的全微分，即

$$\mathrm{d}v=-\frac{\partial u}{\partial y}\mathrm{d}x+\frac{\partial u}{\partial x}\mathrm{d}y,$$

由此得

$$v=\int_{(x_0,y_0)}^{(x,y)}-\frac{\partial u}{\partial y}\mathrm{d}x+\frac{\partial u}{\partial x}\mathrm{d}y+C,$$

式中 (x_0,y_0) 是 D 内一定点，C 为实常数，积分与路径无关. 另一方面

$$\mathrm{d}v=\frac{\partial v}{\partial x}\mathrm{d}x+\frac{\partial v}{\partial y}\mathrm{d}y,$$

比较上述两式可知

$$\frac{\partial v}{\partial x}=-\frac{\partial u}{\partial y}, \quad \frac{\partial v}{\partial y}=\frac{\partial u}{\partial x},$$

即满足 C-R 条件，故 $f(z)=u+\mathrm{i}v$ 在 D 内解析.

上述定理实际上提供了由解析函数的实部求虚部的一种方法，类似的推导可给出由解析函数的虚部求实部的同样方法.

例 3.13 已知解析函数 $f(z)$ 的实部 $u(x,y) = -3xy^2 + x^3$,求满足条件 $f(0) = 0$ 的解析函数 $f(z) = u + \mathrm{i}v$.

解 方法一:曲线积分法.

由 C-R 条件知,$\dfrac{\partial v}{\partial x} = -\dfrac{\partial u}{\partial y} = 6xy$,$\dfrac{\partial v}{\partial y} = \dfrac{\partial u}{\partial x} = -3y^2 + 3x^2$,则 v 的全微分为

$$\mathrm{d}v = \frac{\partial v}{\partial x}\mathrm{d}x + \frac{\partial v}{\partial y}\mathrm{d}y = 6xy\mathrm{d}x + 3(x^2 - y^2)\mathrm{d}y,$$

所以

$$v(x,y) = \int_{(0,0)}^{(x,y)} 6xy\,\mathrm{d}x + 3(x^2 - y^2)\,\mathrm{d}y + C.$$

由于积分与路径无关,取特殊路径,如图 3.10 所示,即折线 OAB,则

$$v = \int_0^x 0\,\mathrm{d}x + 3\int_0^y (x^2 - y^2)\,\mathrm{d}y + C$$
$$= 3x^2 y - y^3 + C.$$

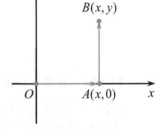

图 3.10

于是

$$f(z) = u + \mathrm{i}v = -3xy^2 + x^3 + \mathrm{i}(3x^2 y - y^3 + C),$$

由 $f(0) = 0$ 可得:$C = 0$,因此

$$f(z) = x^3 - 3xy^2 + \mathrm{i}(3x^2 y - y^3)$$

或

$$f(z) = (x + \mathrm{i}y)^3 = z^3.$$

方法二:不定积分法.

由 C-R 条件的一个等式

$$\frac{\partial v}{\partial y} = \frac{\partial u}{\partial x} = -3y^2 + 3x^2,$$

从而

$$v(x,y) = \int (-3y^2 + 3x^2)\,\mathrm{d}y = -y^3 + 3x^2 y + g(x).$$

而

$$\frac{\partial v}{\partial x} = 6xy + g'(x),\quad \frac{\partial u}{\partial y} = -6xy,$$

再由 C-R 条件 $\dfrac{\partial v}{\partial x} = -\dfrac{\partial u}{\partial y}$,得 $g'(x) = 0$,从而 $g(x) = C$,因此

$$v(x,y) = -y^3 + 3x^2 y + C,$$

于是

$$f(z) = u + \mathrm{i}v = -3xy^2 + x^3 + \mathrm{i}(3x^2 y - y^3 + C).$$

由 $f(0) = 0$,可得 $C = 0$,因此

$$f(z) = x^3 - 3xy^2 + \mathrm{i}(3x^2 y - y^3)$$

或
$$f(z) = (x+iy)^3 = z^3.$$

方法三：

因 $f(z) = u(x,y) + iv(x,y)$ 解析，所以
$$f'(z) = \frac{\partial u}{\partial x} + i\frac{\partial v}{\partial x} = \frac{\partial u}{\partial x} - i\frac{\partial u}{\partial y}$$
$$= 3x^2 - 3y^2 + 6xyi$$
$$= 3(x+iy)^2 = 3z^2,$$

于是
$$f(z) = z^3 + C,$$

由 $f(0) = 0$，可得 $C = 0$，因此 $f(z) = z^3$.

§3.5 用 MATLAB 运算

例 3.14 计算 $\int_C z^2 \, dz$，其中 C 表示从原点到 $2+3i$ 的直线段.

方法一：用参数方程.

线段 C 的参数方程为 $z = (2+3i)t$，$t: 0 \to 1$，代码如下：

```
>> syms z t
>> z=(2+3*i)*t;
>> int(z^2*diff(z),t,0,1)       %int 为积分命令，diff 为求导命令
ans =
- 46/3 + 3i
```

方法二：用原函数.

由于被积函数为解析函数，因此本题可直接用牛顿-莱布尼兹公式求原函数来计算.

```
>> syms z
>> int(z^2,z,0,2+3*i)
ans =
- 46/3 + 3i
```

例 3.15 计算 $\int_0^{\pi i} z\cos z^2 \, dz$.

```
>> syms z
>> int(z*cos(z^2),z,0,pi*i)
ans =
-sin(pi^2)/2
```

例 3.16 计算 $\oint_C \frac{1}{(z-z_0)^{n+1}} dz$，其中 C 为以 z_0 为中心、r 为半径的正向圆周，n 为非负整数.

先换元，令 $u = z - z_0 = re^{it}$，$t: 0 \to 2\pi$，$du = dz$，则代码如下：

```
>> syms u t r
>> n=0;                    %n 为 0 时, 结果为 pi*2i
>> u=r*exp(i*t);
>> int(1/u^(n+1)*diff(u,t),t,0,2*pi)
ans =
pi*2i
```

n 为非 0 整数时, 结果为 0.

```
>> syms u t r
>> n=3;                    %n 为任一非零整数时, 结果均为 0
>> u=r*exp(i*t);
>> int(1/u^(n+1)*diff(u,t),t,0,2*pi)
ans =
0
```

例 3.17 计算 $\oint_{|z|=1} \dfrac{1}{3z-4} \mathrm{d}z$.

本题由于封闭曲线内部没有奇点, 根据柯西积分定理, 结果为 0.
用 MATLAB 计算需要先换元, 令 $z = \mathrm{e}^{it}$, $t: 0 \to 2\pi$, 则代码如下:

```
>> syms z t
>> z=exp(i*t);
>> int(1/(3*z-4)*diff(z),t,0,2*pi)
ans =
0
```

例 3.18 计算 $\oint_{|z|=2} \dfrac{1}{2z-3} \mathrm{d}z$.

由柯西积分公式, 得 $\oint_{|z|=2} \dfrac{1}{2z-3} \mathrm{d}z = \dfrac{1}{2} \oint_{|z|=2} \dfrac{1}{z-\dfrac{3}{2}} \mathrm{d}z = \dfrac{1}{2} \cdot 2\pi\mathrm{i} = \pi\mathrm{i}$.

用 MATLAB 计算需要先换元, 令 $z = 2\mathrm{e}^{it}$, $t: 0 \to 2\pi$, 则代码如下:

```
>> syms z t
>> z=2*exp(i*t);
>> int(1/(2*z-3)*diff(z,t),t,0,2*pi)
ans =
pi*1i
```

例 3.19 计算 $\oint_{|z|=2} \dfrac{\mathrm{e}^z}{2z-3} \mathrm{d}z$.

由柯西积分公式, 得 $\oint_{|z|=2} \dfrac{\mathrm{e}^z}{2z-3} \mathrm{d}z = \dfrac{1}{2} \oint_{|z|=2} \dfrac{\mathrm{e}^z}{z-\dfrac{3}{2}} \mathrm{d}z = \dfrac{1}{2} \cdot 2\pi\mathrm{i} \cdot \mathrm{e}^z \bigg|_{z=\dfrac{3}{2}} = \mathrm{e}^{\dfrac{3}{2}} \pi\mathrm{i}$.

前面的例题均是通过换元法转化为关于 t 的积分, 再用牛顿-莱布尼兹公式进行计算, 但是本题由于被积函数较复杂, 如果仍旧采用上述方法, 原函数是求不出来的, 因此只能用柯西积分公式计算(等同于第 5 章将要学习的留数法).

```
>> syms z f
>> f=exp(z)/(2*z-3);
```

```
>> 2*pi*i*limit(f*(z-3/2),z,3/2)    %3/2 为奇点，f*(z-3/2)即 1/2*exp(z)
ans =
pi*exp(3/2)*1i
```

例 3.20 计算积分 $\oint_C \dfrac{\cos z}{z^3(z-1)}\mathrm{d}z$，其中 C 为一条包含点 $z=0$，$z=1$ 的正向简单闭曲线．

```
>> syms z f
>> f=cos(z)/z^3/(z-1);
>> 2*pi*i*limit(f*(z-1),z,1)+2*pi*i*(1/2)*limit(diff(f*z^3,2),z,0)
ans =
- pi*1i + pi*cos(1)*2i
```

本 章 小 结

本章主要研究了复变函数积分的基本概念、性质与计算，学习了柯西积分定理、复合闭路定理、柯西积分公式、高阶导数公式等重要的结论，最后给出了解析函数与调和函数之间的关系．

本章学习的基本要求如下．

(1) 理解复变函数积分的定义和性质，掌握复变函数积分的基本计算方法．

(2) 理解原函数的概念，熟练掌握利用原函数计算解析函数的积分．

(3) 掌握柯西积分定理、复合闭路定理、柯西积分公式、高阶导数公式，并熟练运用这些定理和公式计算封闭曲线上的积分．

(4) 理解解析函数与调和函数之间的关系，理解调和函数和共轭调和函数的概念，熟练掌握解析函数的相关计算．

练 习 题

1. 求积分 $\int_C 3z^2 \mathrm{d}z$ 的值，其中曲线 C 为：

(1) 从 $1+i$ 到 $3-4i$ 的直线段；

(2) 以 $0,1,i$ 为顶点的三角形的正向周界．

2. 从 0 到 $1+i$ 分别沿直线 $y=x$ 与抛物线 $y=x^2$ 计算积分 $\int_C (x^2+iy)\mathrm{d}z$ 的值．

3. 计算积分 $\oint_C \dfrac{\bar{z}}{|z|}\mathrm{d}z$ 的值，其中 C 为正向圆周．

(1) $|z|=2$． (2) $|z|=4$．

4. 设 C 是正向圆周 $|z|=1$，试指出下列各积分的值，并说明依据是什么？

(1) $\oint_C \dfrac{\mathrm{d}z}{z-2}$.

(2) $\oint_C \dfrac{\mathrm{d}z}{z^2+2z+4}$.

(3) $\oint_C \dfrac{\mathrm{d}z}{\cos z}$.

(4) $\oint_C \dfrac{\mathrm{d}z}{z-\dfrac{1}{2}}$.

(5) $\oint_C z\mathrm{e}^z \mathrm{d}z$.

(6) $\oint_C \dfrac{\mathrm{d}z}{\left(z-\dfrac{\mathrm{i}}{2}\right)(z+2)}$.

5. 计算下列积分.

(1) $\int_{-2}^{-2+\mathrm{i}} (z+2)^2 \mathrm{d}z$.

(2) $\int_0^{\pi+2\mathrm{i}} \cos\dfrac{z}{2} \mathrm{d}z$.

6. 沿指定曲线的正向计算下列各积分.

(1) $\oint_C \dfrac{\mathrm{e}^z}{z-2} \mathrm{d}z$，$C$: $|z-2|=1$.

(2) $\oint_C \dfrac{\mathrm{d}z}{z^2-4}$，$C$: $|z-2|=2$.

(3) $\oint_C \dfrac{\mathrm{e}^{\mathrm{i}z}}{z^2+1} \mathrm{d}z$，$C$: $|z-2\mathrm{i}|=\dfrac{3}{2}$.

(4) $\oint_C \dfrac{f(z)}{z-z_0} \mathrm{d}z$，$C$: $|z|=1$，函数 $f(z)$ 在闭圆盘 $|z|\leqslant 1$ 上解析，$|z_0|>1$.

(5) $\oint_C \dfrac{2z^2-z-1}{(z-1)^2} \mathrm{d}z$，$C$: $|z-1|=2$.

(6) $\oint_C \dfrac{1}{(z^2-1)(z^3-1)} \mathrm{d}z$，$C$: $|z|=r<1$.

(7) $\oint_C \dfrac{\sin z}{z} \mathrm{d}z$，$C$: $|z|=1$.

(8) $\oint_C \dfrac{1}{(z^2+1)(z^2+4)} \mathrm{d}z$，$C$: $|z|=\dfrac{3}{2}$.

(9) $\oint_C \dfrac{\sin tz}{z^4} \mathrm{d}z$，$C$: $|z|=1$，t 为常数.

(10) $\oint_C \dfrac{\mathrm{e}^z}{z^5} \mathrm{d}z$，$C$: $|z|=1$.

7. 计算下列积分.

(1) $\oint_{C_1+C_2} \dfrac{\cos z}{z^3} \mathrm{d}z$，其中 C_1: $|z|=2$ 为正向，C_2: $|z|=3$ 为负向.

(2) $\oint_C \dfrac{1}{(z^2+1)(z-1)^2} \mathrm{d}z$，其中 C: $(x-1)^2+(y-1)^2=2$ 为正向.

(3) $\oint_C \dfrac{\mathrm{e}^z \sin z}{z^2+4} \mathrm{d}z$，其中 C: $|z|=3$ 为正向.

(4) $\oint_C \dfrac{\cos \pi z}{z^3(z-1)^3} \mathrm{d}z$，其中 C: $|z|=2$ 为正向.

(5) $\oint_C \dfrac{\cos z}{z^3(z-1)}dz$，其中 C 是一条不经过点 $z=0$，$z=1$ 的正向简单闭曲线.

8．设 $F(z)=\oint_C \dfrac{(\xi^2+1)\sin\xi}{\xi-z}d\xi$，其中曲线 C 为正向圆周 $|\xi|=2$，求 $F'(\mathrm{i})$．

9．设区域 D 是圆环域，$f(z)$ 在 D 内解析，以圆环的中心为圆心作正向圆周 K_1 与 K_2，K_2 包含 K_1，z_0 为 K_1 与 K_2 之间任意一点，如图 3.11 所示．试证式(3.10)仍成立，但 C 要换成 $K_1^- + K_2$．

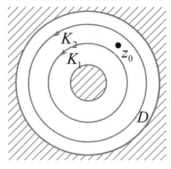

图 3.11

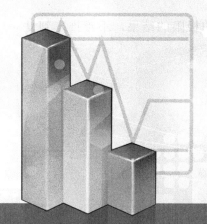

第4章 级 数

前面章节我们用微分和积分的方法研究了解析函数的性质,在这一章我们将用级数的方法对解析函数进行研究. 首先讨论复数项级数,然后讨论复变函数项级数,重点讨论泰勒(Taylor)级数和洛朗(Laurent)级数,并围绕如何将解析函数展开成泰勒级数或洛朗级数这一中心内容进行讲解. 这两类级数在解决各种实际问题中有着广泛的应用.

学习本章最好能结合《高等数学》的级数部分,要善于对比学习,更要注意它们的区别所在.

§4.1 复数项级数

4.1.1 复数序列的极限

给定一列无穷多个有序的复数
$$z_1 = a_1 + ib_1, \quad z_2 = a_2 + ib_2, \quad \ldots, \quad z_n = a_n + ib_n, \quad \ldots$$
称为**复数序列**,简记为$\{z_n\}$.

定义 4.1 给定一个复数序列$\{z_n\}$,设$z_0 = a + ib$是一个复常数,若对于任意给定的正数$\varepsilon > 0$,总存在正整数N,使当$n > N$时,恒有$|z_n - z_0| < \varepsilon$成立,则称$\{z_n\}$当$n$趋向于$\infty$时以$z_0$为极限,或者说复数序列$\{z_n\}$收敛于极限$z_0$的**收敛序列**,记作
$$\lim_{n \to \infty} z_n = z_0 \quad \text{或} \quad z_n \to z_0 \quad (n \to \infty).$$

如果复数序列$\{z_n\}$不收敛,则称$\{z_n\}$是发散的.

定理 4.1 给定一个复数序列$\{z_n\}$,其中$z_n = a_n + ib_n$,$z_0 = a + ib$,则$\lim_{n \to \infty} z_n = z_0$当且仅当
$$\lim_{n \to \infty} a_n = a \text{ 且 } \lim_{n \to \infty} b_n = b.$$

定理 4.1 的结论使得我们可以把有关实数序列极限的运算理论转移到复数序列上. 由

此,关于两个实数列相应项之和、差、积、商所成数列的极限的结果,不难推广到复数列.

4.1.2 复数项级数的概念

定义 4.2 设 $\{z_n\}$ 为一复数序列,表达式

$$\sum_{n=1}^{\infty} z_n = z_1 + z_2 + \cdots + z_n + \cdots \tag{4.1}$$

称为**复数项级数**,其前 n 项之和

$$S_n = z_1 + z_2 + \cdots + z_n = \sum_{k=1}^{n} z_k$$

称为级数的**部分和**. 若部分和数列 $\{S_n\}$ 收敛于 S ,即 $\lim\limits_{n\to\infty} S_n = S$,则称级数是**收敛**的,并称 S 为级数的**和**,记为

$$\sum_{n=1}^{\infty} z_n = S .$$

若数列 $\{S_n\}$ 不收敛,则称级数**发散**.

由上述定义可知,式(4.1)的敛散性问题,就是部分和数列 $\{S_n\}$ 的极限问题,其和就是部分和数列 $\{S_n\}$ 的极限.

定理 4.2 级数 $\sum\limits_{n=1}^{\infty} z_n$ 收敛的充要条件是 $\sum\limits_{n=1}^{\infty} a_n$ 和 $\sum\limits_{n=1}^{\infty} b_n$ 都收敛,其中 $z_n = a_n + \mathrm{i}b_n$.

证 级数 $\sum\limits_{n=1}^{\infty} z_n$ 的部分和为

$$S_n = \sum_{k=1}^{n} z_k = \sum_{k=1}^{n}(a_k + \mathrm{i}b_k) = \sum_{k=1}^{n} a_k + \mathrm{i}\sum_{k=1}^{n} b_k = \sigma_n + \mathrm{i}\tau_n .$$

其中, $\sigma_n = \sum\limits_{k=1}^{n} a_k$, $\tau_n = \sum\limits_{k=1}^{n} b_k$ 分别是 $\sum\limits_{n=1}^{\infty} a_n$, $\sum\limits_{n=1}^{\infty} b_n$ 的部分和.

根据定理 4.1,数列 $\{S_n\}$ 收敛的充要条件是数列 $\{\sigma_n\}$ 和 $\{\tau_n\}$ 都收敛,故得定理的结论.

该定理表明,对一般复数项级数的讨论,可以归结为对实数项级数的讨论. 由实数项级数 $\sum\limits_{n=1}^{\infty} a_n$ 和 $\sum\limits_{n=1}^{\infty} b_n$ 收敛的必要条件 $\lim\limits_{n\to\infty} a_n = 0$ 和 $\lim\limits_{n\to\infty} b_n = 0$ 可得以下定理.

定理 4.3 级数 $\sum\limits_{n=1}^{\infty} z_n$ 收敛的必要条件是 $\lim\limits_{n\to\infty} z_n = 0$.

4.1.3 复数项级数的审敛法

定义 4.3 若级数 $\sum\limits_{n=1}^{\infty} z_n$ 中每项取模后所构成的级数 $\sum\limits_{n=1}^{\infty} |z_n|$ 收敛,则称级数 $\sum\limits_{n=1}^{\infty} z_n$ 是**绝对收敛**的;若 $\sum\limits_{n=1}^{\infty} z_n$ 收敛,而 $\sum\limits_{n=1}^{\infty} |z_n|$ 发散,则称级数 $\sum\limits_{n=1}^{\infty} z_n$ 是**条件收敛**的.

定理 4.4 如果 $\sum_{n=1}^{\infty}|z_n|$ 收敛，则 $\sum_{n=1}^{\infty}z_n$ 也收敛.

证 因为 $\sum_{n=1}^{\infty}|z_n|=\sum_{n=1}^{\infty}\sqrt{a_n^2+b_n^2}$，

又由于

$$|a_n|\leqslant\sqrt{a_n^2+b_n^2}，\quad|b_n|\leqslant\sqrt{a_n^2+b_n^2}，$$

根据正项级数的比较判别法，可知

$$\sum_{n=1}^{\infty}|a_n|、\sum_{n=1}^{\infty}|b_n|，$$

都收敛，从而 $\sum_{n=1}^{\infty}a_n$，$\sum_{n=1}^{\infty}b_n$ 也都收敛. 于是由定理 4.2 知，$\sum_{n=1}^{\infty}z_n$ 收敛.

该定理告诉我们，绝对收敛的级数本身一定是收敛的，但反过来，若 $\sum_{n=1}^{\infty}z_n$ 收敛，则 $\sum_{n=1}^{\infty}|z_n|$ 却不一定收敛，这一性质与实数项级数完全相同.

关于绝对收敛级数还具有以下性质，其证明参见普里瓦洛夫著的《复变函数引论》.

定理 4.5 设 $\sum_{n=1}^{\infty}\alpha_n$ 和 $\sum_{n=1}^{\infty}\beta_n$ 均绝对收敛，则 $\sum_{n=1}^{\infty}(\alpha_n\pm\beta_n)$ 也绝对收敛.

定理 4.6 设 $\sum_{n=1}^{\infty}\alpha_n=\alpha$ 和 $\sum_{n=1}^{\infty}\beta_n=\beta$ 都是绝对收敛的级数，令

$$\gamma_n=\alpha_1\beta_n+\alpha_2\beta_{n-1}+\cdots+\alpha_n\beta_1,$$

则 $\sum_{n=1}^{\infty}\gamma_n$ 也为绝对收敛的级数，且 $\sum_{n=1}^{\infty}\gamma_n=\left(\sum_{n=1}^{\infty}\alpha_n\right)\left(\sum_{n=1}^{\infty}\beta_n\right)=\alpha\beta$.

可按下述对角线法得出乘积级数，

$$\begin{array}{c|cccc} & \beta_1 & \beta_2 & \beta_3 & \cdots \\ \hline \alpha_1 & \alpha_1\beta_1 & \alpha_1\beta_2 & \alpha_1\beta_3 & \cdots \\ \alpha_2 & \alpha_2\beta_1 & \alpha_2\beta_2 & \alpha_2\beta_3 & \cdots \\ \alpha_3 & \alpha_3\beta_1 & \alpha_3\beta_2 & \alpha_3\beta_3 & \cdots \\ \vdots & \cdots & \cdots & \cdots & \cdots \end{array}$$

例如，$\gamma_1=\alpha_1\beta_1$，$\gamma_2=\alpha_1\beta_2+\alpha_2\beta_1$，…

例 4.1 判别下列级数的敛散性.

(1) $\sum_{n=1}^{\infty}\left(\dfrac{1+4i}{3}\right)^n$. (2) $\sum_{n=1}^{\infty}\dfrac{(4+3i)^n}{n!}$. (3) $\sum_{n=1}^{\infty}\dfrac{i^n}{n}$.

例 4.1 讲解

解 (1) 因为

$$\lim_{n\to\infty}\left|\left(\dfrac{1+4i}{3}\right)^n\right|=\lim_{n\to\infty}\left(\dfrac{\sqrt{17}}{3}\right)^n\neq 0，$$

即
$$\lim_{n\to\infty}\left(\frac{1+4\mathrm{i}}{3}\right)^n \neq 0,$$

所以级数 $\sum_{n=1}^{\infty}\left(\frac{1+4\mathrm{i}}{3}\right)^n$ 发散.

(2) 因为级数
$$\sum_{n=1}^{\infty}\left|\frac{(4+3\mathrm{i})^n}{n!}\right| = \sum_{n=1}^{\infty}\frac{5^n}{n!}$$

收敛,所以级数 $\sum_{n=1}^{\infty}\frac{(4+3\mathrm{i})^n}{n!}$ 绝对收敛.

(3) 因为
$$\sum_{n=1}^{\infty}\frac{\mathrm{i}^n}{n} = \mathrm{i} - \frac{1}{2} - \frac{\mathrm{i}}{3} + \frac{1}{4} + \frac{\mathrm{i}}{5} + \cdots$$
$$= \left(-\frac{1}{2} + \frac{1}{4} - \frac{1}{6} + \cdots\right) + \mathrm{i}\left(1 - \frac{1}{3} + \frac{1}{5} - \cdots\right)$$
$$= \sum_{n=1}^{\infty}\frac{(-1)^n}{2n} + \mathrm{i}\sum_{n=1}^{\infty}\frac{(-1)^n}{2n-1}.$$

而级数 $\sum_{n=1}^{\infty}\frac{(-1)^n}{2n}$ 与 $\sum_{n=1}^{\infty}\frac{(-1)^{n-1}}{2n-1}$ 均收敛,所以级数 $\sum_{n=1}^{\infty}\frac{\mathrm{i}^n}{n}$ 条件收敛,进一步考查级数 $\sum_{n=1}^{\infty}\left|\frac{\mathrm{i}^n}{n}\right|$,因为

$$\sum_{n=1}^{\infty}\left|\frac{\mathrm{i}^n}{n}\right| = \sum_{n=1}^{\infty}\frac{1}{n}$$

发散,所以级数 $\sum_{n=1}^{\infty}\left|\frac{\mathrm{i}^n}{n}\right|$ 发散.

§4.2 复变函数项级数

4.2.1 函数项级数

定义 4.4 设 $\{f_n(z)\}(n=1,2,\cdots)$ 为复变函数序列,其中各项均在复平面区域 D 内有定义,表达式

$$f_1(z) + f_2(z) + \cdots + f_n(z) + \cdots = \sum_{n=1}^{\infty}f_n(z) \tag{4.2}$$

复变函数项级数

称为**复变函数项级数**,简称**函数项级数**.

显然,对于 D 内任一点 z_0,复变函数项级数(4.2)都对应着一个复数项级数

$$f_1(z_0) + f_2(z_0) + \cdots + f_n(z_0) + \cdots = \sum_{n=1}^{\infty} f_n(z_0). \tag{4.3}$$

级数(4.3)可能收敛，也可能发散．如果级数(4.3)收敛，则称点 z_0 是函数项级数(4.2)的**收敛点**；如果级数(4.3)发散，则称点 z_0 是函数项级数(4.2)的**发散点**．函数项级数(4.2)的收敛点的全体称为它的**收敛域**．

对应于收敛域内的任意一个数 z，函数项级数成为一个收敛的复数项级数，因而有一个确定的和 S．这样，在收敛域上，函数项级数的和是 z 的函数 $S(z)$，通常称 $S(z)$ 为函数项级数(4.2)的**和函数**，记作

$$f_1(z) + f_2(z) + \cdots + f_n(z) + \cdots = \sum_{n=1}^{\infty} f_n(z) = S(z),$$

显然，和函数的定义域就是函数项级数的收敛域．

把函数项级数(4.2)的前 n 项的和记作 $S_n(z)$，则在收敛域上有

$$\lim_{n \to \infty} S_n(z) = S(z).$$

下面我们主要研究经常用到的复变函数项级数的一种简单情形——幂级数，它与解析函数有着密切的联系．

4.2.2 幂级数及其收敛性

在复变函数项级数(4.2)中，若 $f_n(z)$ 取为 $C_n z^n$ 或 $C_n(z - z_0)^n$，其中 C_n 为复常数，z_0 为任意一定点，则级数 $\sum_{n=0}^{\infty} C_n z^n$ 或 $\sum_{n=0}^{\infty} C_n(z - z_0)^n$ 称为**幂级数**．

幂级数是一种重要而又特殊的复变函数项级数．它以幂函数为一般项，因而得名幂级数．幂级数不仅形式简单，类似多项式，而且可施行四则运算及微分、积分运算．幂级数与解析函数有密切关系，一方面，在本节中我们指出：幂级数在一定的区域内收敛于一个解析函数；另一方面，在下节中我们将证明：一个解析函数在其解析点的邻域内可展开成幂级数．于是，幂级数就成为研究解析函数在其解析点邻域内性质的重要工具．

下面我们讨论幂级数的收敛域．

显然，$z = 0$ 是级数 $\sum_{n=0}^{\infty} C_n z^n$ 的收敛点，对于该幂级数在其他点是否收敛的问题，和实变量幂级数一样，有下述定理．

定理 4.7 (阿贝尔(Abel)定理) 如果级数 $\sum_{n=0}^{\infty} C_n z^n$ 在 $z = z_1 \; (\neq 0)$ 处收敛，那么对满足 $|z| < |z_1|$ 的一切点 z，级数都绝对收敛；如果级数在 $z = z_2$ 处发散，那么对满足 $|z| > |z_2|$ 的一切点 z，级数都发散．

证 若级数 $\sum_{n=0}^{\infty} C_n z^n$ 在 $z = z_1$ 处收敛，即 $\sum_{n=0}^{\infty} C_n z_1^n$ 收敛，由级数收敛的必要条件，有 $\lim_{n \to \infty} C_n z_1^n = 0$，故存在 $M > 0$，使对一切自然数 n，有 $|C_n z_1^n| \leq M$．

又对满足 $|z| < |z_1|$ 的一切点 z，总有 $\left| \dfrac{z}{z_1} \right| = q < 1$，从而

$$\left|C_n z^n\right| = \left|C_n z_1^n\right| \cdot \left|\frac{z}{z_1}\right|^n \leqslant M q^n.$$

又因等比级数 $\sum_{n=0}^{\infty} M q^n$ 收敛，根据正项级数的比较审敛法，知级数 $\sum_{n=0}^{\infty}\left|C_n z^n\right|$ 收敛，故当 $|z| < |z_1|$ 时，幂级数 $\sum_{n=0}^{\infty} C_n z^n$ 绝对收敛.

当级数在 $z = z_2$ 处发散时，可用反证法证明结论成立. 事实上，若存在点 $z(|z| > |z_2|)$，使 $\sum_{n=0}^{\infty} C_n z^n$ 收敛，则由上面的讨论知，$\sum_{n=0}^{\infty} C_n z_2^n$ 绝对收敛，与题设矛盾.

4.2.3 幂级数的收敛圆与收敛半径

利用阿贝尔定理可以确定幂级数的收敛范围，对幂级数 $\sum_{n=0}^{\infty} C_n z^n$ 来说，它的收敛情况可以分为以下 3 种.

(1) 只在原点 $z = 0$ 处收敛，其他点处发散，如级数 $\sum_{n=1}^{\infty} n^n z^n$.

(2) 在全平面上处处绝对收敛，如级数 $\sum_{n=1}^{\infty} \frac{1}{n^n} z^n$.

(3) 既存在一点 $z_1 \neq 0$ 使级数 $\sum_{n=0}^{\infty} C_n z_1^n$ 收敛，又存在一点 z_2 使级数 $\sum_{n=0}^{\infty} C_n z_2^n$ 发散. 由阿贝尔定理，显然有 $|z_1| \leqslant |z_2|$，且在圆周 $C_1: |z| = |z_1|$ 内，级数绝对收敛；在圆周 $C_2: |z| = |z_2|$ 外，级数处处发散. 因而可以设想，当 $|z_1|$ 由小逐渐变大时，C_1 必定逐渐接近圆周 $C: |z| = R$，这里的 R 满足 $0 < |z_1| \leqslant R \leqslant |z_2| < +\infty$，即 C 介于 C_1 与 C_2 之间(见图 4.1). 在 C 的内部，级数绝对收敛；在 C 的外部，级数处处发散；而在圆周 C 上各点处的敛散性需另外判断. 这样一个收敛与发散的分界圆周称为**收敛圆**，其半径称为**收敛半径**.

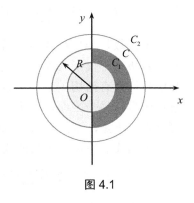

图 4.1

定义 4.5 若存在一个正数 R，使幂级数 $\sum_{n=0}^{\infty} C_n z^n$ 在 $|z| < R$ 内绝对收敛，而在 $|z| > R$ 外处处发散，则称 $|z| = R$ 为**收敛圆**，R 为**收敛半径**.

由前面所说幂级数的 3 种收敛情况，可知对于幂级数 $\sum_{n=0}^{\infty} C_n z^n$ 来说：

(1) 若只在原点收敛，规定收敛半径 $R = 0$；

(2) 若在全平面上处处收敛，规定收敛半径 $R = +\infty$；

(3) 若既有非零的收敛点，又有发散点，则收敛半径 R 为一有限正数，即 $0 < R < +\infty$.

幂级数在收敛圆周上的敛散性，不能作出一般的结论，要视具体级数而定．

例 4.2 求等比级数
$$\sum_{n=0}^{\infty} z^n = 1 + z + z^2 + \cdots + z^n + \cdots$$
的收敛半径，并求其和函数．

解 等比级数的前 n 项和为
$$S_n = 1 + z + z^2 + \cdots + z^{n-1} = \frac{1-z^n}{1-z} \quad (z \neq 1).$$

当 $|z| < 1$ 时，由于 $\lim\limits_{n \to \infty} z^n = 0$，从而有
$$\lim_{n \to \infty} S_n = \frac{1}{1-z}.$$

所以，当 $|z| < 1$ 时，级数 $\sum\limits_{n=0}^{\infty} z^n$ 收敛，且和函数为 $\dfrac{1}{1-z}$．

当 $|z| \geq 1$ 时，由于 $n \to \infty$ 时，级数的一般项 z^n 不趋于零，故级数发散．由阿贝尔定理可知，等比级数 $\sum\limits_{n=0}^{\infty} z^n$ 的收敛半径为 1，且有

$$1 + z + z^2 + \cdots + z^n + \cdots = \sum_{n=0}^{\infty} z^n = \frac{1}{1-z} \quad (|z| < 1) \tag{4.4}$$

关于幂级数 $\sum\limits_{n=0}^{\infty} C_n z^n$ 收敛半径的求法，可借助以下两个定理．

定理 4.8（比值法） 设 $\lim\limits_{n \to \infty} \left| \dfrac{C_{n+1}}{C_n} \right| = \rho$，则幂级数 $\sum\limits_{n=0}^{\infty} C_n z^n$ 的收敛半径
$$R = \begin{cases} \dfrac{1}{\rho} & \rho \neq 0, \\ +\infty & \rho = 0, \\ 0 & \rho = +\infty. \end{cases}$$

证 考查级数 $\sum\limits_{n=0}^{\infty} |C_n z^n|$，由于
$$\lim_{n \to \infty} \frac{|C_{n+1} z^{n+1}|}{|C_n z^n|} = \lim_{n \to \infty} \left| \frac{C_{n+1}}{C_n} \right| \cdot |z| = \rho |z|$$

(1) 由正项级数的比值审敛法知，当 $\rho |z| < 1$，即 $|z| < \dfrac{1}{\rho}$ 时，级数 $\sum\limits_{n=0}^{\infty} |C_n z^n|$ 收敛．故幂级数 $\sum\limits_{n=0}^{\infty} C_n z^n$ 在圆 $|z| < \dfrac{1}{\rho}$ 内处处收敛(绝对收敛)．

再证幂级数 $\sum\limits_{n=0}^{\infty} C_n z^n$ 在圆 $|z| = \dfrac{1}{\rho}$ 外处处发散．

用反证法，假设在圆 $|z| = \dfrac{1}{\rho}$ 外有一点 z_1，使级数 $\sum\limits_{n=0}^{\infty} C_n z_1^n$ 收敛．在圆外再取一点 z_2，

使 $|z_2| < |z_1|$，则由阿贝尔定理知，级数 $\sum_{n=0}^{\infty} |C_n z_2^n|$ 收敛．然而因 $|z_2| > \dfrac{1}{\rho}$，所以

$$\lim_{n\to\infty} \dfrac{|C_{n+1} z_2^{n+1}|}{|C_n z_2^n|} = \lim_{n\to\infty} \left|\dfrac{C_{n+1}}{C_n}\right| \cdot |z_2| = \rho |z_2| > 1 .$$

再由正项级数的比值审敛法知，级数 $\sum_{n=0}^{\infty} |C_n z_2^n|$ 发散，矛盾．

因而级数 $\sum_{n=0}^{\infty} C_n z^n$ 在圆 $|z| = \dfrac{1}{\rho}$ 外处处发散．因此，$\sum_{n=0}^{\infty} C_n z^n$ 的收敛半径 $R = \dfrac{1}{\rho}$．

(2) 当 $\rho = 0$ 时，对于任何复数 z，$\rho |z| = 0 < 1$．于是，级数 $\sum_{n=0}^{\infty} |C_n z^n|$ 收敛，即幂级数 $\sum_{n=0}^{\infty} C_n z^n$ 在复平面内处处收敛，故 $R = +\infty$．

(3) 当 $\rho = +\infty$ 时，对于任何复数 $z \neq 0$，$\rho |z| = +\infty$．于是，级数 $\sum_{n=0}^{\infty} |C_n z^n|$ 发散，从而级数 $\sum_{n=0}^{\infty} C_n z^n$ 也发散，否则由阿贝尔定理知，存在点 $z \neq 0$ 使 $\sum_{n=0}^{\infty} |C_n z^n|$ 收敛．于是，$R = 0$．

定理 4.9（根值法） 设 $\lim_{n\to\infty} \sqrt[n]{|C_n|} = \rho$，则幂级数 $\sum_{n=0}^{\infty} C_n z^n$ 的收敛半径

$$R = \begin{cases} \dfrac{1}{\rho} & \rho \neq 0, \\ +\infty & \rho = 0, \\ 0 & \rho = +\infty. \end{cases}$$

证明略．

例 4.3 试求下列幂级数的收敛半径．

(1) $\sum_{n=0}^{\infty} n! z^n$． (2) $\sum_{n=0}^{\infty} \dfrac{1}{n!} z^n$． (3) $\sum_{n=0}^{\infty} \dfrac{z^n}{n}$．

例 4.3 讲解

解 (1) 因为

$$\lim_{n\to\infty} \left|\dfrac{C_{n+1}}{C_n}\right| = \lim_{n\to\infty} \dfrac{(n+1)!}{n!} = +\infty ,$$

所以 $R = 0$，此级数只在 $z = 0$ 处收敛．

(2) 因为

$$\lim_{n\to\infty} \left|\dfrac{C_{n+1}}{C_n}\right| = \lim_{n\to\infty} \dfrac{n!}{(n+1)!} = 0 ,$$

所以 $R = +\infty$，此级数在整个复平面上处处收敛．

(3) 因为

$$\lim_{n\to\infty} \left|\dfrac{C_{n+1}}{C_n}\right| = \lim_{n\to\infty} \dfrac{n}{n+1} = 1 ,$$

所以 $R = 1$．在圆周 $|z| = 1$ 上，该级数既有收敛点，也有发散点．例如，点 $z = 1$ 处级数显然发散，而在点 $z = -1$ 处级数显然收敛．

由本例可以看出：

(1) 一般来说，当幂级数系数含有 n 的阶乘运算时，用比值法比较简便；当幂级数系数含有 n 次方幂时，用根值法较简便；

(2) 幂级数在收敛圆周上的敛散性是复杂的，可能全是收敛点，也可能全是发散点，还可能既有收敛点又有发散点.

4.2.4 幂级数的运算与性质

1. 幂级数的运算

同实变量幂级数一样，复变量幂级数也能进行有理运算及复合运算.

(1) 四则运算.

设 $\sum_{n=0}^{\infty} a_n z^n$ 及 $\sum_{n=0}^{\infty} b_n z^n$ 的收敛半径分别为 R_1 和 R_2，且 $R_0 = \min\{R_1, R_2\} > 0$，则

$$\sum_{n=0}^{\infty} a_n z^n \pm \sum_{n=0}^{\infty} b_n z^n = \sum_{n=0}^{\infty} (a_n \pm b_n) z^n \quad (|z| < R_0);$$

$$\left(\sum_{n=0}^{\infty} a_n z^n\right)\left(\sum_{n=0}^{\infty} b_n z^n\right) = \sum_{n=0}^{\infty} C_n z^n \quad (|z| < R_0), \text{ 其中 } C_n = \sum_{k=0}^{n} a_k b_{n-k}.$$

(2) 复合运算.

复合运算也称为代换运算，在函数展开成幂级数时有广泛应用.

设幂级数 $\sum_{n=0}^{\infty} a_n z^n = f(z)$ ($|z| < R$)，而在 $|z| < r$ 内函数 $g(z)$ 解析，且满足 $|g(z)| < R$，则

$$\sum_{n=0}^{\infty} a_n [g(z)]^n = f[g(z)] \quad (|z| < r).$$

由此可见，将该公式倒过来使用，便可将函数展开成幂级数.

例 4.4 试把函数 $f(z) = \dfrac{1}{4-z}$ 表示为形如 $\sum_{n=0}^{\infty} C_n (z-1)^n$ 的幂级数.

解 将 $f(z)$ 变形，使之成为 $(z-1)$ 的函数.

$$f(z) = \frac{1}{4-z} = \frac{1}{3-(z-1)} = \frac{1}{3} \cdot \frac{1}{1-\dfrac{z-1}{3}}.$$

利用等比级数的展开式(4.4)，得

$$f(z) = \frac{1}{3} \sum_{n=0}^{\infty} \left(\frac{z-1}{3}\right)^n \quad \left(\left|\frac{z-1}{3}\right| < 1\right),$$

即

$$f(z) = \sum_{n=0}^{\infty} \frac{1}{3^{n+1}} (z-1)^n \quad (|z-1| < 3).$$

2. 幂级数在其收敛圆内部的性质

定理 4.10 设有幂级数 $\sum_{n=0}^{\infty} C_n (z-z_0)^n$，其收敛半径 $R > 0$，在收敛圆 $|z-z_0| = R$ 内部的和函数为 $f(z)$，即

$$\sum_{n=0}^{\infty} C_n(z-z_0)^n = f(z), \tag{4.5}$$

则在收敛圆内部幂级数有以下性质.

(1) 和函数 $f(z)$ 在收敛圆内解析.

(2) 沿收敛圆内的任意一条曲线 l 可对 $f(z)$ 积分，并且对级数可逐项积分，且收敛半径不变，即有

$$\int_l f(z)\,dz = \int_l \left(\sum_{n=0}^{\infty} C_n(z-z_0)^n\right) dz = \sum_{n=0}^{\infty} C_n \int_l (z-z_0)^n dz. \tag{4.6}$$

(3) 在收敛圆内可逐项求导，且收敛半径不变，即有

$$\frac{df(z)}{dz} = \frac{d}{dz}\left(\sum_{n=0}^{\infty} C_n(z-z_0)^n\right) = \sum_{n=0}^{\infty} C_n \frac{d}{dz}(z-z_0)^n. \tag{4.7}$$

(4) 幂级数 $\sum_{n=0}^{\infty} C_n(z-z_0)^n$ 中的系数与和函数 $f(z)$ 之间有以下关系式：

$$C_n = \frac{f^{(n)}(z_0)}{n!} \quad (n=0,1,2,\cdots). \tag{4.8}$$

以上四条性质与实变量幂级数相似，证明略.

例 4.5 求幂级数 $\sum_{n=1}^{\infty} nz^n$ 的和函数.

解 先求收敛域. 由

$$\lim_{n\to\infty}\left|\frac{C_{n+1}}{C_n}\right| = \lim_{n\to\infty} \frac{n+1}{n} = 1,$$

得收敛半径 $R=1$.

当 $|z|=1$ 时，由于 $n\to\infty$ 时，级数的一般项 nz^n 不趋于零，故级数发散.

设和函数为 $S(z)$，则 $S(z) = \sum_{n=1}^{\infty} nz^n = z\sum_{n=1}^{\infty} nz^{n-1} = z\sum_{n=1}^{\infty}(z^n)'$

$$= z\left(\sum_{n=1}^{\infty} z^n\right)' = z\left(\frac{1}{1-z}-1\right)' = \frac{z}{(1-z)^2} \quad (|z|<1).$$

§4.3 泰 勒 级 数

在上一节中，我们已经知道一个幂级数的和函数在它的收敛圆的内部是一个解析函数，那么一个解析函数是否可以展开成幂级数呢？答案是肯定的. 这一节，我们将研究解析函数展开成幂级数的问题，这在理论和实用上都会给解析函数的研究带来极大方便.

4.3.1 泰勒展开定理

定理 4.11 设函数 $f(z)$ 在圆域 D：$|z-z_0|<R$ 内解析，则在 D 内

泰勒级数

$f(z)$ 可展开成幂级数

$$f(z)=\sum_{n=0}^{\infty}C_n(z-z_0)^n \quad (4.9)$$

其中，

$$C_n=\frac{1}{2\pi i}\oint_C\frac{f(\xi)}{(\xi-z_0)^{n+1}}\mathrm{d}\xi=\frac{f^{(n)}(z_0)}{n!} \quad (n=0,1,2,\cdots) \quad (4.10)$$

这里的 C 为任意圆周 $|z-z_0|<\rho<R$，并且这个展开式是唯一的.

证 设 z 是 D 内的任意一点，在 D 内作一圆周 C：$|\xi-z_0|=\rho<R$，使得 $|z-z_0|<\rho$（见图 4.2）. 则由柯西积分公式，得

$$f(z)=\frac{1}{2\pi i}\oint_C\frac{f(\xi)}{\xi-z}\mathrm{d}\xi. \quad (4.11)$$

因为 $|z-z_0|<\rho$，即 $\left|\dfrac{z-z_0}{\xi-z_0}\right|=q<1$，

所以

$$\frac{1}{\xi-z}=\frac{1}{(\xi-z_0)-(z-z_0)}=\frac{1}{\xi-z_0}\cdot\frac{1}{1-\dfrac{z-z_0}{\xi-z_0}}$$

$$=\frac{1}{\xi-z_0}\sum_{n=0}^{\infty}\left(\frac{z-z_0}{\xi-z_0}\right)^n=\sum_{n=0}^{\infty}\frac{(z-z_0)^n}{(\xi-z_0)^{n+1}}.$$

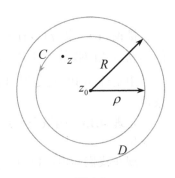

图 4.2

将此式代入式(4.11)，并由幂级数的性质，得

$$f(z)=\frac{1}{2\pi i}\oint_C\left[f(\xi)\cdot\sum_{n=0}^{\infty}\frac{(z-z_0)^n}{(\xi-z_0)^{n+1}}\right]\mathrm{d}\xi$$

$$=\sum_{n=0}^{\infty}\left[\frac{1}{2\pi i}\oint_C\frac{f(\xi)}{(\xi-z_0)^{n+1}}\mathrm{d}\xi\right](z-z_0)^n$$

$$=\sum_{n=0}^{\infty}C_n(z-z_0)^n,$$

其中，

$$C_n=\frac{1}{2\pi i}\oint_C\frac{f(\xi)}{(\xi-z_0)^{n+1}}\mathrm{d}\xi=\frac{f^{(n)}(z_0)}{n!} \quad (n=0,1,2,\cdots).$$

以上 C_n 中用到了高阶导数公式.

下面证明唯一性.

设 $f(z)$ 在 D 内还可以展开成以下形式的幂级数：

$$f(z)=\sum_{n=0}^{\infty}D_n(z-z_0)^n.$$

但由式(4.8)知，幂级数系数 D_n 应与其和函数 $f(z)$ 之间存在以下关系：

$$D_n=\frac{f^{(n)}(z_0)}{n!},$$

即系数 $D_n = C_n$. 由此, 以上两种关于 $z - z_0$ 的展开式的中心相同、系数相同, 因而是同一个级数, 唯一性得证.

式(4.9)称为函数 $f(z)$ 在 z_0 的泰勒展开式, C_n 称为泰勒系数, 式(4.9)右端的级数称为 $f(z)$ 在 z_0 的泰勒级数.

证明过程中可以发现, 圆 C 的半径可以任意增大, 只要使 C 在 D 内即可, 而且 D 也不一定非是圆域不可, 因此对于区域 D(不一定是圆域)内的解析函数 $f(z)$ 有下面的定理.

定理 4.12 设 $f(z)$ 在区域 D 内解析, z_0 为 D 内任意一点, R 为 z_0 到 D 的边界上各点的最短距离, 则当 $|z - z_0| < R$ 时, 有

$$f(z) = \sum_{n=0}^{\infty} C_n (z - z_0)^n,$$

其中

$$C_n = \frac{f^{(n)}(z_0)}{n!} \quad (n = 0, 1, 2, \cdots).$$

推论 4.1 设 $f(z)$ 在 z_0 处解析, z_1 是 $f(z)$ 的奇点中距点 z_0 最近的一个, 则 $f(z)$ 在 z_0 的泰勒级数的收敛半径 $R = |z_1 - z_0|$.

由定理 4.10 及定理 4.11, 不难得到关于函数在一点的邻域内展成幂级数的充分必要条件.

定理 4.13 函数在一点的邻域内可以展成幂级数的充分必要条件是这个函数在该邻域内解析.

现在我们知道, 以点 z_0 为中心的圆内的解析函数与此圆内的幂级数之间存在一一对应的关系. 在实数情况下却没有这样的结论. 一个在区间上可导的函数却不一定能在此区间上展开成幂级数.

例如, 对函数 $f(x) = \dfrac{1}{1 + x^2}$ 可在整个 x 轴上求无穷多次导数, 但它却不能在整个 x 轴上展开为幂级数, 而只有当 $|x| < 1$ 时才有展开式:

$$\frac{1}{1 + x^2} = 1 - x^2 + x^4 - x^6 + \cdots.$$

这个现象从复变函数的观点来看, 就可完全解释清楚. 实际上, $f(z) = \dfrac{1}{1 + z^2}$ 在复平面上有两个奇点 $z = \mathrm{i}$ 与 $z = -\mathrm{i}$, 因此, 级数的收敛半径等于 1.

4.3.2 几个初等函数的幂级数展开式

利用泰勒级数展开的唯一性, 我们可以用比较方便的方法将一个函数展开成泰勒级数. 展开的方法概括起来有两种: 一种是由泰勒展开式直接通过计算系数

$$C_n = \frac{f^{(n)}(z_0)}{n!} \quad (n = 0, 1, 2, \cdots),$$

把函数 $f(z)$ 在点 z_0 展开成幂级数, 称为**直接展开法**(公式法); 另一种是利用已知函数的幂级数形式, 再结合幂级数的运算与性质把函数展开成幂级数, 称为**间接展开法**.

1. 直接展开法

例 4.6 将指数函数 $f(z) = e^z$ 在 $z = 0$ 处展开成幂级数.

解 因 e^z 在复平面内处处解析，故在复平面可展开成幂级数. 由于
$$f(z) = f'(z) = \cdots = f^{(n)}(z) = e^z,$$
因此
$$f(0) = f'(0) = f''(0) = \cdots = f^{(n)}(0) = 1,$$
即
$$C_n = \frac{1}{n!} \quad (n = 0, 1, 2, \cdots).$$

故 e^z 在 $z = 0$ 处幂级数展开式为

$$\boxed{e^z = \sum_{n=0}^{\infty} \frac{z^n}{n!} = 1 + z + \frac{z^2}{2!} + \cdots + \frac{z^n}{n!} + \cdots \quad (|z| < +\infty)} \tag{4.12}$$

例 4.7 将对数函数的主值支 $\ln(1+z)$ 在 $z = 0$ 处展开成幂级数.

解 由于 $\ln(1+z)$ 的距 $z = 0$ 最近的奇点为 $z = -1$，故函数 $\ln(1+z)$ 在 $|z| < 1$ 内解析，可展开成关于 z 的幂级数.

因
$$f(z) = \ln(1+z),$$
$$f'(z) = \frac{1}{1+z} = (1+z)^{-1},$$
$$f''(z) = -1 \cdot (1+z)^{-2},$$

一般地，
$$f^{(n)}(z) = (-1)^{n-1}(n-1)!(1+z)^{-n} \quad (n = 1, 2, \cdots),$$

所以
$$f^{(n)}(0) = (-1)^{n-1}(n-1)!.$$

从而
$$C_0 = 0, \quad C_n = \frac{(-1)^{n-1}}{n} \quad (n = 1, 2, \cdots),$$

故得 $\ln(1+z)$ 的幂级数展开式为

$$\boxed{\ln(1+z) = \sum_{n=1}^{\infty} (-1)^{n-1} \frac{z^n}{n} = z - \frac{z^2}{2} + \frac{z^3}{3} - \cdots \quad (|z| < 1)} \tag{4.13}$$

例 4.8 将幂函数 $(1+z)^{\alpha}$（α 为复数）的主值支
$$f(z) = e^{\alpha \ln(1+z)}, \quad f(0) = 1$$
在 $z = 0$ 处展开成 z 的幂级数.

解 根据对数函数的解析性，知 $f(z)$ 在除去点 $z = -1$ 及 $z = -1$ 左边负实轴的复平面内解析，因此它能在 $|z| < 1$ 内展开成 z 的幂级数.

因
$$f(z) = e^{\alpha \ln(1+z)},$$

$$f'(z) = \alpha e^{\alpha \ln(1+z)} \cdot \frac{1}{1+z} = \frac{\alpha e^{\alpha \ln(1+z)}}{e^{\ln(1+z)}} = \alpha e^{(\alpha-1)\ln(1+z)},$$
$$f''(z) = \alpha(\alpha-1)e^{(\alpha-2)\ln(1+z)}.$$

一般地，
$$f^{(n)}(z) = \alpha(\alpha-1)\cdots(\alpha-n+1)e^{(\alpha-n)\ln(1+z)} \quad (n=1,2,\cdots).$$

所以
$$f^{(n)}(0) = \alpha(\alpha-1)\cdots(\alpha-n+1) \quad (n=1,2,\cdots).$$

从而
$$C_0 = 1, \ C_n = \frac{f^{(n)}(0)}{n!} = \frac{\alpha(\alpha-1)\cdots(\alpha-n+1)}{n!} \quad (n=1,2,\cdots).$$

故得 $(1+z)^\alpha$ 的主值支的展开式为

$$(1+z)^\alpha = 1 + \alpha z + \frac{\alpha(\alpha-1)}{2!}z^2 + \cdots + \frac{\alpha(\alpha-1)\cdots(\alpha-n+1)}{n!}z^n + \cdots \quad (|z|<1) \tag{4.14}$$

2. 间接展开法

例 4.9 将 $\sin z$ 在 $z=0$ 处展开成幂级数.

解 （代入法）由于
$$\sin z = \frac{1}{2i}(e^{iz} - e^{-iz}),$$

由式(4.12)，得
$$e^{iz} = \sum_{n=0}^{\infty} \frac{(iz)^n}{n!}, \quad e^{-iz} = \sum_{n=0}^{\infty} \frac{(-iz)^n}{n!}.$$

故
$$\sin z = \frac{1}{2i}\left[\sum_{n=0}^{\infty}\frac{(iz)^n}{n!} - \sum_{n=0}^{\infty}\frac{(-iz)^n}{n!}\right]$$
$$= \frac{1}{2i}\sum_{n=0}^{\infty}\frac{[1-(-1)^n]i^n z^n}{n!}$$
$$= \sum_{k=0}^{\infty}\frac{(-1)^k z^{2k+1}}{(2k+1)!} \quad (|z|<+\infty).$$

即
$$\sin z = \sum_{n=0}^{\infty}\frac{(-1)^n z^{2n+1}}{(2n+1)!} = z - \frac{z^3}{3!} + \frac{z^5}{5!} - \cdots + \frac{(-1)^n z^{2n+1}}{(2n+1)!} + \cdots \quad (|z|<+\infty) \tag{4.15}$$

例 4.10 将 $\cos z$ 在 $z=0$ 处展开成幂级数.

解 （逐项求导法）对式(4.15)求导，得

$$\cos z = \sum_{n=0}^{\infty}\frac{(-1)^n z^{2n}}{(2n)!} = 1 - \frac{z^2}{2!} + \frac{z^4}{4!} - \cdots + \frac{(-1)^n z^{2n}}{(2n)!} + \cdots \quad (|z|<+\infty) \tag{4.16}$$

例 4.11 将 $\dfrac{1}{1+z}$ 在 $z=0$ 处展开成幂级数.

解 (代入法) 由 $\dfrac{1}{1-z}=\sum_{n=0}^{\infty}z^n$ ($|z|<1$)，得

$$\boxed{\dfrac{1}{1+z}=\dfrac{1}{1-(-z)}=\sum_{n=0}^{\infty}(-1)^n z^n \quad (|z|<1)} \tag{4.17}$$

例 4.12 将 $\arctan z$ 在 $z=0$ 处展开成幂级数.

解 (逐项积分法) 因

$$\arctan z=\int_0^z \dfrac{1}{1+z^2}\,\mathrm{d}z,$$

而

$$\dfrac{1}{1+z}=\sum_{n=0}^{\infty}(-1)^n z^n \quad (|z|<1),$$

从而

$$\boxed{\dfrac{1}{1+z^2}=\sum_{n=0}^{\infty}(-1)^n z^{2n} \quad (|z|<1)} \tag{4.18}$$

逐项积分，得

$$\arctan z=\int_0^z \sum_{n=0}^{\infty}(-1)^n z^{2n}\,\mathrm{d}z$$
$$=\sum_{n=0}^{\infty}\dfrac{(-1)^n}{2n+1}z^{2n+1} \quad (|z|<1).$$

例 4.13 将 $\dfrac{2z+1}{z^2-2z+5}$ 在 $z=1$ 处展开成泰勒级数.

例 4.13 讲解

解 因

$$\dfrac{2z+1}{z^2-2z+5}=\dfrac{2(z-1)}{4+(z-1)^2}+\dfrac{3}{4+(z-1)^2}$$
$$=2(z-1)\cdot\dfrac{1}{4+(z-1)^2}+3\cdot\dfrac{1}{4+(z-1)^2}.$$

当 $\left|\dfrac{z-1}{2}\right|<1$，即 $|z-1|<2$ 时，由式(4.18)，得

$$\dfrac{1}{4+(z-1)^2}=\dfrac{1}{4}\cdot\dfrac{1}{1+\left(\dfrac{z-1}{2}\right)^2}=\dfrac{1}{4}\sum_{n=0}^{\infty}\dfrac{(-1)^n}{4^n}(z-1)^{2n}.$$

所以

$$\dfrac{2z+1}{z^2-2z+5}=\dfrac{1}{2}\sum_{n=0}^{\infty}\dfrac{(-1)^n}{4^n}(z-1)^{2n+1}+\dfrac{3}{4}\sum_{n=0}^{\infty}\dfrac{(-1)^n}{4^n}(z-1)^{2n}$$
$$=\sum_{n=0}^{\infty}\dfrac{(-1)^n}{4^n}\left[\dfrac{1}{2}(z-1)^{2n+1}+\dfrac{3}{4}(z-1)^{2n}\right] \quad (|z-1|<2).$$

以上例子表明，如果利用直接展开法将函数作泰勒展开，由于涉及函数的高阶求导，一般比较麻烦. 相对来说，间接展开法则显得简便一些. 但应当注意，任何一种间接法的使用，都必须先找到一个已经得到展开式的函数作为前提. 因此，对于已得到的一些展开

式，我们必须很熟练．此外，无论用什么方法，都必须事先判断 $f(z)$ 在 z_0 处的解析性，并求出距 z_0 最近的一个奇点，用来确定所得泰勒级数的收敛半径．

§4.4 洛 朗 级 数

本节我们讨论一种比幂级数稍微复杂的含有正、负幂项的级数，称为洛朗级数．从这种级数的结构上看，它是幂级数的推广，同时也是一种相对简单的函数项级数．另一方面，从上一节的讨论中我们知道，若函数 $f(z)$ 在点 z_0 处解析，那么 $f(z)$ 可在 z_0 的某邻域中展开成泰勒级数．然而在实际问题中，常遇到函数 $f(z)$ 在点 z_0 处不解析，但却在点 z_0 附近某个圆环内解析．此时 $f(z)$ 不能用含有 $z-z_0$ 的正幂项的级数表示．在这一节里，我们将看到，这种在圆环域内解析的函数可用某个洛朗级数表示．因而洛朗级数也是我们研究解析函数的重要工具．

4.4.1 洛朗级数的概念

洛朗级数

定义 4.6 称形如

$$\sum_{n=-\infty}^{\infty} C_n (z-z_0)^n = \cdots + C_{-n}(z-z_0)^{-n} + \cdots + C_{-1}(z-z_0)^{-1} + \\ C_0 + C_1(z-z_0) + \cdots + C_n(z-z_0)^n + \cdots \tag{4.19}$$

的级数为洛朗级数，其中 z_0 及 C_n $(n=0, \pm 1, \pm 2, \cdots)$ 均为复常数．

把级数(4.19)分成两部分来考虑，即

正幂项(包括常数项)部分，也称为正则部分

$$\sum_{n=0}^{\infty} C_n (z-z_0)^n = C_0 + C_1(z-z_0) + \cdots + C_n(z-z_0)^n + \cdots \tag{4.20}$$

与负幂项部分，也称为重要部分

$$\sum_{n=1}^{\infty} C_{-n} (z-z_0)^{-n} = C_{-1}(z-z_0)^{-1} + \cdots + C_{-n}(z-z_0)^{-n} + \cdots. \tag{4.21}$$

若上述级数(4.20)和(4.21)同时在 z 点收敛，则规定洛朗级数(4.19)在 z 点处是收敛的，并把级数(4.19)看作是级数(4.20)和(4.21)的和．

下面讨论洛朗级数(4.19)在复平面上的收敛情况．

级数(4.20)是一个通常的幂级数，它的收敛范围是一个圆域．设它的收敛半径为 R_2，那么，当 $|z-z_0|<R_2$ 时，级数收敛，当 $|z-z_0|>R_2$ 时，级数发散．

级数(4.21)是一个新型的级数．如果令 $\xi = (z-z_0)^{-1}$，则得

$$\sum_{n=1}^{\infty} C_{-n}(z-z_0)^{-n} = \sum_{n=1}^{\infty} C_{-n} \xi^n = C_{-1}\xi + C_{-2}\xi^2 + \cdots + C_{-n}\xi^n + \cdots. \tag{4.22}$$

对变量 ξ 来说，级数(4.22)是一个通常的幂级数．设它的收敛半径为 R，那么，当 $|\xi|<R$ 时，级数收敛；当 $|\xi|>R$ 时，级数发散．

将 ξ 用 $(z-z_0)^{-1}$ 回代就可得到级数(4.21)的收敛范围. 令 $\dfrac{1}{R}=R_1$,那么,当 $|\xi|<R$,即 $|z-z_0|>R_1$ 时,级数(4.22)收敛;当 $|\xi|>R$,即 $|z-z_0|<R_1$ 时级数(4.22)发散.

于是,当 $R_1>R_2$ 时(见图 4.3(a)),级数(4.20)与(4.21)没有公共的收敛范围,所以级数(4.19)处处发散;当 $R_1<R_2$ 时(见图 4.3(b)),级数(4.20)与(4.21)的公共收敛范围是圆环域 $R_1<|z-z_0|<R_2$. 所以,级数(4.19)在这个圆环域内收敛,在这个圆环域外发散.

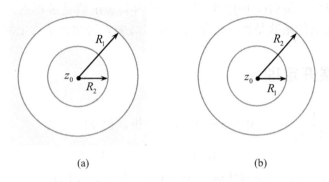

图 4.3

在特殊情况下,这个圆环域的内圆半径 R_1 可能等于零,外圆半径 R_2 可能等于 $+\infty$. 综上所述,我们有以下定理.

定理 4.14 若洛朗级数(4.19)有收敛域,则该域必为圆环域
$$D: R_1<|z-z_0|<R_2 \quad (0\leqslant R_1<R_2\leqslant +\infty),$$
且级数(4.19)在 D 内绝对收敛,和函数在 D 内解析,并且可以逐项求导、逐项积分.

例 4.14 讨论级数
$$\sum_{n=1}^{\infty}\frac{a^n}{z^n}+\sum_{n=0}^{\infty}\frac{z^n}{b^n} \ (a \text{ 与 } b \text{ 均为复常数})$$
的敛散性.

解 级数 $\sum_{n=1}^{\infty}\dfrac{a^n}{z^n}=\sum_{n=1}^{\infty}\left(\dfrac{a}{z}\right)^n$,当 $\left|\dfrac{a}{z}\right|<1$ 即 $|z|>|a|$ 时收敛;级数 $\sum_{n=0}^{\infty}\dfrac{z^n}{b^n}=\sum_{n=1}^{\infty}\left(\dfrac{z}{b}\right)^n$,当 $\left|\dfrac{z}{b}\right|<1$ 即 $|z|<|b|$ 时收敛.

所以,当 $|a|<|b|$ 时,原级数中的两个级数有公共的收敛范围:圆环域 $|a|<|z|<|b|$,于是原级数在该圆环域内收敛.

当 $|a|>|b|$ 时,原级数中的两个级数没有公共的收敛点,所以原级数处处发散.

例 4.15 求洛朗级数
$$\sum_{n=0}^{\infty}\frac{3^n}{(z-4)^n}+\sum_{n=0}^{\infty}(-1)^n\left(1-\frac{z}{4}\right)^n$$
的收敛圆环域.

解 由于
$$\sum_{n=0}^{\infty}\frac{3^n}{(z-4)^n}+\sum_{n=0}^{\infty}(-1)^n\left(1-\frac{z}{4}\right)^n=\sum_{n=0}^{\infty}3^n(z-4)^{-n}+\sum_{n=0}^{\infty}\frac{1}{4^n}(z-4)^n,$$

而
$$R_1 = \lim_{n\to\infty} \sqrt[n]{3^n} = 3,$$
$$R_2 = 1/\lim_{n\to\infty} \sqrt[n]{\frac{1}{4^n}} = 1/\frac{1}{4} = 4,$$

故原级数的收敛圆环域为：$3 < |z-4| < 4$.

定理 4.14 表明，级数(4.19)在收敛圆环域内其和函数是解析的. 现在我们要反过来问，在圆环域内解析的函数是否一定能展开成级数呢？答案也是肯定的.

4.4.2 洛朗展开定理

函数 $f(z) = \dfrac{1}{z(1-z)}$ 在 $z=0$ 及 $z=1$ 处都不解析，但在圆环域
$$0 < |z| < 1 \text{ 及 } 0 < |z-1| < 1$$
内都是处处解析的. 先研究在圆环域 $0 < |z| < 1$ 内的情形，我们有
$$f(z) = \frac{1}{z(1-z)} = \frac{1}{z} + \frac{1}{1-z},$$
而当 $|z| < 1$ 时，有
$$\frac{1}{1-z} = 1 + z + z^2 + \cdots + z^n + \cdots,$$
所以
$$f(z) = \frac{1}{z(1-z)} = z^{-1} + 1 + z + z^2 + \cdots + z^n + \cdots.$$

由此可见，$f(z)$ 在圆环域 $0 < |z| < 1$ 内是可以展开成级数的.

其次，$f(z)$ 在圆环域 $0 < |z-1| < 1$ 内也可以展开成级数，事实上
$$f(z) = \frac{1}{z(1-z)} = \frac{1}{1-z} \cdot \frac{1}{1-(1-z)}$$
$$= \frac{1}{1-z}[1 + (1-z) + (1-z)^2 + \cdots + (1-z)^n + \cdots]$$
$$= (1-z)^{-1} + 1 + (1-z) + (1-z)^2 + \cdots + (1-z)^{n-1} + \cdots.$$

由以上的讨论来看，函数 $f(z) = \dfrac{1}{z(z-1)}$ 是可以展开成级数的，只是这个级数含有负幂项. 由此可以设想，若 $f(z)$ 在圆环域 $R_1 < |z-z_0| < R_2$ 内处处解析，则 $f(z)$ 有可能展开成形如式(4.19)的级数，这就是下面讨论的洛朗展开定理.

定理 4.15 设 $f(z)$ 在圆环域 $D: R_1 < |z-z_0| < R_2$ 内处处解析，那么
$$f(z) = \sum_{n=-\infty}^{\infty} C_n (z-z_0)^n \tag{4.23}$$

称为 $f(z)$ 在圆环域内的洛朗级数展开式，其中 C_n 为展开式的洛朗系数，可表示为

$$C_n = \frac{1}{2\pi i} \oint_C \frac{f(\xi)}{(\xi-z_0)^{n+1}} \mathrm{d}\xi \quad (n=0,\pm 1, \pm 2, \cdots). \tag{4.24}$$

这里 C 为在圆环域内绕 z_0 的任意一条正向简单闭曲线.

证 设 z 为圆环域内的任意一点,在圆环域内作以 z_0 为中心的正向圆周 K_1 与 K_2, K_2 的半径 R 大于 K_1 的半径 r, 且使 z 在 K_1 与 K_2 之间(见图 4.4), 于是由柯西积分公式(参见第 3 章练习题 9), 得

$$f(z) = \frac{1}{2\pi i} \oint_{K_2} \frac{f(\xi)}{\xi-z} \mathrm{d}\xi - \frac{1}{2\pi i} \oint_{K_1} \frac{f(\xi)}{\xi-z} \mathrm{d}\xi.$$

对于上式右端第一个积分来说,积分变量 ξ 取在圆周 K_2 上, 点 z 在 K_2 的内部, 因而 $\left|\dfrac{z-z_0}{\xi-z_0}\right| < 1$. 又由于 $|f(\xi)|$ 在 K_2 上连续, 因此, 存在一个正常数 M, 使得 $|f(\xi)| \leqslant M$. 与定理 4.11 的证明一样, 可以推得

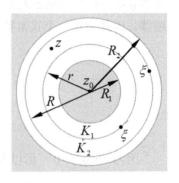

图 4.4

$$\frac{1}{2\pi i} \oint_{K_2} \frac{f(\xi)}{\xi-z} \mathrm{d}\xi = \sum_{n=0}^{\infty} \left[\frac{1}{2\pi i} \oint_{K_2} \frac{f(\xi)}{(\xi-z_0)^{n+1}} \mathrm{d}\xi \right] (z-z_0)^n.$$

应当注意,因为 $f(z)$ 在 K_2 内不是处处解析的, 所以 $\dfrac{1}{2\pi i} \oint_{K_2} \dfrac{f(\xi)}{(\xi-z_0)^{n+1}} \mathrm{d}\xi$ 并不能进一步使用高阶导数公式化为 $\dfrac{f^{(n)}(z_0)}{n!}$.

再来考虑第二个积分 $-\dfrac{1}{2\pi i} \oint_{K_1} \dfrac{f(\xi)}{\xi-z} \mathrm{d}\xi$, 由于 ξ 取在 K_1 上, 点 z 在 K_1 的外部, 所以 $\left|\dfrac{\xi-z_0}{z-z_0}\right| < 1$. 因此有

$$\frac{1}{\xi-z} = -\frac{1}{z-z_0} \cdot \frac{1}{1-\dfrac{\xi-z_0}{z-z_0}}$$

$$= -\sum_{n=1}^{\infty} \frac{(\xi-z_0)^{n-1}}{(z-z_0)^n}$$

$$= -\sum_{n=1}^{\infty} \frac{1}{(\xi-z_0)^{-n+1}} (z-z_0)^{-n}.$$

所以

$$-\frac{1}{2\pi i} \oint_{K_1} \frac{f(\xi)}{\xi-z} \mathrm{d}\xi = \sum_{n=1}^{N-1} \left[\frac{1}{2\pi i} \oint_{K_1} \frac{f(\xi)}{(\xi-z_0)^{-n+1}} \mathrm{d}\xi \right] (z-z_0)^{-n} + R_N(z),$$

其中

$$R_N(z) = \sum_{n=N}^{\infty} \left[\frac{1}{2\pi i} \oint_{K_1} \frac{f(\xi)}{(\xi-z_0)^{-n+1}} \mathrm{d}\xi \right] (z-z_0)^{-n}$$

$$= \frac{1}{2\pi i} \oint_{K_1} \left[\sum_{n=N}^{\infty} \frac{(\xi-z_0)^{n-1} f(\xi)}{(z-z_0)^n} \right] \mathrm{d}\xi.$$

现在证明 $\lim\limits_{N\to\infty} R_N(z) = 0$ 在 K_1 外部成立. 令

$$q = \left|\frac{\xi - z_0}{z - z_0}\right| = \frac{r}{|z - z_0|},$$

显然 q 是与积分变量 ξ 无关的量,而且 $0 < q < 1$,因为 z 在 K_1 的外部,由于 $|f(\xi)|$ 在 K_1 上连续,因此存在一个正常数 M_1,使得 $|f(\xi)| \le M_1$,于是有

$$|R_N(z)| \le \frac{1}{2\pi} \oint_{K_1} \left[\sum_{n=N}^{\infty} \frac{|f(\xi)|}{|\xi - z_0|} \cdot \left|\frac{\xi - z_0}{z - z_0}\right|^n\right] ds$$

$$\le \frac{1}{2\pi} \cdot \sum_{n=N}^{\infty} \frac{M_1}{r} q^n \cdot 2\pi r = \frac{M_1 q^N}{1 - q}.$$

因为 $\lim\limits_{N\to\infty} q^N = 0$,所以 $\lim\limits_{N\to\infty} R_N(z) = 0$,从而有

$$-\frac{1}{2\pi\mathrm{i}} \oint_{K_1} \frac{f(\xi)}{\xi - z} \mathrm{d}\xi = \sum_{n=1}^{\infty} \left[\frac{1}{2\pi\mathrm{i}} \oint_{K_1} \frac{f(\xi)}{(\xi - z_0)^{-n+1}} \mathrm{d}\xi\right] (z - z_0)^{-n}.$$

综上所述,我们有

$$f(z) = \sum_{n=0}^{\infty} C_n (z - z_0)^n + \sum_{n=1}^{\infty} C_{-n} (z - z_0)^{-n}$$

$$= \sum_{n=-\infty}^{\infty} C_n (z - z_0)^n.$$

其中

$$C_n = \frac{1}{2\pi\mathrm{i}} \oint_{K_2} \frac{f(\xi)}{(\xi - z_0)^{n+1}} \mathrm{d}\xi \quad (n = 0, 1, 2, \cdots),$$

$$C_{-n} = \frac{1}{2\pi\mathrm{i}} \oint_{K_1} \frac{f(\xi)}{(\xi - z_0)^{-n+1}} \mathrm{d}\xi \quad (n = 1, 2, \cdots).$$

若在圆环域 $D: R_1 < |z - z_0| < R_2$ 内任取一条围绕 z_0 的正向简单闭曲线 C,则根据闭路变形公式,上面两个式子可用下式来表示:

$$C_n = \frac{1}{2\pi\mathrm{i}} \oint_C \frac{f(\xi)}{(\xi - z_0)^{n+1}} \mathrm{d}\xi \quad (n = 0, \pm 1, \pm 2, \cdots).$$

关于定理 4.15,我们给出以下几点说明.

(1) 虽然洛朗展开式中的非负幂项系数与推导泰勒级数过程中出现的 $(z - z_0)^n$ 的系数 $\frac{1}{2\pi\mathrm{i}} \oint_C \frac{f(\xi)}{(\xi - z_0)^{n+1}} \mathrm{d}\xi$ 形式上完全一样,但若 z_0 为 $f(z)$ 的奇点,那么 $f^{(n)}(z_0)$ 根本不存在,所以不能利用高阶导数公式把它写成 $\frac{f^{(n)}(z_0)}{n!}$. 即使 z_0 不是奇点而且有 $f^{(n)}(z_0)$ 存在,但在圆域 $|z - z_0| \le R_1$ 内可能另有奇点,从而圆域 $|z - z_0| \le r$ 内有奇点,因此该积分也不能写成 $\frac{f^{(n)}(z_0)}{n!}$,除非 $f(z)$ 在 $|z - z_0| \le R_1$ 内处处解析. 如果是这样,那么由于 $(z - z_0)^{n-1} f(z)$ $(n = 1, 2, \cdots)$ 在 $|z - z_0| < r$ 内处处解析,则由柯西积分定理知

$$C_{-n} = \frac{1}{2\pi\mathrm{i}} \oint_C (\xi - z_0)^{n-1} f(\xi) \mathrm{d}\xi = 0,$$

这时洛朗级数就成为泰勒级数.

(2) 如果函数 $f(z)$ 在 $|z-z_0|<R_2$ 内只有一个奇点 z_0，这时，式(4.19)的右端成为 $f(z)$ 在奇点 z_0 的去心邻域 $0<|z-z_0|<R_2$ 内的洛朗级数. 这种情形十分重要，它的负幂项部分反映了函数 $f(z)$ 在奇点 z_0 处的特性，这在下一章讨论孤立奇点的分类时将会看到.

(3) 同解析函数的幂级数展开式一样，一个在圆环域内解析的函数展开为含有正、负幂项的级数是唯一的，这个级数就是函数 $f(z)$ 的洛朗级数.

显然可以根据定理 4.15 直接利用式(4.24)计算出系数 C_n (n 为任意整数)，从而写出函数在圆环域内的洛朗级数展开式，但这相当麻烦. 通常用间接展开法求其展开式，即从已知的基本初等函数的泰勒展开式出发，利用复合(代换)运算、级数的逐项求导、逐项积分等性质求出所给函数在指定圆环域内的洛朗级数展开式. 下面举例说明.

例 4.16 求函数 $f(z)=\dfrac{1}{(z-1)(z-2)}$ 在下列各个不同区域内的洛朗展开式.

(1) 圆：$|z|<1$. (2) 圆环：$1<|z|<2$.
(3) 圆环：$2<|z|<+\infty$. (4) 圆环：$0<|z-1|<1$.
(5) 圆环：$1<|z-1|<+\infty$. (6) 圆环：$0<|z-2|<1$.
(7) 圆环：$1<|z-2|<+\infty$.

解 $f(z)$ 可分解为以下部分分式

$$f(z)=\frac{1}{z-2}-\frac{1}{z-1}.$$

(1) 在圆 $|z|<1$ 内，因

$$\frac{1}{z-2}=-\frac{1}{2}\cdot\frac{1}{1-\dfrac{z}{2}}=-\frac{1}{2}\sum_{n=0}^{\infty}\left(\frac{z}{2}\right)^n=-\sum_{n=0}^{\infty}\frac{z^n}{2^{n+1}} \quad \left(\left|\frac{z}{2}\right|<1\right),$$

$$-\frac{1}{z-1}=\frac{1}{1-z}=\sum_{n=0}^{\infty}z^n \quad (|z|<1).$$

故

$$f(z)=\frac{1}{z-2}-\frac{1}{z-1}=\sum_{n=0}^{\infty}\left(1-\frac{1}{2^{n+1}}\right)z^n.$$

(2) 在圆环 $1<|z|<2$ 内，因

$$\frac{1}{z-2}=-\frac{1}{2}\cdot\frac{1}{1-\dfrac{z}{2}}=-\sum_{n=0}^{\infty}\frac{z^n}{2^{n+1}} \quad \left(\left|\frac{z}{2}\right|<1\right),$$

$$-\frac{1}{z-1}=-\frac{1}{z}\cdot\frac{1}{1-\dfrac{1}{z}}=-\sum_{n=0}^{\infty}\frac{1}{z^{n+1}} \quad \left(\left|\frac{1}{z}\right|<1\right).$$

故

$$f(z)=\frac{1}{z-2}-\frac{1}{z-1}=-\sum_{n=0}^{\infty}\frac{z^n}{2^{n+1}}-\sum_{n=0}^{\infty}\frac{1}{z^{n+1}}.$$

(3) 在圆环 $2 < |z| < +\infty$ 内,因

$$\frac{1}{z-2} = \frac{1}{z} \cdot \frac{1}{1-\frac{2}{z}} = \frac{1}{z}\sum_{n=0}^{\infty}\left(\frac{2}{z}\right)^n = \sum_{n=0}^{\infty}\frac{2^n}{z^{n+1}} \quad \left(\left|\frac{2}{z}\right|<1\right),$$

$$-\frac{1}{z-1} = -\frac{1}{z} \cdot \frac{1}{1-\frac{1}{z}} = -\frac{1}{z}\sum_{n=0}^{\infty}\left(\frac{1}{z}\right)^n = -\sum_{n=0}^{\infty}\frac{1}{z^{n+1}} \quad \left(\left|\frac{1}{z}\right|<1\right).$$

故

$$f(z) = \frac{1}{z-2} - \frac{1}{z-1} = \sum_{n=0}^{\infty}\frac{2^n}{z^{n+1}} - \sum_{n=0}^{\infty}\frac{1}{z^{n+1}} = \sum_{n=1}^{\infty}\frac{2^{n-1}-1}{z^n}.$$

(4) 在圆环 $0 < |z-1| < 1$ 内,因

$$\frac{1}{z-2} = -\frac{1}{1-(z-1)} = -\sum_{n=0}^{\infty}(z-1)^n \quad (|z-1|<1),$$

故

$$f(z) = \frac{1}{z-2} - \frac{1}{z-1} = -\frac{1}{z-1} - \sum_{n=0}^{\infty}(z-1)^n = -\sum_{n=-1}^{\infty}(z-1)^n.$$

(5) 在圆环 $1 < |z-1| < +\infty$ 内,因

$$\frac{1}{z-2} = \frac{1}{z-1} \cdot \frac{1}{1-\frac{1}{z-1}} = \frac{1}{z-1}\sum_{n=0}^{\infty}\left(\frac{1}{z-1}\right)^n = \sum_{n=0}^{\infty}\frac{1}{(z-1)^{n+1}} \quad \left(\left|\frac{1}{z-1}\right|<1\right),$$

故

$$f(z) = \frac{1}{z-2} - \frac{1}{z-1} = \sum_{n=0}^{\infty}\frac{1}{(z-1)^{n+1}} - \frac{1}{z-1} = \sum_{n=1}^{\infty}\frac{1}{(z-1)^{n+1}}.$$

(6) 在圆环 $0 < |z-2| < 1$ 内,因

$$-\frac{1}{z-1} = -\frac{1}{1+(z-2)} = -\sum_{n=0}^{\infty}(-1)^n(z-2)^n \quad (|z-2|<1),$$

故

$$f(z) = \frac{1}{z-2} - \frac{1}{z-1} = \frac{1}{z-2} - \sum_{n=0}^{\infty}(-1)^n(z-2)^n$$

$$= \sum_{n=-1}^{\infty}(-1)^{n+1}(z-2)^n.$$

(7) 在圆环 $1 < |z-2| < +\infty$ 内,因

$$-\frac{1}{z-1} = -\frac{1}{z-2} \cdot \frac{1}{1+\frac{1}{z-2}}$$

$$= -\frac{1}{z-2}\sum_{n=0}^{\infty}\frac{(-1)^n}{(z-2)^n} \quad \left(\left|\frac{1}{z-2}\right|<1\right),$$

故
$$f(z) = \frac{1}{z-2} - \frac{1}{z-1}$$
$$= \frac{1}{z-2} - \sum_{n=0}^{\infty} \frac{(-1)^n}{(z-2)^{n+1}}$$
$$= \sum_{n=2}^{\infty} \frac{(-1)^n}{(z-2)^n}.$$

由例 4.16 可以看出，同一个函数可以有几个不同的展开式，这与展开式的唯一性并不矛盾，因为唯一性的结论是对同一圆环域而言的．

例 4.17 将函数 $f(z) = \dfrac{1}{z^2(z+1)}$ 在圆环域 $0 < |z+1| < 1$ 内展开成洛朗级数．

解 $f(z) = \dfrac{1}{z+1} \cdot \dfrac{1}{z^2}$

由式(4.4)，得

例 4.17 讲解

$$\frac{1}{z} = -\frac{1}{1-(z+1)} = -\sum_{n=0}^{\infty} (z+1)^n \quad (|z+1|<1),$$

所以
$$\frac{1}{z^2} = \left(-\frac{1}{z}\right)' = \left(\sum_{n=0}^{\infty} (z+1)^n\right)' = \sum_{n=1}^{\infty} n(z+1)^{n-1}.$$

从而
$$f(z) = \frac{1}{z+1} \cdot \frac{1}{z^2} = \frac{1}{z+1} \cdot \sum_{n=1}^{\infty} n(z+1)^{n-1} = \sum_{n=1}^{\infty} n(z+1)^{n-2} \quad (0<|z+1|<1).$$

例 4.18 求函数 $f(z) = z^2 \mathrm{e}^{\frac{1}{z}}$ 在 $0 < |z| < +\infty$ 内的洛朗级数展开式．

解 注意到当 $|\xi| < +\infty$ 时，有
$$\mathrm{e}^{\xi} = 1 + \frac{1}{1!} \cdot \xi + \frac{1}{2!} \cdot \xi^2 + \cdots + \frac{1}{n!} \cdot \xi^n + \cdots.$$

而当 $0 < |z| < +\infty$ 时，$0 < \left|\dfrac{1}{z}\right| < +\infty$．故在上式中令 $\xi = \dfrac{1}{z}$，得
$$\mathrm{e}^{\frac{1}{z}} = 1 + \frac{1}{1!} \cdot \frac{1}{z} + \frac{1}{2!} \cdot \frac{1}{z^2} + \cdots + \frac{1}{n!} \cdot \frac{1}{z^n} + \cdots.$$

从而
$$z^2 \mathrm{e}^{\frac{1}{z}} = z^2 + z + \frac{1}{2!} + \frac{1}{3!} \cdot \frac{1}{z} + \cdots + \frac{1}{(n+2)!} \cdot \frac{1}{z^n} + \cdots \quad (0<|z|<+\infty).$$

本 章 小 结

本章利用级数的方法研究解析函数．主要介绍了复数项级数、函数项级数及其敛散性的判定以及和函数的求法．在此基础上研究了幂级数、洛朗级数，重点研究了两种级数的

收敛域和收敛半径. 幂级数的收敛域是圆域,洛朗级数的收敛域是圆环域. 最后,讨论了将函数展开成幂级数、洛朗级数的条件以及如何将解析函数展开成上述两种级数,重点是展开方法.

本章学习的基本要求如下.

(1) 理解复数项级数的概念和基本性质,会判断简单复数项级数的敛散性.

(2) 了解函数项级数的收敛域及和函数的概念,理解幂级数收敛圆和收敛半径的概念,并掌握求幂级数的收敛半径的方法;了解幂级数的和函数在收敛圆内的性质.

(3) 了解函数展开成泰勒级数的条件,掌握 e^z,$\ln(1+z)$,$\sin z$,$\cos z$,$(1+z)^\alpha$ 的泰勒展开式,会利用它们将一些在某个圆域内解析的函数间接展开成幂级数.

(4) 理解洛朗级数及其敛散性的概念,会将一个在圆环内解析的函数展开成洛朗级数.

练 习 题

1. 下列数列 $\{z_n\}$ 是否收敛?如果收敛,求出它们的极限.

   (1) $z_n = \dfrac{1+n\mathrm{i}}{1-n\mathrm{i}}$.
   (2) $z_n = \left(1+\dfrac{\mathrm{i}}{2}\right)^{-n}$.
   (3) $z_n = \mathrm{e}^{\frac{-n\pi\mathrm{i}}{2}}$.
   (4) $z_n = \dfrac{1}{n+1}\mathrm{e}^{\frac{-n\pi\mathrm{i}}{2}}$.

2. 判别下列级数的绝对收敛性与收敛性.

   (1) $\sum\limits_{n=1}^{\infty}\dfrac{\mathrm{i}^n}{n!}$.
   (2) $\sum\limits_{n=1}^{\infty}\dfrac{(3+4\mathrm{i})^n}{n!}$.
   (3) $\sum\limits_{n=1}^{\infty}\left(\dfrac{1+5\mathrm{i}}{2}\right)^n$.
   (4) $\sum\limits_{n=2}^{\infty}\dfrac{\mathrm{i}^n}{\ln n}$.

3. 试确定下列幂级数的收敛半径.

   (1) $\sum\limits_{n=0}^{\infty}\dfrac{n^2}{\mathrm{e}^n}z^n$.
   (2) $\sum\limits_{n=1}^{\infty}\dfrac{n!}{n^n}z^n$.
   (3) $\sum\limits_{n=1}^{\infty}\left(\dfrac{z}{n}\right)^n$.
   (4) $\sum\limits_{n=0}^{\infty}z^n$.
   (5) $\sum\limits_{n=0}^{\infty}[3+(-1)^n]^n z^n$.
   (6) $\sum\limits_{n=1}^{\infty}n^{\ln n}z^n$.
   (7) $\sum\limits_{n=0}^{\infty}\dfrac{n}{2^n}z^n$.
   (8) $\sum\limits_{n=1}^{\infty}n^n z^n$.

4. 幂级数 $\sum\limits_{n=0}^{\infty}a_n(z-2)^n$ 能否在 $z=0$ 收敛而在 $z=3$ 发散?

5. 设 $f(z)$ 是幂级数 $\sum\limits_{n=0}^{\infty}(n+1)z^n$ 在其收敛圆 $|z|<1$ 内的和函数,求 $f^{(n)}(0)$ 的值.

6. 设幂级数 $\sum\limits_{n=0}^{\infty}c_n z^n$ 的收敛半径为 R,求下列幂级数的收敛半径.

   (1) $\sum\limits_{n=0}^{\infty}n^k c_n z^n$ (k 为正整数).
   (2) $\sum\limits_{n=1}^{\infty}(2^n-1)c_n z^n$.

7. 把下列各函数展开成 z 的幂级数,并指出它们的收敛半径.

(1) $\dfrac{z-a}{z+a}\ (a>0)$.

(2) $\dfrac{1}{(1+z)^2}$.

(3) $\cos z^2$.

(4) $\sin^2 z$.

(5) $\ln(z^2-3z+2)$.

8. 求下列各函数在指定点 z_0 处的泰勒展开式，并指出它们的收敛半径.

(1) $\dfrac{z+1}{z+3}$, $z_0=2$.

(2) $\dfrac{z}{(z+1)(z+2)}$, $z_0=2$.

(3) $\dfrac{1}{z^2}$, $z_0=-1$.

(4) $\dfrac{1}{4-3z}$, $z_0=1+\mathrm{i}$.

9. 求下列洛朗级数的收敛域.

(1) $\displaystyle\sum_{n=1}^{\infty}(-\mathrm{i})^n\dfrac{1}{(z-2)^n}+\sum_{n=1}^{\infty}(-1)^n\left(1-\dfrac{z}{2}\right)^n$.

(2) $\displaystyle\sum_{n=0}^{\infty}\dfrac{a^n}{(z-1)^{n+1}}+\sum_{n=0}^{\infty}\dfrac{(z-1)^n}{b^{n+1}}$, $0<|a|<|b|$.

10. 把下列各函数在指定的圆环域内展开成洛朗级数.

(1) $\dfrac{1}{z(z+2)^3}$, $0<|z+2|<2$.

(2) $\dfrac{1}{z(1-z)^2}$, $0<|z|<1$; $0<|z-1|<1$.

(3) $\dfrac{z-1}{z^2(z+2)}$, $0<|z|<1$; $0<|z+2|<2$.

(4) $\dfrac{1}{z(\mathrm{i}-z)}$, $0<|z-\mathrm{i}|<1$.

(5) $\dfrac{z^2-2z+5}{(z-2)(z^2+1)}$, $1<|z|<2$; $2<|z|<+\infty$.

(6) $\dfrac{4z-3}{(z-2)^2(z^2+1)}$, $1<|z|<2$.

(7) $\dfrac{1}{z^2(z-\mathrm{i})}$, $0<|z-\mathrm{i}|<1$; $1<|z-\mathrm{i}|<+\infty$.

(8) $\sin\dfrac{1}{1-z}$, $0<|z-1|<+\infty$.

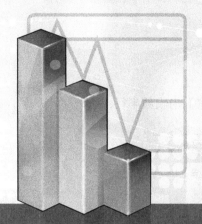

第 5 章 留数及其应用

本章要引入一个重要概念——留数,留数及其理论是复积分理论的发展,而且,留数理论在今后的一些理论问题及实际问题中有着十分广泛的应用. 同时,我们也将看到柯西积分定理、柯西积分公式、高阶导数公式都是留数定理的特例.

首先,利用解析函数在孤立奇点处的洛朗展开式,对孤立奇点进行分类;然后给出留数的定义及其计算方法,重点介绍留数定理及其在复积分和实积分中的应用;最后介绍对数留数、辐角原理、儒歇(Rouché)定理等,供有关专业选用.

§5.1 孤 立 奇 点

5.1.1 孤立奇点的分类

孤立奇点

定义 5.1 如果函数 $f(z)$ 在 z_0 处不解析,但在 z_0 的某一个去心邻域 $0<|z-z_0|<\delta$ 内处处解析,则 z_0 称为 $f(z)$ 的**孤立奇点**.

函数 $f(z)$ 的奇点并不一定都是孤立奇点. 例如,函数 $\dfrac{1}{z}$,$\mathrm{e}^{\frac{1}{z}}$ 都以 $z=0$ 为孤立奇点. 而对于函数 $f(z)=\left(\sin\dfrac{1}{z}\right)^{-1}$,显然 $z=0$ 和 $z=\dfrac{1}{n\pi}$ ($n=\pm 1,\pm 2,\cdots$) 都是它的奇点,并且当 n 的绝对值逐渐增大时,$\dfrac{1}{n\pi}$ 可任意接近于 $z=0$. 换句话说,在 $z=0$ 的任意去心邻域内,总有 $f(z)$ 的奇点存在. 所以,奇点 $z=0$ 不是 $f(z)=\left(\sin\dfrac{1}{z}\right)^{-1}$ 的孤立奇点,而奇点 $z=\dfrac{1}{n\pi}$ ($n=\pm 1,\pm 2,\cdots$) 是函数的孤立奇点.

下面我们以洛朗级数为工具,先对解析函数的孤立奇点进行分类,再对它在孤立奇点邻域内的性质进行研究.

若 $z=z_0$ 是 $f(z)$ 的孤立奇点, 则 $f(z)$ 在 z_0 的去心邻域 $0<|z-z_0|<\delta$ 内可以展开成洛朗级数, 即

$$f(z)=\sum_{n=0}^{\infty}C_n(z-z_0)^n+\sum_{n=1}^{\infty}C_{-n}(z-z_0)^{-n},$$

其主要部分 $\sum_{n=1}^{\infty}C_{-n}(z-z_0)^{-n}$ 的不同情况决定了孤立奇点 z_0 的类型.

定义 5.2 设 $z=z_0$ 是函数 $f(z)$ 的孤立奇点, 若在圆环域 $0<|z-z_0|<R$ 内, $f(z)$ 的洛朗展开式中: ①不含 $z-z_0$ 的负幂项; ②含有有限多个 $z-z_0$ 的负幂项; ③含有无限多个 $z-z_0$ 的负幂项, 则分别称 $z=z_0$ 是 $f(z)$ 的①**可去奇点**; ②**极点**; ③**本性奇点**.

定义 5.3 设 z_0 为函数 $f(z)$ 的极点, 对于函数 $f(z)$ 的洛朗展开式中 $z-z_0$ 负幂项的系数 $C_{-m}\neq 0$, 而 $C_{-(m+1)}=C_{-(m+2)}=\cdots=0$,

$$f(z)=\sum_{n=0}^{\infty}C_n(z-z_0)^n+\sum_{n=1}^{m}C_{-n}(z-z_0)^{-n},\quad C_{-m}\neq 0. \tag{5.1}$$

这时, 称 z_0 为 $f(z)$ 的 **m 级极点**. 当 $m=1$ 时, 称 z_0 为一级极点或单极点.

式(5.1)也可以写成

$$f(z)=\frac{1}{(z-z_0)^m}\varphi(z),$$

其中 $\varphi(z)=C_{-m}+C_{-m+1}(z-z_0)+\cdots+C_0(z-z_0)^m+C_1(z-z_0)^{m+1}+\cdots$ 在 $|z-z_0|<R$ 内是解析函数, 且 $\varphi(z_0)\neq 0$.

定理 5.1 设 $f(z)$ 在 $0<|z-z_0|<R$ 内解析, 则点 z_0 为 $f(z)$ 的 m 级极点的充要条件是在 $0<|z-z_0|<R$ 内可以表示成

$$f(z)=\frac{1}{(z-z_0)^m}\varphi(z)$$

的形式, 其中函数 $\varphi(z)$ 在 $|z-z_0|<R$ 内解析且 $\varphi(z_0)\neq 0$.

5.1.2 孤立奇点的性质

根据定义 5.2, 利用函数在孤立奇点处的洛朗展开式, 对孤立奇点进行分类, 有时不是十分简便, 还可以根据函数在孤立奇点邻域的性质进行判定.

定理 5.2 如果 z_0 是 $f(z)$ 的孤立奇点, 则下列三个条件是等价的. 因此, 它们中的任意一条都是可去奇点的特征.

(1) $f(z)$ 在 z_0 点的主要部分为零.

(2) $\lim_{z\to z_0}f(z)=C_0(C_0\neq\infty)$.

(3) $f(z)$ 在 z_0 点的某去心邻域内有界.

证 (1)⇒(2). 由(1), 知

$$f(z)=C_0+C_1(z-z_0)+\cdots+C_n(z-z_0)^n+\cdots\qquad 0<|z-z_0|<R,$$

所以
$$\lim_{z \to z_0} f(z) = C_0 \text{(有限数)}.$$

(2) ⇒ (3). 由极限的性质显然可推出.

(3) ⇒ (1). 设在 z_0 的某去心邻域 $0 < |z - z_0| < \delta$ 内,有 $|f(z)| \leq M$. 考虑 $f(z)$ 在点 z_0 的主要部分
$$\frac{C_{-1}}{z - z_0} + \frac{C_{-2}}{(z - z_0)^2} + \cdots + \frac{C_{-n}}{(z - z_0)^n} + \cdots,$$
其中
$$C_n = \frac{1}{2\pi i} \int_{\Gamma_r} \frac{f(\xi)}{(\xi - z_0)^{n+1}} d\xi \quad (n = -1, -2, \cdots),$$
而 Γ_r 为正向圆周 $|\xi - z_0| = r$. 由于
$$|C_n| = \left| \frac{1}{2\pi i} \int_{\Gamma_r} \frac{f(\xi)}{(\xi - z_0)^{n+1}} d\xi \right| \leq \frac{1}{2\pi} \cdot \frac{M}{r^{n+1}} \cdot 2\pi r = \frac{M}{r^n},$$
令 $r \to 0$,即得当 $n = -1, -2, \cdots$ 时,有 $C_n = 0$.

由以上定理,函数 $f(z)$ 在 z_0 的去心邻域内进行洛朗展开,即
$$C_0 + C_1(z - z_0) + \cdots + C_n(z - z_0)^n + \cdots.$$

因此,这个幂级数的和函数 $F(z)$ 是在 z_0 处解析的函数,且当 $z \neq z_0$ 时,$F(z) = f(z)$;当 $z = z_0$ 时,$F(z) = C_0$. 由于
$$\lim_{z \to z_0} f(z) = \lim_{z \to z_0} F(z) = F(z_0) = C_0,$$
如果我们补充定义,令 $f(z_0) = C_0$,那么在圆域 $|z - z_0| < R$ 内就有
$$f(z) = C_0 + C_1(z - z_0) + \cdots + C_n(z - z_0)^n + \cdots,$$
从而,函数 $f(z)$ 在 z_0 处就是解析的.

注:可去奇点可以当作解析点来对待.

例如,$z = 0$ 是函数 $f(z) = \dfrac{\sin z}{z}$ 的可去奇点,由于该函数在 $z = 0$ 的去心邻域内的洛朗级数展开式为
$$\frac{\sin z}{z} = \frac{1}{z}\left(z - \frac{1}{3!}z^3 + \frac{1}{5!}z^5 - \cdots\right) = 1 - \frac{1}{3!}z^2 + \frac{1}{5!}z^4 - \cdots,$$
其中不含负幂项. 如果我们补充定义,$\dfrac{\sin z}{z}$ 在 $z = 0$ 的值为 1(即 C_0),那么 $\dfrac{\sin z}{z}$ 在 $z = 0$ 处就成为解析的.

定理 5.3 设 $f(z)$ 在 $0 < |z - z_0| < R$ 内解析,则点 z_0 为 $f(z)$ 的极点的充要条件是
$$\lim_{z \to z_0} f(z) = \infty.$$

证 (1) 必要性.

设 z_0 为 $f(z)$ 的 m 级极点,则由定理 5.1,得
$$f(z) = \frac{\varphi(z)}{(z - z_0)^m},$$
其中,$\varphi(z)$ 在点 z_0 处解析,且 $\varphi(z_0) \neq 0$,故

$$\lim_{z \to z_0} f(z) = \lim_{z \to z_0} \frac{1}{(z-z_0)^m} \varphi(z) = \infty.$$

(2) 充分性.

因 $\lim_{z \to z_0} f(z) = \infty$，则 $\lim_{z \to z_0} \frac{1}{f(z)} = 0$.

由定理 5.2 可知，点 z_0 为 $\frac{1}{f(z)}$ 的可去奇点. 因此，$\frac{1}{f(z)}$ 在 $0 < |z-z_0| < R$ 内有展开式

$$\frac{1}{f(z)} = C_0 + C_1(z-z_0) + C_2(z-z_0)^2 + \cdots,$$

而 $C_0 = \lim_{z \to z_0} \frac{1}{f(z)} = 0$ 且 $\frac{1}{f(z)}$ 不恒为零. 不妨设 $C_0 = C_1 = \cdots = C_{m-1} = 0$，$C_m \neq 0$，则

$$\frac{1}{f(z)} = (z-z_0)^m g(z),$$

其中，$g(z) = C_m + C_{m+1}(z-z_0) + \cdots$ 在 $|z-z_0| < R$ 内是解析函数，且 $g(z_0) \neq 0$. 由定理 5.1 可知，z_0 为 $f(z)$ 的 m 级极点.

推论 5.1 点 z_0 为 $f(z)$ 的 m 级极点的充要条件是

$$\lim_{z \to z_0}(z-z_0)^m f(z) = C_{-m} \neq 0.$$

利用以上推论，我们可以判断极点的级数. 例如，对于函数 $f(z) = \frac{1}{z^2(z-1)^3}$，$z = 0$、$z = 1$ 为 $f(z)$ 的两个孤立奇点，由于

$$\lim_{z \to 1}(z-1)^3 f(z) = \lim_{z \to 1}(z-1)^3 \frac{1}{z^2(z-1)^3} = \lim_{z \to 1} \frac{1}{z^2} = 1 \neq 0,$$

$$\lim_{z \to 0} z^2 f(z) = \lim_{z \to 0} z^2 \cdot \frac{1}{z^2(z-1)^3} = \lim_{z \to 0} \frac{1}{(z-1)^3} = -1 \neq 0.$$

所以，$z = 1$ 为 $f(z)$ 的三级极点，$z = 0$ 为 $f(z)$ 的二级极点.

定理 5.4 点 z_0 为函数 $f(z)$ 的本性奇点的充要条件是 $\lim_{z \to z_0} f(z)$ 不存在.

也就是说，当 $z \to z_0$ 时，$f(z)$ 既不趋近于 ∞，也不趋近于一个有限值.

5.1.3 函数零点与极点的关系

对于 m 级极点，还可以利用零点与极点的关系来进行判定. 下面给出与极点紧密相关的零点的定义.

定义 5.4 设函数 $f(z)$ 在 $|z-z_0| < R$ 内解析，且 $f(z_0) = 0$，则称 $z = z_0$ 为 $f(z)$ 的**零点**. 若

$$f(z_0) = f'(z_0) = \cdots = f^{(m-1)}(z_0) = 0,$$

而 $f^{(m)}(z_0) \neq 0$，则称 $z = z_0$ 为 $f(z)$ 的 **m 级零点**.

定理 5.5 (零点与极点的关系) 设函数 $f(z)$ 处在 z_0 处解析，且不恒为常数，则点 z_0 为 $f(z)$ 的 m 级零点的充要条件是 z_0 为 $\frac{1}{f(z)}$ 的 m 级极点.

证 (1) 必要性.

设 z_0 是 $f(z)$ 的 m 级零点，则 $f(z)$ 在点 z_0 的邻域内的泰勒展开式为
$$f(z) = C_m(z-z_0)^m + C_{m+1}(z-z_0)^{m+1} + \cdots$$
$$= (z-z_0)^m \varphi(z) \quad (C_m \neq 0),$$
其中，
$$\varphi(z) = C_m + C_{m+1}(z-z_0) + C_{m+2}(z-z_0)^2 + \cdots$$
在 z_0 处解析，且 $\varphi(z_0) \neq 0$，于是有
$$\frac{1}{f(z)} = \frac{1}{(z-z_0)^m \varphi(z)} = \frac{\psi(z)}{(z-z_0)^m},$$
其中，$\psi(z) = \dfrac{1}{\varphi(z)}$ 在 z_0 处解析，且 $\psi(z_0) \neq 0$.

设 $\psi(z)$ 在 z_0 处的泰勒展开式为
$$\psi(z) = \psi(z_0) + \psi'(z_0)(z-z_0) + \cdots,$$
则
$$\frac{1}{f(z)} = \frac{\psi(z_0)}{(z-z_0)^m} + \frac{\psi'(z_0)}{(z-z_0)^{m-1}} + \cdots,$$
因为 $\psi(z_0) \neq 0$，所以 z_0 是 $\dfrac{1}{f(z)}$ 的 m 级极点.

(2) 充分性.

设 z_0 是 $\dfrac{1}{f(z)}$ 的 m 级极点，则 $\dfrac{1}{f(z)}$ 在 z_0 的邻域内的洛朗展开式为
$$\frac{1}{f(z)} = \frac{C_{-m}}{(z-z_0)^m} + \frac{C_{-(m-1)}}{(z-z_0)^{m-1}} + \cdots$$
$$= \frac{1}{(z-z_0)^m}[C_{-m} + C_{-(m-1)}(z-z_0) + \cdots]$$
$$= \frac{\varphi(z)}{(z-z_0)^m},$$
显然 $\varphi(z)$ 在 z_0 处解析，且 $\varphi(z_0) \neq 0$，于是
$$f(z) = (z-z_0)^m \cdot \frac{1}{\varphi(z)} = (z-z_0)^m \psi(z),$$
其中，$\psi(z) = \dfrac{1}{\varphi(z)}$ 在 z_0 处也解析，且 $\psi(z_0) \neq 0$，故 z_0 是 $f(z)$ 的 m 级零点.

例 5.1 求下列各函数的孤立奇点，并指出它们的类型.

(1) $f(z) = \dfrac{z^2-1}{z-1}$. (2) $f(z) = \dfrac{z+3}{z(z-1)^2(z^2+4)^3}$.

(3) $f(z) = \dfrac{\sin z - z}{z^5}$. (4) $f(z) = e^{\frac{1}{z-1}}$.

解 (1) $z=1$ 是 $f(z)$ 的孤立奇点，因 $\lim\limits_{z \to 1} \dfrac{z^2-1}{z-1} = 2$，故由定理 5.2 得，$z=1$ 是 $f(z)$ 的可去奇点.

(2) $z=0,1,\pm 2\mathrm{i}$ 是 $f(z)$ 的孤立奇点，令

$$g(z) = \frac{1}{f(z)} = \frac{z(z-1)^2(z+2\mathrm{i})^3(z-2\mathrm{i})^3}{z+3},$$

而 $z=0,1,\pm 2\mathrm{i}$ 依次是 $g(z)$ 的一级、二级、三级零点，故由定理 5.5 知，$z=0$ 是 $f(z)$ 的一级极点，$z=1$ 是二级极点，$z=\pm 2\mathrm{i}$ 分别都是三级极点.

(3) $z=0$ 是 $f(z)$ 的孤立奇点，因 $f(z)$ 在 $0<|z|<+\infty$ 的洛朗展开式为

$$f(z) = \frac{\sin z - z}{z^5} = \frac{1}{z^5}\left[\sum_{n=0}^{\infty}\frac{(-1)^n z^{2n+1}}{(2n+1)!} - z\right]$$

$$= -\frac{1}{3!}\cdot\frac{1}{z^2} + \frac{1}{5!} - \frac{z^2}{7!} - \cdots + \frac{(-1)^n z^{2n-4}}{(2n+1)!} + \cdots,$$

由定义 5.3 得，$z=0$ 为二级极点.

(4) $z=1$ 是 $f(z)$ 的孤立奇点，因 $f(z)$ 在 $0<|z-1|<+\infty$ 的洛朗展开式为

$$f(z) = \mathrm{e}^{\frac{1}{z-1}} = \sum_{n=0}^{\infty}\frac{1}{n!(z-1)^n},$$

由定义 5.2 得，$z=1$ 为本性奇点.

例 5.2 试判定函数 $\dfrac{\mathrm{e}^z-1}{z^3}$ 孤立奇点的类型.

解 从形式上看，$z=0$ 似乎是三级极点，其实是二级极点，因为

$$\frac{\mathrm{e}^z-1}{z^3} = \frac{1}{z^3}\left(\sum_{n=0}^{\infty}\frac{z^n}{n!} - 1\right) = \frac{1}{z^2} + \frac{1}{2!z} + \frac{1}{3!} + \frac{z}{4!} + \cdots.$$

例 5.3 试判定函数 $\sec z$ 孤立奇点的类型.

解 因为 $\sec z = \dfrac{1}{\cos z}$，且

$$\cos\left(k\pi + \frac{\pi}{2}\right) = 0 \quad (k \text{ 为整数}),$$

$$(\cos z)'\Big|_{z=k\pi+\frac{\pi}{2}} = -\sin z\Big|_{z=k\pi+\frac{\pi}{2}} = (-1)^{k+1} \neq 0,$$

所以，$z=k\pi+\dfrac{\pi}{2}$ (k 为整数)都是 $\cos z$ 的一级零点，也就是函数 $\sec z$ 的一级极点.

*5.1.4 函数在无穷远点的性态

到现在为止，我们在讨论函数 $f(z)$ 的解析性和它的孤立奇点时，都假定 z 为复平面内的有限点，至于函数在无穷远点的性态，则尚未提及. 现在我们在扩充复平面上对此加以讨论.

定义 5.5 设函数 $f(z)$ 在无穷远点 $z=\infty$ 的去心邻域 $D_z: R<|z|<+\infty$ ($R\geqslant 0$) 内解析，则称点 $z=\infty$ 为 $f(z)$ 的一个**孤立奇点**.

设 $z=\infty$ 为 $f(z)$ 的一个孤立奇点，作变换 $t=\dfrac{1}{z}$，则函数

$$g(t) = f\left(\frac{1}{t}\right) = f(z),$$

在区域 $D_t: 0 < |t| < \frac{1}{R}$（若 $R = 0$，则规定 $\frac{1}{R} = +\infty$）内解析，点 $t = 0$ 即为函数 $g(t)$ 的一个孤立奇点，且有

(1) 对应于扩充复平面上无穷远点的邻域 D_z，有扩充 t 平面上原点的邻域 D_t；

(2) 在对应的点 z 与 t 上，有 $g(t) = f(z)$；

(3) $\lim\limits_{z \to \infty} f(z) = \lim\limits_{t \to 0} g(t)$.

也就是说，可以由函数 $g(t)$ 在原点的性态来规定函数 $f(z)$ 在无穷远点的性态.

因而，我们规定：如果 $t = 0$ 是 $g(t)$ 的可去奇点、m 级极点或本性奇点，那么称 $z = \infty$ 是 $f(z)$ 的可去奇点、m 级极点或本性奇点.

由于函数 $f(z)$ 在区域 $D_z: R < |z| < +\infty$ 内解析，所以在此区域内可将 $f(z)$ 展开成洛朗级数

$$f(z) = \sum_{n=0}^{\infty} C_n z^n + \sum_{n=1}^{\infty} C_{-n} z^{-n} = \sum_{n=1}^{\infty} C_n z^n + C_0 + \sum_{n=1}^{\infty} C_{-n} z^{-n},$$

于是函数 $g(t)$ 在区域 $D_t: 0 < |t| < \frac{1}{R}$ 内的洛朗展开式为

$$g(t) = \sum_{n=1}^{\infty} C_n t^{-n} + C_0 + \sum_{n=1}^{\infty} C_{-n} t^n,$$

对照以上两个级数可以看出，函数 $f(z)$ 的展开式中的正幂项就是函数 $g(t)$ 的展开式的负幂项.

这表明，对于无穷远点来说，函数的性态与其洛朗展开式之间的关系同有限点的情况一样，只不过是把正幂项与负幂项的作用互相对调. 即函数 $f(z)$ 的洛朗展开式中的正幂项决定了点 $z = \infty$ 的奇点类型，概括如下.

(1) 若 $f(z)$ 的展开式中不含正幂项，则 $z = \infty$ 为 $f(z)$ 的可去奇点.

(2) 若 $f(z)$ 的展开式中含有限个正幂项，且最高正幂项为 z^m，则 $z = \infty$ 为 $f(z)$ 的 m 级极点.

(3) 若 $f(z)$ 的展开式中含有无穷多个正幂项，则 $z = \infty$ 为 $f(z)$ 的本性奇点.

同样，无穷远点的奇点类型可以用极限来判定.

若 $\lim\limits_{z \to \infty} f(z)$ 存在且为有限值，则 $z = \infty$ 为 $f(z)$ 的**可去奇点**；若 $\lim\limits_{z \to \infty} f(z) = \infty$，则 $z = \infty$ 为 $f(z)$ 的**极点**；若 $\lim\limits_{z \to \infty} f(z)$ 不存在且不为 ∞，则 $z = \infty$ 为 $f(z)$ 的**本性奇点**.

另外，当 $z = \infty$ 是 $f(z)$ 的可去奇点时，若设

$$f(\infty) = \lim_{z \to \infty} f(z),$$

则可以认为 $f(z)$ 在 $z = \infty$ 是解析的.

例 5.4 试讨论下列函数在无穷远点的性态.

(1) $f(z) = \dfrac{1}{(z-1)(z-2)}$.

(2) $p(z) = a_0 + a_1 z + \cdots + a_m z^m \ (a_m \neq 0)$.

(3) $f(z) = e^z$.

解 (1) 因为 $f(z) = \dfrac{1}{(z-1)(z-2)}$ 在 $2 < |z| < +\infty$ 内的洛朗展开式为

$$f(z) = \frac{1}{(z-1)(z-2)} = \frac{1}{z-2} - \frac{1}{z-1}$$

$$= \frac{1}{z} \cdot \frac{1}{1-\dfrac{2}{z}} - \frac{1}{z} \cdot \frac{1}{1-\dfrac{1}{z}} = \frac{1}{z}\left(\sum_{n=0}^{\infty} \frac{2^n}{z^n} - \sum_{n=0}^{\infty} \frac{1}{z^n}\right)$$

$$= \sum_{n=0}^{\infty} \frac{2^n - 1}{z^{n+1}},$$

它不含正幂项，所以 $z = \infty$ 为 $f(z)$ 的可去奇点，显然，作为解析点来看，$z = \infty$ 是 $f(z)$ 的一级零点.

(2) m 次多项式 $p(z)$ 含有有限个正幂项，且最高正幂项为 z^m，因此 $z = \infty$ 为 $p(z)$ 的 m 级极点.

(3) 因为 $\lim\limits_{z \to \infty} e^z$ 不存在且不为 ∞，所以 $z = \infty$ 为 $f(z) = e^z$ 的本性奇点.

§5.2 留　　数

5.2.1 留数的概念和计算

留数的定义及计算

根据上一节的讨论知道，如果 z_0 是 $f(z)$ 的孤立奇点，那么函数 $f(z)$ 在点 z_0 的去心邻域 $0 < |z - z_0| < R$ 内解析，并且可以展开成洛朗级数

$$f(z) = \cdots + \frac{C_{-1}}{z-z_0} + C_0 + C_1(z-z_0) + \cdots + C_n(z-z_0)^n + \cdots,$$

而 C 为 $0 < |z - z_0| < R$ 内任意一条包含 z_0 的简单闭曲线，对此展开式的两端沿 C 逐项积分，利用第 3 章的积分

$$\oint_C \frac{\mathrm{d}z}{(z-z_0)^{n+1}} = \begin{cases} 2\pi \mathrm{i}, & n = 0 \\ 0, & n \neq 0 \end{cases},$$

得

$$\oint_C f(z) \mathrm{d}z = 2\pi \mathrm{i} C_{-1}.$$

由此可见，洛朗展开式中负幂项 $(z - z_0)^{-1}$ 的系数 C_{-1}，是在逐项积分过程中唯一留下来的系数，且

$$C_{-1} = \frac{1}{2\pi \mathrm{i}} \oint_C f(z) \mathrm{d}z.$$

定义 5.6 设 $f(z)$ 在孤立奇点 z_0 的去心邻域 $0 < |z - z_0| < R$ 内解析，C 为该邻域内包含 z_0 的任意正向简单闭曲线，则称积分

$$\frac{1}{2\pi i}\oint_C f(z)\mathrm{d}z$$

为 $f(z)$ 在点 z_0 的**留数**，记为 $\mathrm{Res}[f(z), z_0]$，即

$$\mathrm{Res}[f(z), z_0] = \frac{1}{2\pi i}\oint_C f(z)\mathrm{d}z. \tag{5.2}$$

显然，$f(z)$ 在孤立奇点 z_0 的留数 $\mathrm{Res}[f(z), z_0]$ 就是 $f(z)$ 在 z_0 的去心邻域内洛朗展开式中负幂项 $(z-z_0)^{-1}$ 的系数 C_{-1}。

例 5.5 求 $\mathrm{Res}\left[\mathrm{e}^{\frac{z}{z-1}}, 1\right]$。

解 $z=1$ 是 $\mathrm{e}^{\frac{z}{z-1}}$ 的孤立奇点，函数 $\mathrm{e}^{\frac{z}{z-1}}$ 在 $0<|z-1|<+\infty$ 内的洛朗展开式为

$$\mathrm{e}^{\frac{z}{z-1}} = \mathrm{e}\cdot\mathrm{e}^{\frac{1}{z-1}} = \mathrm{e}\cdot\sum_{n=0}^{\infty}\frac{1}{n!(z-1)^n},$$

故负幂项 $(z-1)^{-1}$ 的系数 $C_{-1} = \mathrm{e}$，即 $\mathrm{Res}\left[\mathrm{e}^{\frac{z}{z-1}}, 1\right] = \mathrm{e}$。

例 5.6 求 $\mathrm{Res}\left[\dfrac{\sin z}{z}, 0\right]$。

解 $z=0$ 是 $\dfrac{\sin z}{z}$ 的孤立奇点，函数在 $z=0$ 的去心邻域内的洛朗展开式为

$$\frac{\sin z}{z} = 1 - \frac{z^2}{3!} + \frac{z^4}{5!} - \cdots + \frac{(-1)^n z^{2n}}{(2n+1)!} + \cdots$$

故负幂项 z^{-1} 的系数 $C_{-1} = 0$，即 $\mathrm{Res}\left[\dfrac{\sin z}{z}, 0\right] = 0$。

事实上，$z=0$ 是 $\dfrac{\sin z}{z}$ 的可去奇点，洛朗展开式中不存在负幂项，即洛朗系数 $C_{-n} = 0$ ($n=1, 2, \cdots$)，故留数为 0。

从以上两个例题可以看出，如果 z_0 是 $f(z)$ 的可去奇点，则 $\mathrm{Res}[f(z), z_0] = 0$。而对于孤立奇点 z_0 为本性奇点或奇点类型不明显的情况，利用函数 $f(z)$ 在点 z_0 的去心邻域的洛朗展开式，求出它的洛朗展开式中 $(z-z_0)^{-1}$ 的系数 C_{-1}，就是计算留数的一般性方法。

对于函数 $f(z)$ 在 m 级极点处的留数，可以用下面的定理来计算。在大多数情况下，用这个定理比将函数展开为洛朗级数求出 C_{-1} 更方便。

定理 5.6 设点 z_0 为函数 $f(z)$ 的 m 级极点，则

$$\mathrm{Res}[f(z), z_0] = \frac{1}{(m-1)!}\lim_{z\to z_0}\frac{\mathrm{d}^{m-1}}{\mathrm{d}z^{m-1}}[(z-z_0)^m f(z)]. \tag{5.3}$$

证 由条件，$f(z)$ 在点 z_0 处的洛朗展开式为

$$f(z) = \frac{C_{-m}}{(z-z_0)^m} + \cdots + \frac{C_{-1}}{z-z_0} + C_0 + C_1(z-z_0) + \cdots$$

$$= \frac{g(z)}{(z-z_0)^m} \quad (C_{-m} \neq 0),$$

极点处留数的计算定理

其中，$g(z) = C_{-m} + C_{-m+1}(z-z_0) + \cdots + C_{-1}(z-z_0)^{m-1} + C_0(z-z_0)^m + \cdots$ 在点 z_0 处是解析的，且

$g(z_0) = C_{-m} \neq 0$.

由 $f(z) = \dfrac{g(z)}{(z-z_0)^m}$，有 $(z-z_0)^m f(z) = g(z)$，上式两端对 z 求导 $m-1$ 次，并取极限 $z \to z_0$，得

$$\lim_{z \to z_0} \frac{\mathrm{d}^{m-1}}{\mathrm{d} z^{m-1}}[(z-z_0)^m f(z)] = g^{(m-1)}(z_0).$$

而由留数定义及高阶导数公式，有

$$\begin{aligned}\operatorname{Res}[f(z), z_0] &= \frac{1}{2\pi \mathrm{i}} \oint_C f(z) \mathrm{d} z \\ &= \frac{1}{2\pi \mathrm{i}} \oint_C \frac{g(z)}{(z-z_0)^m} \mathrm{d} z = \frac{g^{(m-1)}(z_0)}{(m-1)!},\end{aligned}$$

因此

$$\operatorname{Res}[f(z), z_0] = \frac{1}{(m-1)!} \lim_{z \to z_0} \frac{\mathrm{d}^{m-1}}{\mathrm{d} z^{m-1}}[(z-z_0)^m f(z)].$$

由以上定理可得下面两个推论．

推论 5.2 若 $z = z_0$ 为 $f(z)$ 的一级极点，则

$$\operatorname{Res}[f(z), z_0] = \lim_{z \to z_0}(z-z_0) f(z). \tag{5.4}$$

推论 5.3 设 $f(z) = \dfrac{P(z)}{Q(z)}$，其中 $P(z)$，$Q(z)$ 在点 z_0 处解析，且 $P(z_0) \neq 0$，$Q(z_0) = 0$，$Q'(z_0) \neq 0$（即 $Q(z)$ 以 z_0 为一级零点），则

$$\operatorname{Res}[f(z), z_0] = \frac{P(z_0)}{Q'(z_0)}. \tag{5.5}$$

事实上，若 z_0 为 $f(z)$ 的一级极点，则

$$\begin{aligned}\operatorname{Res}[f(z), z_0] &= \lim_{z \to z_0}(z-z_0) f(z) \\ &= \lim_{z \to z_0} \frac{P(z)}{\dfrac{Q(z) - Q(z_0)}{z - z_0}} = \frac{P(z_0)}{Q'(z_0)}.\end{aligned}$$

定理 5.7 设点 z_0 为函数 $f(z)$ 的 m 级极点，则

$$\operatorname{Res}[f(z), z_0] = \frac{1}{(n-1)!} \lim_{z \to z_0} \frac{\mathrm{d}^{n-1}}{\mathrm{d} z^{n-1}}[(z-z_0)^n f(z)] \quad (n \geq m).$$

例 5.7 求函数 $f(z) = \dfrac{z^{2n}}{(z-2)^n}$ 在 $z = 2$ 处的留数．

解 因为 $z = 2$ 是 $f(z)$ 分母的 n 级零点，且 $z = 2$ 时，$f(z)$ 的分子不为零，所以它是 $f(z)$ 的 n 级极点，由定理 5.6，得

$$\operatorname{Res}[f(z), 2] = \frac{1}{(n-1)!} \lim_{z \to 2} \frac{\mathrm{d}^{n-1}}{\mathrm{d} z^{n-1}} \left[(z-2)^n \cdot \frac{z^{2n}}{(z-2)^n}\right]$$

$$= \frac{2n(2n-1)\cdots(2n-n+2)}{(n-1)!} \cdot 2^{n+1}$$

$$= \frac{(2n)! \cdot 2^{n+1}}{(n-1)!(n+1)!}.$$

例 5.8 求函数 $f(z) = \dfrac{z}{(z-2)(z+2)^2}$ 在 $z=2$ 及 $z=-2$ 处的留数.

解 $z=2$ 是 $f(z)$ 的一级极点，$z=-2$ 是 $f(z)$ 的二级极点，于是

$$\text{Res}[f(z), 2] = \lim_{z \to 2}(z-2) \cdot \frac{z}{(z-2)(z+2)^2} = \frac{1}{8};$$

$$\text{Res}[f(z), -2] = \lim_{z \to -2}\left[(z+2)^2 \cdot \frac{z}{(z-2)(z+2)^2}\right]'$$

$$= \lim_{z \to -2}\frac{-2}{(z-2)^2} = -\frac{1}{8}.$$

例 5.9 求函数 $f(z) = \tan z$ 在 $z = k\pi + \dfrac{\pi}{2}$（$k$ 为整数）处的留数.

解 因为 $\tan z = \dfrac{\sin z}{\cos z}$，$\sin\left(k\pi + \dfrac{\pi}{2}\right) = (-1)^k \neq 0$，$\cos\left(k\pi + \dfrac{\pi}{2}\right) = 0$，而

$$(\cos z)'\bigg|_{z=k\pi+\frac{\pi}{2}} = (-1)^{k+1} \neq 0,$$

所以 $z = k\pi + \dfrac{\pi}{2}$ 为 $f(z) = \tan z$ 的一级极点，由推论 5.3，得

$$\text{Res}\left[f(z), k\pi + \frac{\pi}{2}\right] = \frac{\sin z}{(\cos z)'}\bigg|_{z=k\pi+\frac{\pi}{2}} = -1.$$

5.2.2 留数定理

关于留数，我们有下面的基本定理.

定理 5.8（留数定理） 设函数 $f(z)$ 在区域 D 内除有限个孤立奇点 $z_1, z_2, \cdots z_n$ 外处处解析，C 为 D 内包围诸奇点的一条正向简单闭曲线，那么

$$\oint_C f(z) \mathrm{d}z = 2\pi \mathrm{i} \sum_{k=1}^n \text{Res}[f(z), z_k] \tag{5.6}$$

证 把在 C 内的孤立奇点 z_k（$k=1,2,\cdots,n$）用互不相交、互不包含的正向简单闭曲线 C_k 围绕起来(见图 5.1)，则由复合闭路定理，有

$$\oint_C f(z) \mathrm{d}z = \oint_{C_1} f(z) \mathrm{d}z + \oint_{C_2} f(z) \mathrm{d}z + \cdots + \oint_{C_n} f(z) \mathrm{d}z,$$

以 $2\pi \mathrm{i}$ 除以等式两边，得

$$\frac{1}{2\pi \mathrm{i}}\oint_C f(z) \mathrm{d}z = \text{Res}[f(z), z_1] + \text{Res}[f(z), z_2] + \cdots + \text{Res}[f(z), z_n],$$

即
$$\oint_C f(z)\,\mathrm{d}z = 2\pi\mathrm{i}\sum_{k=1}^{n}\mathrm{Res}[f(z), z_k].$$

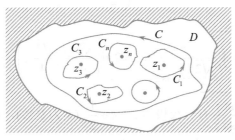

图 5.1

留数定理说明，求沿封闭曲线 C 的积分，就转化为求被积函数在 C 中的各孤立奇点处的留数。由此可见，留数定理的效用将有赖于如何有效地求出 $f(z)$ 在孤立奇点 z_0 处的留数。

例 5.10 计算下列积分.

(1) $I = \oint_C \dfrac{1}{z^3(z-2\mathrm{i})}\mathrm{d}z$，其中 C 为正向圆周 $|z| = 3$.

(2) $I = \oint_C \dfrac{z}{\dfrac{\sqrt{2}}{2}-\cos z}\mathrm{d}z$，其中 C 为正向圆周 $|z| = 1$.

(3) $I = \oint_C \tan\pi z\,\mathrm{d}z$，其中 C 为正向圆周 $|z| = n$（n 为正整数）.

解 (1) $f(z) = \dfrac{1}{z^3(z-2\mathrm{i})}$ 在圆周 $|z| = 3$ 所围的圆域内有三级极点 $z = 0$ 及一级极点 $z = 2\mathrm{i}$，而

$$\begin{aligned}\mathrm{Res}[f(z), 0] &= \frac{1}{2!}\lim_{z\to 0}\left[z^3\cdot\frac{1}{z^3(z-2\mathrm{i})}\right]'' \\ &= \frac{1}{2}\lim_{z\to 0}\frac{2}{(z-2\mathrm{i})^3} = \frac{1}{8\mathrm{i}},\\ \mathrm{Res}[f(z), 2\mathrm{i}] &= \lim_{z\to 2\mathrm{i}}(z-2\mathrm{i})\cdot\frac{1}{z^3(z-2\mathrm{i})} = \frac{\mathrm{i}}{8}.\end{aligned}$$

因此，由留数定理，有

$$I = \oint_C \frac{1}{z^3(z-2\mathrm{i})}\mathrm{d}z = 2\pi\mathrm{i}\left(\frac{1}{8\mathrm{i}}+\frac{\mathrm{i}}{8}\right) = 0.$$

(2) $f(z) = \dfrac{z}{\dfrac{\sqrt{2}}{2}-\cos z}$ 在圆周 $|z| = 1$ 内有两个一级极点 $z = \pm\dfrac{\pi}{4}$，而

$$\mathrm{Res}\left[f(z), \frac{\pi}{4}\right] = \frac{z}{\left(\dfrac{\sqrt{2}}{2}-\cos z\right)'}\bigg|_{z=\frac{\pi}{4}} = \frac{\sqrt{2}}{4}\pi,$$

$$\operatorname{Res}\left[f(z),-\frac{\pi}{4}\right]=\frac{z}{\left(\frac{\sqrt{2}}{2}-\cos z\right)'}\bigg|_{z=-\frac{\pi}{4}}=\frac{\sqrt{2}}{4}\pi,$$

因此，由留数定理，有

$$I=\oint_C\frac{z}{\frac{\sqrt{2}}{2}-\cos z}\mathrm{d}z=2\pi\mathrm{i}\left(\frac{\sqrt{2}}{4}\pi+\frac{\sqrt{2}}{4}\pi\right)=\sqrt{2}\,\pi^2\mathrm{i}.$$

(3) $f(z)=\tan\pi z=\dfrac{\sin\pi z}{\cos\pi z}$ 有一级极点 $z=k+\dfrac{1}{2}$（k 为整数），而

$$\operatorname{Res}\left[f(z),k+\frac{1}{2}\right]=\frac{\sin\pi z}{(\cos\pi z)'}\bigg|_{z=k+\frac{1}{2}}=-\frac{1}{\pi}.$$

因此，由留数定理，有

$$I=\oint_C\tan\pi z\,\mathrm{d}z=2\pi\mathrm{i}\sum_{\left|k+\frac{1}{2}\right|<n}\operatorname{Res}\left[f(z),k+\frac{1}{2}\right]$$

$$=2\pi\mathrm{i}\left(-\frac{2n}{\pi}\right)=-4n\mathrm{i}.$$

例 5.11 计算积分 $\oint_C\dfrac{z-\sin z}{z^8}\mathrm{d}z$，其中 C 为正向圆周 $|z|=1$.

解 方法一：在 $|z|=1$ 内，$f(z)=\dfrac{z-\sin z}{z^8}$ 有一个孤立奇点 $z=0$，因为

$$(z-\sin z)|_{z=0}=0,\quad (z-\sin z)'|_{z=0}=0,$$
$$(z-\sin z)''|_{z=0}=0,\quad (z-\sin z)'''|_{z=0}=1\neq 0,$$

所以，$z=0$ 是 $z-\sin z$ 的三级零点，因而 $z=0$ 是 $f(z)$ 的五级极点，若由定理 5.6，

$$\operatorname{Res}[f(z),0]=\frac{1}{4!}\lim_{z\to 0}\frac{\mathrm{d}^4}{\mathrm{d}z^4}\left(z^5\cdot\frac{z-\sin z}{z^8}\right)$$

$$=\frac{1}{4!}\lim_{z\to 0}\frac{\mathrm{d}^4}{\mathrm{d}z^4}\left(\frac{z-\sin z}{z^3}\right),$$

则遇到一个非常复杂的计算分式 4 阶导数的问题，计算过程略.

方法二：利用洛朗展开式求 C_{-1} 则比较方便，由

$$f(z)=\frac{z-\sin z}{z^8}=\frac{1}{z^8}\left[z-\left(z-\frac{1}{3!}z^3+\frac{1}{5!}z^5-\frac{1}{7!}z^7+\cdots\right)\right]$$

$$=\frac{1}{3!z^5}-\frac{1}{5!z^3}+\frac{1}{7!z}-\cdots,$$

得

$$\operatorname{Res}[f(z),0]=C_{-1}=\frac{1}{7!}.$$

根据留数定理，有

$$\oint_C\frac{z-\sin z}{z^8}\mathrm{d}z=2\pi\mathrm{i}\operatorname{Res}[f(z),0]=\frac{2}{7!}\pi\mathrm{i}.$$

方法三：本例说明在求函数的留数时不应拘泥于公式的套用，而应具体问题具体分析．如果取 $n=8 \geqslant 5$，利用定理 5.7，则有

$$\text{Res}[f(z),0] = \frac{1}{7!} \lim_{z \to 0} \frac{\mathrm{d}^7}{\mathrm{d}z^7}\left(z^8 \cdot \frac{z-\sin z}{z^8}\right)$$
$$= \frac{1}{7!} \lim_{z \to 0}\left[-\sin\left(z + 7 \cdot \frac{\pi}{2}\right)\right]$$
$$= \frac{1}{7!} \lim_{z \to 0} \cos z = \frac{1}{7!}.$$

根据留数定理，有

$$\oint_C \frac{z-\sin z}{z^8} \mathrm{d}z = 2\pi\mathrm{i}\,\text{Res}[f(z),0] = \frac{2}{7!}\pi\mathrm{i}.$$

可见，有时把极点的阶数取得比实际阶数高时，计算它的留数反而比较简便．

*5.2.3 解析函数在无穷远点处的留数

定义 5.7 设 $z=\infty$ 是函数 $f(z)$ 的一个孤立奇点，即 $f(z)$ 在无穷远点的邻域 $R<|z|<+\infty$ 内解析，则称

$$\frac{1}{2\pi\mathrm{i}}\oint_{C^-} f(z)\mathrm{d}z \qquad (C: |z|=r>R)$$

为 $f(z)$ 在点 ∞ 的**留数**，记为 $\text{Res}[f(z),\infty]$，这里 C^- 是指顺时针方向(这个方向很自然地可以看作是绕无穷远点的正向)．

如果 $f(z)$ 在 $R<|z|<+\infty$ 的洛朗级数展开式为

$$f(z) = \sum_{n=-\infty}^{\infty} C_n z^n,$$

其中，$C_n = \frac{1}{2\pi\mathrm{i}} \oint_C \frac{f(z)}{z^{n+1}} \mathrm{d}z$．

利用逐项积分的方法，则可以得到

$$\text{Res}[f(z),\infty] = \frac{1}{2\pi\mathrm{i}} \oint_{C^-} f(z)\mathrm{d}z = -C_{-1},$$

即函数 $f(z)$ 在无穷远点的留数 $\text{Res}[f(z),\infty]$ 等于 $f(z)$ 在 $z=\infty$ 的洛朗展开式中 z^{-1} 这一项的系数的相反数．

这里，我们必须注意，$z=\infty$ 即使是 $f(z)$ 的可去奇点，$f(z)$ 在 $z=\infty$ 的留数也未必是 0，这是同有限点的留数不一致的地方．例如，对于函数

$$f(z) = \frac{1}{z},$$

$z=\infty$ 是它的可去奇点，但

$$\text{Res}\left[\frac{1}{z},\infty\right] = -1.$$

例 5.12 求函数 $f(z) = \frac{1}{1-z}$ 在 $z=\infty$ 处的留数.

解 $f(z)$ 在 $z = \infty$ 的邻域 $|z| > 1$ 内可展开为洛朗级数

$$f(z) = \frac{1}{1-z} = -\frac{1}{z} - \frac{1}{z^2} - \cdots,$$

因此

$$\operatorname{Res}[f(z), \infty] = -C_{-1} = 1 \neq 0.$$

定理 5.9 如果 $f(z)$ 在扩充复平面上只有有限个孤立奇点(包括无穷远点在内)，设为 $z_1, z_2, \cdots, z_n, \infty$，则 $f(z)$ 在各点的留数之和为零，即

$$\sum_{k=1}^{n} \operatorname{Res}[f(z), z_k] + \operatorname{Res}[f(z), \infty] = 0.$$

证 考虑充分大的正数 R，使 $z_1, z_2, \cdots, z_n$ 全在 $|z| < R$ 内，于是由留数定理，得

$$\frac{1}{2\pi \mathrm{i}} \oint_{|z|=R} f(z) \mathrm{d}z = \sum_{k=1}^{n} \operatorname{Res}[f(z), z_k].$$

但这时有

$$\frac{1}{2\pi \mathrm{i}} \oint_{|z|=R} f(z) \mathrm{d}z = -\operatorname{Res}[f(z), \infty].$$

故得

$$\sum_{k=1}^{n} \operatorname{Res}[f(z), z_k] + \operatorname{Res}[f(z), \infty] = 0.$$

引进无穷远点的留数后，结合以上定理，计算有限点处的留数之和，往往可以得到简化．所以有必要介绍一下无穷远点处的留数的计算．

定理 5.10 设 $z = \infty$ 为函数 $f(z)$ 的孤立奇点，则

$$\operatorname{Res}[f(z), \infty] = -\operatorname{Res}\left[f\left(\frac{1}{z}\right) \cdot \frac{1}{z^2}, 0\right].$$

证 以原点为中心，充分大的 R 为半径作正向圆周 $C: |z| = R$．设 $z = \frac{1}{\xi}$，且 $z = R \mathrm{e}^{\mathrm{i}\theta}$，则

$$\operatorname{Res}[f(z), \infty] = \frac{1}{2\pi \mathrm{i}} \oint_{C^-} f(z) \mathrm{d}z = -\frac{1}{2\pi \mathrm{i}} \oint_{C} f(z) \mathrm{d}z$$

$$= -\frac{1}{2\pi \mathrm{i}} \int_0^{2\pi} f(R \mathrm{e}^{\mathrm{i}\theta}) \cdot R \mathrm{i} \mathrm{e}^{\mathrm{i}\theta} \mathrm{d}\theta.$$

令 $\theta = -\varphi$，则由 $\xi = \frac{1}{z} = \frac{1}{R} \mathrm{e}^{\mathrm{i}\varphi}$，得

$$\operatorname{Res}[f(z), \infty] = \frac{1}{2\pi \mathrm{i}} \int_0^{-2\pi} f\left(\frac{1}{\frac{1}{R}\mathrm{e}^{\mathrm{i}\varphi}}\right) \cdot \frac{1}{\left(\frac{1}{R}\mathrm{e}^{\mathrm{i}\varphi}\right)^2} \mathrm{d}\left(\frac{1}{R}\mathrm{e}^{\mathrm{i}\varphi}\right)$$

$$= -\frac{1}{2\pi \mathrm{i}} \oint_C f\left(\frac{1}{\xi}\right) \cdot \frac{1}{\xi^2} \mathrm{d}\xi.$$

因为 $z = \infty$ 为 $f(z)$ 的孤立奇点，即 $f(z)$ 在 $R < |z| < +\infty$ 内解析，所以 $f\left(\frac{1}{\xi}\right)$ 在

$0<|\xi|<\dfrac{1}{R}$ 内解析，故函数 $\dfrac{1}{\xi^2}f\left(\dfrac{1}{\xi}\right)$ 在 $|\xi|<\dfrac{1}{R}$ 内有孤立奇点 $\xi=0$，于是

$$\operatorname{Res}\left[\dfrac{1}{\xi^2}f(\xi),0\right]=\dfrac{1}{2\pi i}\oint_C \dfrac{1}{\xi^2}f\left(\dfrac{1}{\xi}\right)\mathrm{d}\xi.$$

因此

$$\operatorname{Res}[f(z),\infty]=-\operatorname{Res}\left[\dfrac{1}{z^2}f\left(\dfrac{1}{z}\right),0\right].$$

例 5.13 求下列各函数在奇点处的留数.

(1) $f(z)=\dfrac{1}{1+z^2}\mathrm{e}^{i\lambda z}$ ($\lambda\neq 0$，为实常数).

(2) $f(z)=\dfrac{\sin 2z}{(z+1)^3}$.

(3) $f(z)=\dfrac{\mathrm{e}^{\frac{1}{z}}}{1-z}$.

解 (1) 因为 $z=\pm i$ 是 $f(z)$ 的一级极点，$z=\infty$ 是 $f(z)$ 的本性奇点，所以

$$\operatorname{Res}[f(z),i]=\lim_{z\to i}(z-i)\cdot\dfrac{\mathrm{e}^{i\lambda z}}{1+z^2}=\lim_{z\to i}\dfrac{\mathrm{e}^{i\lambda z}}{z+i}=-\dfrac{i}{2}\mathrm{e}^{-\lambda},$$

$$\operatorname{Res}[f(z),-i]=\lim_{z\to -i}(z+i)\cdot\dfrac{\mathrm{e}^{i\lambda z}}{1+z^2}=\lim_{z\to -i}\dfrac{\mathrm{e}^{i\lambda z}}{z-i}=\dfrac{i}{2}\mathrm{e}^{\lambda},$$

$$\operatorname{Res}[f(z),\infty]=-\operatorname{Res}[f(z),i]-\operatorname{Res}[f(z),-i]=-\dfrac{i}{2}(\mathrm{e}^{\lambda}-\mathrm{e}^{-\lambda})=-i\sinh\lambda.$$

(2) 因为 $z=-1$ 是 $f(z)$ 的三级极点，$z=\infty$ 是本性奇点，所以

$$\operatorname{Res}[f(z),-1]=\dfrac{1}{2!}\lim_{z\to -1}\dfrac{\mathrm{d}^2}{\mathrm{d}z^2}(\sin 2z)$$

$$=\dfrac{1}{2}\lim_{z\to -1}(-4\sin 2z)=2\sin 2,$$

$$\operatorname{Res}[f(z),\infty]=-\operatorname{Res}[f(z),-1]=-2\sin 2.$$

(3) 因为 $z=1$ 是 $f(z)$ 的一级极点，$z=0$ 是 $f(z)$ 的本性奇点，$z=\infty$ 是 $f(z)$ 的可去奇点，所以

$$\operatorname{Res}[f(z),1]=\lim_{z\to 1}(z-1)\cdot\dfrac{\mathrm{e}^{\frac{1}{z}}}{1-z}=-\mathrm{e}.$$

下面利用定理 5.10 来求 $\operatorname{Res}[f(z),\infty]$.

$$\operatorname{Res}[f(z),\infty]=-\operatorname{Res}\left[\dfrac{1}{z^2}f\left(\dfrac{1}{z}\right),0\right]$$

$$=-\operatorname{Res}\left[\dfrac{\mathrm{e}^z}{z(z-1)},0\right]$$

$$=-\lim_{z\to 0}\dfrac{\mathrm{e}^z}{z-1}=1,$$

另有
$$\text{Res}[f(z),0] = -\text{Res}[f(z),1] - \text{Res}[f(z),\infty] = e-1.$$

例 5.14 计算积分 $\oint_C \dfrac{\mathrm{d}z}{(z+\mathrm{i})^{10}(z-1)(z-3)}$，其中 C 为正向圆周 $|z|=2$.

解 除 ∞ 点外，被积函数的奇点是 $-\mathrm{i}$，1 与 3，由定理 5.9，有
$$\text{Res}[f(z),-\mathrm{i}] + \text{Res}[f(z),1] + \text{Res}[f(z),3] + \text{Res}[f(z),\infty] = 0,$$
其中，$-\mathrm{i}$ 与 1 在 C 的内部，所以从上式、留数定理与定理 5.10，得

$$\begin{aligned}
&\oint_C \frac{\mathrm{d}z}{(z+\mathrm{i})^{10}(z-1)(z-3)}\\
&= 2\pi\mathrm{i}\{\text{Res}[f(z),-\mathrm{i}] + \text{Res}[f(z),1]\}\\
&= -2\pi\mathrm{i}\{\text{Res}[f(z),3] + \text{Res}[f(z),\infty]\}\\
&= -2\pi\mathrm{i}\left[\frac{1}{2(3+\mathrm{i})^{10}} + 0\right] = -\frac{\pi\mathrm{i}}{(3+\mathrm{i})^{10}}.
\end{aligned}$$

若直接使用留数定理，由于 $-\mathrm{i}$ 是 10 级极点，并且在 C 的内部，因而计算必然很繁杂. 可见，定理 5.10 为我们提供了计算函数沿闭曲线积分的又一种方法.

§5.3 留数在定积分计算中的应用

在一元实函数的定积分和反常积分中，往往会遇到一些复杂的实积分，这些被积函数的原函数，有的不能用初等函数来表示；有的原函数的计算比较复杂。这时，如果把它们化为复变函数的积分，运用留数定理计算可能更加简便.

当然，这个方法还受一定的限制. 首先，被积函数必须要与某个解析函数密切相关，将初等函数推广到复数域中. 其次，定积分的积分域是区间，而用留数来计算要把问题化为沿闭曲线的复积分，一般需要用某种变换将积分化为复平面上沿某闭曲线的积分，或者另外补上一段曲线 C，使其成为一闭曲线，然后用留数定理计算.

下面我们来阐述怎样利用留数定理求某几种特殊形式的定积分的值.

5.3.1 形如 $\int_0^{2\pi} R(\cos\theta,\sin\theta)\mathrm{d}\theta$ 的积分

被积函数 $R(\cos\theta,\sin\theta)$ 是 $\cos\theta,\sin\theta$ 的有理函数，且在 $[0,2\pi]$ 上连续，令 $z=\mathrm{e}^{\mathrm{i}\theta}$，则
$$\mathrm{d}z = \mathrm{i}\mathrm{e}^{\mathrm{i}\theta}\mathrm{d}\theta,$$
即
$$\mathrm{d}\theta = \frac{1}{\mathrm{i}z}\mathrm{d}z,$$
$$\sin\theta = \frac{1}{2\mathrm{i}}(\mathrm{e}^{\mathrm{i}\theta} - \mathrm{e}^{-\mathrm{i}\theta}) = \frac{z^2-1}{2\mathrm{i}z},$$
$$\cos\theta = \frac{1}{2}(\mathrm{e}^{\mathrm{i}\theta} + \mathrm{e}^{-\mathrm{i}\theta}) = \frac{z^2+1}{2z}.$$

当 θ 从 $0 \to 2\pi$ 时，z 沿圆周 $|z|=1$ 的正向绕行一周，于是，此类定积分转化为沿正向单位圆周 $|z|=1$ 的积分

$$\oint_{|z|=1} R\left(\frac{z^2+1}{2z}, \frac{z^2-1}{2\mathrm{i}z}\right)\frac{\mathrm{d}z}{\mathrm{i}z} = \oint_{|z|=1} f(z)\mathrm{d}z,$$

其中 $f(z) = \frac{1}{\mathrm{i}z} R\left(\frac{z^2+1}{2z}, \frac{z^2-1}{2\mathrm{i}z}\right)$ 为 z 的有理函数，且在圆周 $|z|=1$ 上无奇点. 设 z_k ($k=1, 2, \cdots, n$) 为 $f(z)$ 在单位圆周内的奇点，则由留数定理，得

$$\boxed{\int_0^{2\pi} R(\cos\theta, \sin\theta)\mathrm{d}\theta = 2\pi\mathrm{i}\sum_{k=1}^n \mathrm{Res}[f(z), z_k]} \tag{5.7}$$

例 5.15 计算积分 $I = \int_0^{2\pi} \frac{\mathrm{d}x}{2+\sqrt{3}\cos x}$.

解 令 $z = \mathrm{e}^{\mathrm{i}x}$，则 $\cos x = \frac{z^2+1}{2z}$，$\mathrm{d}x = \frac{\mathrm{d}z}{\mathrm{i}z}$，当 x 从 0 到 2π 时，z 沿正向圆周 $|z|=1$ 绕行一周，因此

$$I = -\frac{2\sqrt{3}\mathrm{i}}{3}\oint_{|z|=1} \frac{1}{z^2+\frac{4}{\sqrt{3}}z+1}\mathrm{d}z.$$

而函数 $f(z) = \frac{1}{z^2+\frac{4}{\sqrt{3}}z+1}$ 在复平面上有两个奇点：$z_1 = \frac{-1}{\sqrt{3}}$、$z_2 = -\sqrt{3}$，其中只有一级极点 $z_1 = \frac{-1}{\sqrt{3}}$ 在 $|z|=1$ 的内部，由留数定理，得

$$I = -\frac{2\sqrt{3}\mathrm{i}}{3} \cdot 2\pi\mathrm{i} \cdot \mathrm{Res}\left[f(z), -\frac{1}{\sqrt{3}}\right]$$

$$= \frac{4\pi}{\sqrt{3}} \cdot \frac{1}{z+\sqrt{3}}\bigg|_{z=-\frac{1}{\sqrt{3}}}$$

$$= 2\pi.$$

例 5.16 计算积分 $I = \int_0^{\frac{\pi}{2}} \frac{\mathrm{d}x}{1+\sin^2 x}$.

解 先将积分区间 $\left[0, \frac{\pi}{2}\right]$ 变为 $[-\pi, \pi]$，然后再利用留数定理，计算如下.

$$I = \int_0^{\frac{\pi}{2}} \frac{\mathrm{d}x}{1+\sin^2 x} = \frac{1}{2}\int_{-\frac{\pi}{2}}^{\frac{\pi}{2}} \frac{\mathrm{d}x}{1+\sin^2 x} = \frac{1}{2}\int_{-\frac{\pi}{2}}^{\frac{\pi}{2}} \frac{2\mathrm{d}x}{3-\cos 2x}.$$

令 $\theta = 2x$，$I = \frac{1}{2}\int_{-\pi}^{\pi} \frac{\mathrm{d}\theta}{3-\cos\theta}$.

令 $z = \mathrm{e}^{\mathrm{i}\theta}$，则 $\cos\theta = \frac{z^2+1}{2z}$，$\mathrm{d}\theta = \frac{\mathrm{d}z}{\mathrm{i}z}$，由此得

$$I = \mathrm{i}\oint_{|z|=1} \frac{\mathrm{d}z}{z^2-6z+1} = \mathrm{i}\oint_{|z|=1} \frac{\mathrm{d}z}{(z-3+2\sqrt{2})(z-3-2\sqrt{2})}.$$

函数 $f(z) = \dfrac{1}{z^2 - 6z + 1}$ 的奇点 $z = 3 - 2\sqrt{2}$ 在 $|z| = 1$ 的内部，由留数定理，得

$$I = \mathrm{i} \cdot 2\pi \mathrm{i} \cdot \mathrm{Res}[f(z), 3 - 2\sqrt{2}] = \dfrac{\pi}{2\sqrt{2}}.$$

5.3.2 形如 $\int_{-\infty}^{+\infty} f(x)\mathrm{d}x$ 的积分

用留数定理计算实积分

为介绍这种类型的积分计算方法，先给出一个引理．

引理 5.1 设 C 为圆周 $|z| = R$ 的上半圆周，函数 $f(z)$ 在 C 上连续，且

$$\lim_{z \to \infty} z f(z) = 0,$$

则

$$\lim_{|z| = R \to +\infty} \int_C f(z)\mathrm{d}z = 0.$$

证　令 $z = R\mathrm{e}^{\mathrm{i}\theta}$ $(0 \leqslant \theta \leqslant \pi)$，则

$$\int_C f(z)\mathrm{d}z = \int_0^\pi f(R\mathrm{e}^{\mathrm{i}\theta}) \cdot R\mathrm{i}\mathrm{e}^{\mathrm{i}\theta}\mathrm{d}\theta.$$

因为 $\lim_{z \to \infty} z f(z) = 0$，所以对任给 $\varepsilon > 0$，当 $|z| = \theta$ 充分大时，有

$$|zf(z)| = |f(R\mathrm{e}^{\mathrm{i}\theta}) R\mathrm{e}^{\mathrm{i}\theta}| < \varepsilon,$$

于是

$$\left| \int_C f(z)\mathrm{d}z \right| \leqslant \int_0^\pi |f(R\mathrm{e}^{\mathrm{i}\theta}) R\mathrm{e}^{\mathrm{i}\theta}| \mathrm{d}\theta < \pi\varepsilon,$$

即

$$\lim_{|z| = R \to +\infty} \int_C f(z)\mathrm{d}z = 0.$$

对于形如 $\int_{-\infty}^{+\infty} f(x)\mathrm{d}x$ 的积分，被积函数 $f(x) = \dfrac{P(x)}{Q(x)}$ 为有理分式函数，其中 $P(x)$、$Q(x)$ 为多项式，并且分母 $Q(x)$ 的次数比分子 $P(x)$ 的次数至少要高两次．如果方程 $Q(x) = 0$ 没有实根，即 $f(z)$ 在实轴上没有孤立奇点，则积分存在，其计算公式如下：

$$\boxed{\int_{-\infty}^{+\infty} f(x)\mathrm{d}x = 2\pi \mathrm{i} \sum_{k=1}^n \mathrm{Res}[f(z), z_k]} \tag{5.8}$$

其中 z_k $(k = 1, 2, \cdots, n)$ 是 $f(z)$ 在上半平面内所有的孤立奇点．

事实上，取上半圆周 C_R：$z = R\mathrm{e}^{\mathrm{i}\theta}$ $(0 \leqslant \theta \leqslant \pi)$，由实线段 $[-R, R]$ 和 C_R 组成一条封闭曲线 C（见图 5.2）．

取充分大的 R，使 C 所围区域包含 $f(z)$ 在上半平面的一切孤立奇点 $z_1, z_2, \cdots, z_n$，由留数定理，得

$$\oint_C f(z)\mathrm{d}z = 2\pi \mathrm{i} \sum_{k=1}^n \mathrm{Res}[f(z), z_k],$$

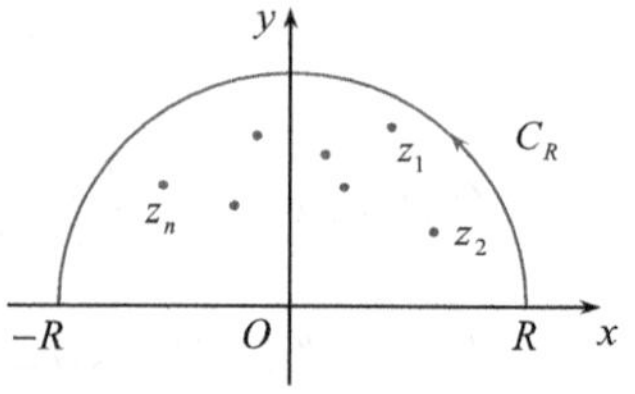

图 5.2

即

$$\int_{-R}^R f(x)\mathrm{d}x + \int_{C_R} f(z)\mathrm{d}z = 2\pi \mathrm{i} \sum_{k=1}^n \mathrm{Res}[f(z), z_k]. \tag{5.9}$$

由于 $f(z) = \dfrac{P(z)}{Q(z)}$，且 $Q(z)$ 的次数比 $P(z)$ 的次数至少要高两次，所以

$$\lim_{z \to \infty} z f(z) = \lim_{z \to \infty} \dfrac{zP(z)}{Q(z)} = 0 .$$

由引理 5.1，得

$$\lim_{R \to +\infty} \int_{C_R} f(z) \,\mathrm{d}z = 0 .$$

在式(5.9)中令 $R \to +\infty$，两端取极限，即得

$$\int_{-\infty}^{+\infty} f(x) \,\mathrm{d}x = 2\pi \mathrm{i} \sum_{k=1}^{n} \mathrm{Res}[f(z), z_k] .$$

利用以上公式计算积分时通常有以下两个步骤.

(1) 判断积分是否为上述类型，具体判断以下三个方面.

① 积分限是否从 $-\infty$ 到 $+\infty$？若不是，能否化得？

② $f(z)$ 在上半平面是否只有有限个孤立奇点？在实轴上是否无奇点？

③ 极限 $\lim\limits_{z \to +\infty} z f(z) = 0$ 是否成立？

(2) 计算 $f(z)$ 在上半平面奇点处的留数，然后代入式(5.8)即得结果. 显然结果必然是实数，如果是复数，说明计算有误.

例 5.17 计算积分 $I = \displaystyle\int_{-\infty}^{+\infty} \dfrac{x^2}{(x^2+3)^2} \,\mathrm{d}x$.

解 (1) 显然这是 $\displaystyle\int_{-\infty}^{+\infty} f(x) \,\mathrm{d}x$ 型积分，因为：

① 积分限是从 $-\infty$ 到 $+\infty$；

② $f(z) = \dfrac{z^2}{(z^2+3)^2} = \dfrac{z^2}{(z-\sqrt{3}\mathrm{i})^2 (z+\sqrt{3}\mathrm{i})^2}$，可见 $f(z)$ 在上半平面只有 $z = \sqrt{3}\mathrm{i}$ 一个二级极点，并且在实轴上无奇点；

③ $\lim\limits_{z \to \infty} z f(z) = \lim\limits_{z \to \infty} \dfrac{z^3}{(z^2+3)^2} = \lim\limits_{z \to \infty} \dfrac{1}{z} = 0$.

(2) 计算 $f(z)$ 在上半平面奇点处的留数

$$\mathrm{Res}[f(z), \sqrt{3}\mathrm{i}] = \left[(z-\sqrt{3}\mathrm{i})^2 \cdot \dfrac{z^2}{(z-\sqrt{3}\mathrm{i})^2 (z+\sqrt{3}\mathrm{i})^2} \right]'\bigg|_{z=\sqrt{3}\mathrm{i}}$$

$$= \left(\dfrac{2z}{(z+\sqrt{3}\mathrm{i})^2} - \dfrac{2z^2}{(z+\sqrt{3}\mathrm{i})^3} \right)\bigg|_{z=\sqrt{3}\mathrm{i}} = -\dfrac{\mathrm{i}}{4\sqrt{3}} ,$$

所以

$$I = \int_{-\infty}^{+\infty} \dfrac{x^2}{(x^2+3)^2} \,\mathrm{d}x = 2\pi \mathrm{i} \cdot \left(-\dfrac{\mathrm{i}}{4\sqrt{3}} \right) = \dfrac{\sqrt{3}\pi}{6} .$$

例 5.18 计算积分 $I = \displaystyle\int_0^{+\infty} \dfrac{\mathrm{d}x}{(x^2+1)^3}$.

解 由于被积函数是 x 的偶函数，所以有

$$\int_0^{+\infty} \frac{\mathrm{d}x}{(x^2+1)^3} = \frac{1}{2} \int_{-\infty}^{+\infty} \frac{\mathrm{d}x}{(x^2+1)^3} = \int_{-\infty}^{+\infty} f(x)\mathrm{d}x,$$

这样积分限化成了从 $-\infty$ 到 $+\infty$，进一步验证符合以上积分类型．

$f(x)$ 扩充到复数后可写成

$$f(z) = \frac{1}{2} \cdot \frac{1}{(z^2+1)^3} = \frac{1}{2} \frac{1}{(z-\mathrm{i})^3(z+\mathrm{i})^3},$$

可见 $f(z)$ 在上半平面只有一个三级极点 $z = \mathrm{i}$，

$$\begin{aligned}
\operatorname{Res}[f(z),\mathrm{i}] &= \frac{1}{2!}\left[(z-\mathrm{i})^3 \cdot \frac{1}{2} \cdot \frac{1}{(z-\mathrm{i})^3(z+\mathrm{i})^3}\right]''\bigg|_{z=\mathrm{i}} \\
&= \frac{1}{4} \cdot \frac{12}{(z+\mathrm{i})^5}\bigg|_{z=\mathrm{i}} \\
&= -\frac{3\mathrm{i}}{32},
\end{aligned}$$

所以

$$I = \int_0^{+\infty} \frac{\mathrm{d}x}{(x^2+1)^3} = 2\pi\mathrm{i} \cdot \operatorname{Res}[f(z),\mathrm{i}] = \frac{3\pi}{16}.$$

5.3.3 形如 $\int_{-\infty}^{+\infty} f(x)\mathrm{e}^{\mathrm{i}\lambda x}\mathrm{d}x$ 的积分

计算此类积分的方法类似于第二类积分．先证如下引理．

引理 5.2 设 C 为圆周 $|z| = R$ 的上半圆周，函数 $f(z)$ 在 C 上连续，且

$$\lim_{z \to \infty} f(z) = 0,$$

则

$$\lim_{|z|=R \to +\infty} \int_C f(z)\mathrm{e}^{\mathrm{i}\lambda z}\mathrm{d}z = 0 \quad (\lambda > 0).$$

证 令 $z = R\mathrm{e}^{\mathrm{i}\theta}$ $(0 \leqslant \theta \leqslant \pi)$，则由 $\lim_{z \to \infty} f(z) = 0$，即 $\forall \varepsilon > 0$，当 $|z| = R$ 充分大时，有

$$|f(z)| < \varepsilon.$$

于是

$$\begin{aligned}
\left|\int_C f(z)\mathrm{e}^{\mathrm{i}\lambda z}\mathrm{d}z\right| &= \left|\int_0^\pi f(R\mathrm{e}^{\mathrm{i}\theta})\mathrm{e}^{\mathrm{i}\lambda R(\cos\theta + \mathrm{i}\sin\theta)} R\mathrm{i}\mathrm{e}^{\mathrm{i}\theta}\mathrm{d}\theta\right| \\
&\leqslant R\varepsilon \int_0^\pi \mathrm{e}^{-\lambda R \sin\theta}\mathrm{d}\theta \\
&= 2R\varepsilon \int_0^{\frac{\pi}{2}} \mathrm{e}^{-\lambda R \sin\theta}\mathrm{d}\theta \\
&\leqslant 2R\varepsilon \int_0^{\frac{\pi}{2}} \mathrm{e}^{-\frac{2}{\pi}\lambda R \theta}\mathrm{d}\theta \quad \left(\text{当 } 0 \leqslant \theta \leqslant \frac{\pi}{2} \text{ 时}, \sin\theta \geqslant \frac{2}{\pi}\theta\right) \\
&= \frac{\pi}{\lambda}(1 - \mathrm{e}^{-\lambda R})\varepsilon \leqslant \frac{\pi}{\lambda}\varepsilon,
\end{aligned}$$

即
$$\lim_{|z|=R\to+\infty}\int_C f(z)e^{i\lambda z}dz=0.$$

对于形如 $\int_{-\infty}^{+\infty}f(x)e^{i\lambda x}dx$ 的积分，被积函数 $f(x)=\dfrac{P(x)}{Q(x)}$，$P(x)$、$Q(x)$ 为多项式，如果分母 $Q(x)$ 的次数比分子 $P(x)$ 的次数高，且方程 $Q(x)=0$ 没有实根，即 $f(z)$ 在实轴上没有奇点，λ 为正实数，则上述类型的积分有如下计算公式.

$$\boxed{\int_{-\infty}^{+\infty}f(x)e^{i\lambda x}dx=2\pi i\sum_{k=1}^{n}\text{Res}[f(z)e^{i\lambda z},z_k]} \tag{5.10}$$

其中 $z_k\ (k=1,2,\cdots,n)$ 是 $f(z)$ 在上半平面内所有的孤立奇点.

事实上，取上半圆周 C_R：$z=Re^{i\theta}$ $(0\le\theta\le\pi)$，由实线段 $[-R,R]$ 及 C_R 组成一条封闭曲线 C，取充分大的 R，使 C 所围区域包含 $f(z)$ 在上半平面内的一切孤立奇点 $z_1,z_2,\cdots,z_n$. 因此由留数定理，有

$$\oint_C f(z)e^{i\lambda z}dz=2\pi i\sum_{k=1}^{n}\text{Res}[f(z)e^{i\lambda z},z_k],$$

即
$$\int_{-R}^{R}f(x)e^{i\lambda x}dx+\int_{C_R}f(z)e^{i\lambda z}dz=2\pi i\sum_{k=1}^{n}\text{Res}[f(z)e^{i\lambda z},z_k]. \tag{5.11}$$

因为 $Q(z)$ 的次数比 $P(z)$ 次数高，即 $\lim_{z\to\infty}f(z)=0$，且 $\lambda>0$，所以由引理 5.2，得

$$\lim_{|z|=R\to+\infty}\int_{C_R}f(z)e^{i\lambda z}dz=0,$$

在式(5.11)中，令 $R\to+\infty$，两端取极限，即得

$$\int_{-\infty}^{+\infty}f(x)e^{i\lambda x}dx=2\pi i\sum_{k=1}^{n}\text{Res}[f(z)e^{i\lambda z},z_k].$$

利用欧拉公式：$e^{i\lambda x}=\cos\lambda x+i\sin\lambda x$，可得

$$\int_{-\infty}^{+\infty}f(x)e^{i\lambda x}dx=\int_{-\infty}^{+\infty}f(x)\cos\lambda x\,dx+i\int_{-\infty}^{+\infty}f(x)\sin\lambda x\,dx.$$

如果要计算实积分 $\int_{-\infty}^{+\infty}f(x)\cos\lambda x\,dx$ 或 $\int_{-\infty}^{+\infty}f(x)\sin\lambda x\,dx$，只要求出上述类型积分 $\int_{-\infty}^{+\infty}f(x)e^{i\lambda x}dx$ 的实部或虚部即可.

当 $\lambda>0$ 时，

$$\boxed{\int_{-\infty}^{+\infty}f(x)\cos\lambda x\,dx=\text{Re}\left\{2\pi i\sum_{\text{Im}z_k>0}\text{Res}[f(z)e^{i\lambda z},z_k]\right\}} \tag{5.12}$$

$$\boxed{\int_{-\infty}^{+\infty}f(x)\sin\lambda x\,dx=\text{Im}\left\{2\pi i\sum_{\text{Im}z_k>0}\text{Res}[f(z)e^{i\lambda z},z_k]\right\}} \tag{5.13}$$

例 5.19 计算积分 $I=\int_{-\infty}^{+\infty}\dfrac{x\sin x}{(x^2+9)(x^2+1)}dx$.

解 令 $f(x)=\dfrac{x}{(x^2+9)(x^2+1)}$，这样被积函数可写成 $f(x)\sin\lambda x$，相应

例 5.19 讲解

于 $\lambda=1>0$，积分限从 $-\infty$ 到 $+\infty$，并且显然有 $\lim\limits_{z\to\infty}f(z)=0$，所以该积分是上述类型的积分，可利用式(5.13)计算.

$f(z)$ 可写成如下形式：

$$f(z)=\frac{z}{(z^2+9)(z^2+1)}$$
$$=\frac{z}{(z+3\mathrm{i})(z-3\mathrm{i})(z+\mathrm{i})(z-\mathrm{i})}.$$

由此可见，$f(z)$ 在上半平面有两个一级极点 $z=3\mathrm{i}$ 与 $z=\mathrm{i}$，$f(z)\mathrm{e}^{\mathrm{i}z}$ 在这两点的留数分别为

$$\mathrm{Res}[f(z)\mathrm{e}^{\mathrm{i}z},3\mathrm{i}]=\lim_{z\to 3\mathrm{i}}(z-3\mathrm{i})f(z)\mathrm{e}^{\mathrm{i}z}$$
$$=\lim_{z\to 3\mathrm{i}}\frac{z\mathrm{e}^{\mathrm{i}z}}{(z+3\mathrm{i})(z^2+1)}=\frac{-1}{16\mathrm{e}^3},$$
$$\mathrm{Res}[f(z)\mathrm{e}^{\mathrm{i}z},\mathrm{i}]=\lim_{z\to\mathrm{i}}(z-\mathrm{i})f(z)\mathrm{e}^{\mathrm{i}z}$$
$$=\lim_{z\to\mathrm{i}}\frac{z\mathrm{e}^{\mathrm{i}z}}{(z^2+9)(z+\mathrm{i})}=\frac{1}{16\mathrm{e}},$$

将所得留数代入式(5.13)，得

$$I=\int_{-\infty}^{+\infty}\frac{x\sin x}{(x^2+9)(x^2+1)}\mathrm{d}x$$
$$=\mathrm{Im}\left[2\pi\mathrm{i}\left(\frac{-1}{16\mathrm{e}^3}+\frac{1}{16\mathrm{e}}\right)\right]=\frac{\pi}{8\mathrm{e}^3}(\mathrm{e}^2-1).$$

例 5.20 计算积分 $I=\int_{0}^{+\infty}\frac{\cos 2x}{(x^2+1)^2}\mathrm{d}x$.

例 5.20 讲解

解 令 $f(x)=\dfrac{1}{(x^2+1)^2}$，这样被积函数就可写成 $f(x)\cos 2x$ 形式. 由于被积函数是偶函数，所以有

$$I=\int_{0}^{+\infty}\frac{\cos 2x}{(x^2+1)^2}\mathrm{d}x=\frac{1}{2}\int_{-\infty}^{+\infty}\frac{\cos 2x}{(x^2+1)^2}\mathrm{d}x.$$

积分限化为从 $-\infty$ 到 $+\infty$，又显然 $\lim\limits_{z\to\infty}f(z)=0$，于是积分属于上述类型，可由式(5.12)计算.

$f(z)$ 可写成

$$f(z)=\frac{1}{(z^2+1)^2}=\frac{1}{(z+\mathrm{i})^2(z-\mathrm{i})^2}.$$

易见，$f(z)$ 在上半平面只有一个二级极点 $z=\mathrm{i}$，计算 $f(z)\mathrm{e}^{2\mathrm{i}z}$ 在 $z=\mathrm{i}$ 点的留数

$$\mathrm{Res}[f(z)\mathrm{e}^{2\mathrm{i}z},\mathrm{i}]=[(z-\mathrm{i})^2 f(z)\mathrm{e}^{2\mathrm{i}z}]'\Big|_{z=\mathrm{i}}$$
$$=\left[\frac{2\mathrm{i}\mathrm{e}^{2\mathrm{i}z}}{(z+\mathrm{i})^2}-\frac{2\mathrm{e}^{2\mathrm{i}z}}{(z+\mathrm{i})^3}\right]\Big|_{z=\mathrm{i}}$$
$$=-\frac{3\mathrm{i}}{4}\mathrm{e}^{-2}$$

将这个留数代入式(5.12)，得

$$I = \int_0^{+\infty} \frac{\cos 2x}{(x^2+1)^2} \mathrm{d}x = \frac{1}{2}\int_{-\infty}^{+\infty} \frac{\cos 2x}{(x^2+1)^2}\mathrm{d}x$$

$$= \frac{1}{2}\mathrm{Re}\{2\pi\mathrm{i}\mathrm{Res}[f(z)\mathrm{e}^{2\mathrm{i}z},\mathrm{i}]\} = \frac{3\pi}{4\mathrm{e}^2}.$$

注：读者可证明以下两式.

当 $f(x)$ 为偶函数时，有

$$\int_0^{+\infty} f(x)\cos mx\,\mathrm{d}x = \pi\mathrm{i}\cdot\sum_{\mathrm{Im}\,z_k>0}\mathrm{Res}[f(z)\mathrm{e}^{\mathrm{i}mz},z_k] \tag{5.14}$$

当 $f(x)$ 为奇函数时，有

$$\int_0^{+\infty} f(x)\sin mx\,\mathrm{d}x = \pi\cdot\sum_{\mathrm{Im}\,z_k>0}\mathrm{Res}[f(z)\mathrm{e}^{\mathrm{i}mz},z_k] \tag{5.15}$$

*§5.4 对数留数与辐角原理

本节我们以留数理论为依据，介绍对数留数与辐角原理，它可以帮助我们判断一个方程 $f(z)=0$ 各个根所在的范围，这对研究运动的稳定性往往是很有用的.

5.4.1 对数留数

定义 5.8 称形如 $\dfrac{1}{2\pi\mathrm{i}}\oint_C \dfrac{f'(z)}{f(z)}\mathrm{d}z$ 的积分为 $f(z)$ 关于 C 的**对数留数**，其中 C 为简单闭曲线.

对数留数的由来是因为 $[\ln f(z)]' = \dfrac{f'(z)}{f(z)}$.

事实上，对数留数就是函数 $f(z)$ 的对数的导数 $\dfrac{f'(z)}{f(z)}$ 在它位于 C 内的孤立奇点处的留数的代数和.

以下我们介绍 $f(z)$ 的零点、极点与 $\dfrac{f'(z)}{f(z)}$ 的关系.

引理 5.3 (1) 若 a 为 $f(z)$ 的 n 级零点，则 a 必为函数 $\dfrac{f'(z)}{f(z)}$ 的一级极点，并且

$$\mathrm{Res}\left[\frac{f'(z)}{f(z)},a\right] = n.$$

(2) 若 b 为 $f(z)$ 的 m 级极点，则 b 为函数 $\dfrac{f'(z)}{f(z)}$ 的一级极点，并且

$$\text{Res}\left[\frac{f'(z)}{f(z)}, b\right] = -m.$$

证 (1) 若 a 为 $f(z)$ 的 n 级零点，则在 a 点邻域内有
$$f(z) = (z-a)^n g(z),$$
其中 $g(z)$ 在 a 点邻域内解析，且 $g(a) \neq 0$，于是
$$f'(z) = n(z-a)^{n-1}g(z) + (z-a)^n g'(z),$$
故
$$\frac{f'(z)}{f(z)} = \frac{n}{z-a} + \frac{g'(z)}{g(z)}.$$
由于 $g'(z)/g(z)$ 在 a 点邻域内解析，故 a 必为 $f'(z)/f(z)$ 的一级极点，且
$$\text{Res}\left[\frac{f'(z)}{f(z)}, a\right] = n.$$

(2) 若 b 为 $f(z)$ 的 m 级极点，则在 b 点的去心邻域内有
$$f(z) = \frac{h(z)}{(z-b)^m},$$
其中 $h(z)$ 在 b 点邻域内解析，且 $h(b) \neq 0$，由此易得
$$\frac{f'(z)}{f(z)} = \frac{-m}{z-b} + \frac{h'(z)}{h(z)}.$$
而 $h'(z)/h(z)$ 在 b 点邻域内解析，故 b 必为 $f'(z)/f(z)$ 的一级极点，且
$$\text{Res}\left[\frac{f'(z)}{f(z)}, b\right] = -m.$$

关于对数留数，有如下重要定理.

定理 5.11 设 C 为一闭曲线，若函数 $f(z)$ 满足条件：
(1) $f(z)$ 在 C 的内部除可能有有限个极点外处处解析；
(2) $f(z)$ 在 C 上解析且不为零，则有
$$\frac{1}{2\pi i}\oint_C \frac{f'(z)}{f(z)}\mathrm{d}z = N - P, \tag{5.16}$$
式中 N 与 P 分别表示 $f(z)$ 在 C 内部的零点与极点的个数(一个 n 级零点算作 n 个零点，而一个 m 级极点算作 m 个极点).

证 设 $f(z)$ 在 C 所围区域内的零点为 $z = a_k (k=1,2,\cdots,p)$，其级数相应地为 n_k，$f(z)$ 在 C 所围区域内的极点为 $z = b_l (l=1,2,\cdots,q)$，其级数相应地为 m_l，则由引理 5.3 可知，$f'(z)/f(z)$ 在 C 所围区域内及 C 上除去一级极点
$$z = a_k\ (k=1,2,\cdots,p)\ \text{和}\ z = b_l\ (l=1,2,\cdots,q)$$
外处处解析，于是由留数定理及引理 5.3，有
$$\oint_C \frac{f'(z)}{f(z)}\mathrm{d}z = 2\pi i\left\{\sum_{k=1}^p \text{Res}\left[\frac{f'(z)}{f(z)}, a_k\right] + \sum_{l=1}^q \text{Res}\left[\frac{f'(z)}{f(z)}, b_l\right]\right\}$$
$$= 2\pi i\left[\sum_{k=1}^p n_k + \sum_{l=1}^q (-m_l)\right] = 2\pi i(N-P),$$

即
$$\frac{1}{2\pi i}\oint_C \frac{f'(z)}{f(z)}dz = N - P.$$

例 5.21 求 $\dfrac{1}{2\pi i}\oint_{|z|=6}\dfrac{f'(z)}{f(z)}dz$，其中 $f(z)=\dfrac{z^5(z-5)}{(z-1)^2[z-(2+i)]^3}$.

解 $f(z)$ 的零点个数 $N=5+1=6$，极点个数 $P=2+3=5$，故
$$\frac{1}{2\pi i}\oint_{|z|=6}\frac{f'(z)}{f(z)}dz = N - P = 6 - 5 = 1.$$

5.4.2 辐角原理

1. 对数留数的几何意义

式(5.16)的左端是 $f(z)$ 的对数留数，它有简单的意义，为了说明这个意义，我们将其左端的形式改变一下：
$$\frac{1}{2\pi i}\oint_C \frac{f'(z)}{f(z)}dz = \frac{1}{2\pi i}\oint_C \frac{d}{dz}[\ln f(z)]dz = \frac{1}{2\pi i}\oint_C d[\ln f(z)],$$

如图 5.3 所示，当 z 从 C 上一点 z_0 出发，沿 C 的正向绕行一周而回到 z_0 时，$\ln f(z)$ 连续地变化，其实部 $\ln|f(z)|$ 从 $\ln|f(z_0)|$ 开始连续地变化，最终又回到 $\ln|f(z_0)|$；而其虚部通常不回到原来的值. 令 φ_0 为 $\arg f(z_0)$ 在开始时的值，φ_1 为其绕行后的值. 于是得

$$\begin{aligned}\frac{1}{2\pi i}\oint_C \frac{f'(z)}{f(z)}dz &= \frac{1}{2\pi i}\oint_C d[\ln f(z)] \\ &= \frac{1}{2\pi i}[\oint_C d\ln|f(z)| + i\oint_C d\arg f(z)] \\ &= \frac{1}{2\pi i}\{[\ln|f(z_0)|+i\varphi_1]-[\ln|f(z_0)|+i\varphi_0]\} \\ &= \frac{\varphi_1-\varphi_0}{2\pi} = \frac{\Delta_C \arg f(z)}{2\pi},\end{aligned}$$

式中 $\Delta_C \arg f(z)$ 表示 z 沿 C 的正向绕行一周后 $\arg f(z)$ 的改变量. 由定理 5.11 知，它必是 2π 的整数倍.

其几何意义为：映射 $w=f(z)$ 把 z 平面上的曲线 C 映射为 w 平面上的曲线 Γ，因为 $f(z)\neq 0$，$z\in C$，所以 Γ 不过原点. 因此，积分 $\dfrac{1}{2\pi i}\oint_\Gamma \dfrac{dw}{w}$ 等于 Γ 绕原点的圈数(环绕次数)，即当 w 沿 Γ 连续变化时，$\dfrac{1}{2\pi i}\oint_\Gamma \dfrac{dw}{w}$ 等于 w 的辐角增量除以 2π.

根据定理 5.11，显然有
$$\frac{\Delta_C \arg f(z)}{2\pi} = N - P.$$

由此便得辐角原理.

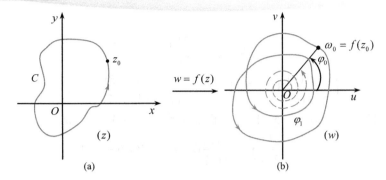

图 5.3

2. 辐角原理

定理 5.12 (辐角原理) 设 C 为一闭曲线,若函数 $f(z)$ 满足条件:

(1) $f(z)$ 在 C 的内部除可能有有限个极点外,处处解析;

(2) $f(z)$ 在 C 上解析且不为零,则有

$$N - P = \frac{\Delta_C \arg f(z)}{2\pi},$$

即 $f(z)$ 在 C 内部的零点个数与极点个数之差,等于当 z 沿 C 的正向绕行一周后 $\arg f(z)$ 的改变量 $\Delta_C \arg f(z)$ 除以 2π.

作为辐角原理的特殊情形,有下面的推论.

推论 5.4 若 $f(z)$ 在闭曲线 C 上及 C 的内部都解析,且 $f(z)$ 在 C 上不为零,则

$$N = \frac{\Delta_C \arg f(z)}{2\pi}.$$

若 $f(z)$ 在 C 内无零点,则

$$P = -\frac{\Delta_C \arg f(z)}{2\pi}.$$

3. 儒歇(Rouché)定理

辐角原理可以用来研究函数在某一区域内零点与极点的个数之差,下面我们从辐角原理推出重要的儒歇定理,在具体应用时,这个定理更为方便.

定理 5.13 设函数 $f(z)$ 与 $g(z)$ 满足条件:

(1) 在简单闭曲线 C 上及 C 内解析;

(2) 在 C 上 $|f(z)| > |g(z)|$,则在 C 内 $f(z)$ 与 $f(z) + g(z)$ 的零点个数相同.

证 由条件(2)知,在 C 上

$$|f(z)| > |g(z)| \geq 0,$$

从而

$$|f(z) + g(z)| \geq |f(z)| - |g(z)| > 0.$$

故 $f(z)$ 与 $f(z) + g(z)$ 在 C 上无零点,即在 C 上 $f(z) \neq 0$,$f(z) + g(z) \neq 0$.又 $f(z)$ 与 $g(z)$ 在 C 内解析,故 $f(z)$ 与 $f(z) + g(z)$ 在 C 内也解析,即在 C 内无极点.从而 $f(z)$ 与 $f(z) + g(z)$ 满足辐角原理的推论,故 $f(z)$ 的零点个数

$$N_1 = \frac{\Delta_C \arg f(z)}{2\pi},$$

$f(z)+g(z)$ 的零点个数

$$N_2 = \frac{\Delta_C \arg[f(z)+g(z)]}{2\pi}.$$

欲证 $N_1 = N_2$，只需证明

$$\Delta_C \arg f(z) = \Delta_C \arg[f(z)+g(z)].$$

因为 $f(z) \neq 0$，故 $f(z)+g(z) = f(z)\left[1+\dfrac{g(z)}{f(z)}\right]$，由辐角性质，知

$$\Delta_C \arg[f(z)+g(z)] = \Delta_C \arg\left\{f(z)\left[1+\frac{g(z)}{f(z)}\right]\right\}$$
$$= \Delta_C \arg f(z) + \Delta_C \arg\left[1+\frac{g(z)}{f(z)}\right],$$

当 z 沿 C 变动时，令 $w = 1 + \dfrac{g(z)}{f(z)}$，则

$$|w-1| = \left|\frac{g(z)}{f(z)}\right| < 1,$$

即当沿 C 变动时，其映射曲线 Γ 是以 1 为中心、半径为 1 的单位圆内(见图 5.4)，即曲线 Γ 不围绕原点 $w=0$ 转，从而

$$\Delta_C \arg\left[1+\frac{g(z)}{f(z)}\right] = 0.$$

所以

$$\Delta_C \arg f(z) = \Delta_C \arg(f(z)+g(z)),$$

从而 $N_1 = N_2$.

例 5.22 求方程 $z^5 - 5z + 2 = 0$.

(1) 在 $|z|<1$ 内根的个数；

(2) 在 $1<|z|<2$ 内根的个数.

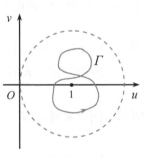

图 5.4

解 (1) 令 $f(z) = -5z$，$g(z) = z^5 + 2$，在 $|z|=1$ 上，由于 $|f(z)|=5$、$|g(z)|<|z|^5+2=3$. 故在 $|z|=1$ 上，$|f(z)|>|g(z)|$，且 $f(z) \neq 0$. 又 $f(z)$ 与 $g(z)$ 在 $|z|<1$ 内解析，满足儒歇定理的条件，故 $f(z)=-5z$ 与 $f(z)+g(z)=z^5-5z+2$ 在 $|z|<1$ 内具有相同的零点个数，即方程 $f(z)=-5z=0$ 与方程 $f(z)+g(z)=z^5-5z+2=0$ 的根的个数相同.

因为在 $|z|<1$ 内，$f(z)=-5z=0$ 只有一个根 $z=0$，故 $f(z)+g(z)=z^5-5z+2=0$ 在 $|z|<1$ 内也只有一个根.

(2) 令 $f(z)=z^5$，$g(z)=z^5-5z+2$，在 $|z|=2$ 上，$|f(z)|=z^5=32 \neq 0$、$|g(z)-f(z)|=|-5z+2| \leqslant 5|z|+2 = 12 \neq 0$，故

$$|f(z)| > |g(z)-f(z)|.$$

在 $|z|=2$ 及 $|z|<2$ 内，$f(z)$ 与 $g(z)-f(z)$ 解析. 由儒歇定理知，在 $|z|<2$ 内，$f(z)$ 与

$f(z)+g(z)-f(z)=g(z)$ 具有相同的零点个数. 在 $|z|<2$ 内, $f(z)=z^5$ 有 5 个零点($z=0$ 为 5 级零点), 故 $g(z)$ 也有 5 个零点. 然而 $g(z)$ 在 $|z|<1$ 内只有一个零点, 在 $|z|=1$ 上无零点, 所以在 $1<|z|<2$ 内, $g(z)$ 有 4 个零点, 故方程 $z^5-5z+2=0$ 在 $1<|z|<2$ 内有 4 个根.

例 5.23 利用儒歇定理证明代数基本定理: n 次方程
$$a_0 z^n + a_1 z^{n-1} + \cdots + a_{n-1} z + a_n = 0 \quad (a_0 \neq 0)$$
有 n 个根.

证 设 $f(z) = a_0 z^n$, $g(z) = a_1 z^{n-1} + a_2 z^{n-2} + \cdots + a_{n-1} z + a_n$, 令 R 充分大, 不妨取
$$R = \frac{|a_1| + |a_2| + \cdots + |a_{n-1}| + |a_n|}{|a_0|}.$$

因为在圆周 $|z|=R$ 上, 有
$$\begin{aligned} |f(z)| &= |a_0 z^n| = |a_0| R^n \\ &= (|a_1| + |a_2| + \cdots + |a_n|) R^{n-1} \\ &> |a_1| R^{n-1} + |a_2| R^{n-2} + \cdots + |a_{n-1}| R + |a_n| \\ &\geq |g(z)|. \end{aligned}$$

所以由儒歇定理可知, 函数 $f(z)$ 与 $f(z)+g(z)$ 在 $|z|<R$ 内的零点个数相同. 因为 $f(z)=a_0 z^n$ 在 $|z|<R$ 内有一个 n 级零点, 所以
$$f(z)+g(z) = a_0 z^n + a_1 z^{n-1} + \cdots + a_{n-1} z + a_n$$
在 $|z|<R$ 内有 n 个零点.

又因为当 $|z| \geq R$ 时, 有
$$|f(z)| > |g(z)|,$$
所以当 $|z| \geq R$ 时, 有
$$f(z)+g(z) \neq 0.$$

否则, 将有
$$|f(z)| = |g(z)|,$$
就会与上述关系 $|f(z)| > |g(z)|$ 相矛盾, 因此方程
$$a_0 z^n + a_1 z^{n-1} + \cdots + a_{n-1} z + a_n = 0$$
只有 n 个根.

例 5.24 求 $I = \oint_{|z|=2} \tan z \, \mathrm{d}z$.

解 方法一(利用留数定理):
$I = \oint_{|z|=2} \frac{\sin z}{\cos z} \mathrm{d}z$, 设 $f(z) = \frac{\sin z}{\cos z}$, 它在 $|z|<2$ 内有两个极点: $z_1 = \frac{\pi}{2}$, $z_2 = -\frac{\pi}{2}$ 均为一级极点, 故
$$I = 2\pi \mathrm{i} \left\{ \mathrm{Res}\left[\frac{\sin z}{\cos z}, \frac{\pi}{2}\right] + \mathrm{Res}\left[\frac{\sin z}{\cos z}, -\frac{\pi}{2}\right] \right\}$$

$$= 2\pi i \left[\left. \frac{\sin z}{(\cos z)'} \right|_{z=\frac{\pi}{2}} + \left. \frac{\sin z}{(\cos z)'} \right|_{z=-\frac{\pi}{2}} \right]$$
$$= 2\pi i \cdot (-2) = -4\pi i.$$

方法二(利用对数留数):
$$I = 2\pi i \cdot \frac{1}{2\pi i} \oint_{|z|=2} \frac{\sin z}{\cos z} dz$$
$$= -2\pi i \left(\frac{1}{2\pi i} \oint_{|z|=2} \frac{(\cos z)'}{\cos z} dz \right).$$

设 $f(z) = \cos z$,它在 $|z| < 2$ 内有两个零点:$z_1 = \frac{\pi}{2}$,$z_2 = -\frac{\pi}{2}$,无极点,即 $N = 2$,$P = 0$,故由定理 5.11,得
$$I = -2\pi i \cdot (N - P) = -2\pi i \cdot 2 = -4\pi i.$$

§5.5 用 MATLAB 运算

在 MATLAB 中,求函数 $f(z)$ 在孤立奇点 z_0 处的留数,可以利用求极限的运算,具体用以下语句.

当 z_0 为一级极点时,R=limit(f*(z-z0), z, z0);

当 z_0 为 m 级极点时,R=limit(diff(f*(z-z0)^m, z, m-1)/prod(1:m-1), z, z0).

当 $f(z)$ 为有理分式函数时,用 MATLAB 函数 residue 可以计算出 $f(z)$ 在各极点处的留数,设 $f(z) = \frac{B(z)}{A(z)}$,其中 $A(z)$ 和 $B(z)$ 都是关于 z 的多项式,则可将 $f(z)$ 展开成部分分式
$$\frac{B(z)}{A(z)} = \frac{R_1}{z - P_1} + \frac{R_2}{z - P_2} + \cdots + \frac{R_n}{z - P_n} + K(z),$$

其中 $P_1, P_2, \cdots, P_n$ 是一级极点,$R_1, R_2, \cdots, R_n$ 是相应各极点处的留数,$K(z)$ 为多项式. residue 函数的使用格式为
$$[\boldsymbol{R}, \boldsymbol{P}, \boldsymbol{K}] = \text{residue}(\boldsymbol{B}, \boldsymbol{A}),$$

其中 $\boldsymbol{A}$,$\boldsymbol{B}$,$\boldsymbol{K}$ 分别是多项式 $A(z)$,$B(z)$,$K(z)$ 的系数按降幂排列所构成的向量,而 $\boldsymbol{P}$ 和 $\boldsymbol{R}$ 是由各极点 P_k 及其留数 R_k ($k = 1, 2, \cdots, n$) 所构成的向量:
$$\boldsymbol{R} = [R_1, R_2, \cdots, R_n],$$
$$\boldsymbol{P} = [P_1, P_2, \cdots, P_n].$$

如果 P_1 是 $f(z)$ 的 m 级极点,则部分分式为
$$\frac{B(z)}{A(z)} = \frac{R_{1,1}}{z - P_1} + \frac{R_{1,2}}{z - P_2} + \cdots + \frac{R_{1,m}}{z - P_m} + \frac{R_{1,m+1}}{z - P_{m+1}} + \cdots + \frac{R_{1,n}}{z - P_n} + K(z),$$

其中 $R_{1,1}$ 是 $f(z)$ 在 $z = P_1$ 处的留数.

例 5.25 求函数 $f(z) = \dfrac{z+3}{(z+1)(z-2)^2 \sin z}$ 在孤立奇点 $z = -1, 2, \pi$ 处的留数.

解

```
>> syms z                                       %定义自变量
>> f=(z+3)/(z+1)/(z-2)^2/sin(z)                 %定义函数
f =
    (z + 3)/(sin(z)*(z + 1)*(z - 2)^2)
>> R=limit(diff(f*(z-2)^2,z,1)/prod(1:1),z,2)   %计算 z=2 处的留数
R =
    - (5*cos(2))/(3*sin(2)^2) - 2/(9*sin(2))
>> R=limit(f*(z+1),z,-1)                        %计算 z=-1 处的留数
R =
    -2/(9*sin(1))
>> R=limit(f*(z-pi),z,pi)                       %计算 z=pi 处的留数
R =
    -(pi + 3)/((pi + 1)*(pi - 2)^2)
```

例 5.26 求函数 $f(z) = \dfrac{1}{(z-1)(z^3+8)}$ 的留数, 以及积分 $\oint_{|z|=3} \dfrac{1}{(z-1)(z^3+8)} \mathrm{d}z$.

解

```
>> B=[1];                        %定义 f(z) 的分子多项式
>> A=[1 -1 0 8 -8];              %定义 f(z) 的分母多项式
>> [R,P,K]=residue(B,A)          %计算各极点的留数
R =
  -0.0278 + 0.0000i
  -0.0417 + 0.0241i
  -0.0417 - 0.0241i
   0.1111 + 0.0000i
P =
  -2.0000 + 0.0000i
   1.0000 + 1.7321i
   1.0000 - 1.7321i
   1.0000 + 0.0000i
K =
   []
>> I=2*pi*i*sum(R)               %利用留数定理计算积分
I =
   0
```

例 5.27 求函数 $f(z) = \dfrac{1}{(z-3)^5(\mathrm{e}^z - 1)}$ 的留数, 以及积分 $\oint_{|z|=4} \dfrac{1}{(z-3)^5(\mathrm{e}^z - 1)} \mathrm{d}z$.

解

```
>> syms z                        %定义自变量
>> f=1/(z-3)^5/(exp(z)-1)        %定义函数 f(z)
f =
1/((exp(z) - 1)*(z - 3)^5)
>> R1=limit(f*z,z,0)             %计算 z=0 处的留数
R1 =
```

```
-1/243
>> R2=limit(diff(f*(z-3)^5,z,4)/prod(1:4),z,3)    %计算 z=3 处的留数
R2 =
(7*exp(6))/(12*(exp(3) - 1)^3) - exp(3)/(24*(exp(3) - 1)^2) -
(3*exp(9))/(2*(exp(3) - 1)^4) + exp(12)/(exp(3) - 1)^5
>> I=2*pi*i*(R1+R2)                               %利用留数定理计算积分
I =
-pi*(exp(3)/(24*(exp(3) - 1)^2) - (7*exp(6))/(12*(exp(3) - 1)^3) +
(3*exp(9))/(2*(exp(3) - 1)^4) - exp(12)/(exp(3) - 1)^5 + 1/243)*2*i.
```

本 章 小 结

本章主要讲解了留数理论的基础，孤立奇点的分类方法，留数的概念及计算孤立奇点的留数，应用留数理论计算复杂定积分，对数留数与辐角原理等知识．留数定理将复变函数沿封闭曲线的积分计算问题转化为计算该函数在闭曲线内部所有孤立奇点处的留数问题．可见，留数定理具有十分重要的价值．

本章学习的基本要求如下．

(1) 通过计算极限或洛朗展开的方法，对函数的孤立奇点进行分类．

(2) 理解留数的概念，并熟练掌握三类孤立奇点留数的计算方法——可去奇点留数为 0、利用洛朗展开式计算本性奇点的留数、利用极限法计算 m 级极点的留数．

(3) 正确掌握留数定理计算复积分的方法．

(4) 熟练运用留数定理计算三类实积分．

(5) 理解对数留数、辐角原理及儒歇定理．

练 习 题

1．求下列函数的奇点，并确定它们的类型(对于极点要指出其级)．

(1) $e^{\frac{1}{z}}$．   (2) $\dfrac{1}{\sin z - \cos z}$．   (3) $\tan^2 z$．

(4) $\dfrac{1}{\sin z}$．   (5) $\dfrac{\tan(z-1)}{z-1}$．   (6) $e^{\frac{1}{z-1}} \cdot \dfrac{1}{e^z - 1}$．

(7) $\dfrac{1-\cos z}{z^2}$．   (8) $\dfrac{1}{(z^2+i)^2}$．   (9) $\dfrac{1+z^4}{(z^2+1)^2}$．

(10) $\dfrac{z}{\cos z}$．   (11) $\cos \dfrac{1}{1-z}$．   (12) $\dfrac{z+2}{(z-1)^3 z(z+1)}$．

2．求下列函数在孤立奇点处的留数．

(1) $\dfrac{1}{1+z^4}$．   (2) $\dfrac{1}{1-e^z}$．   (3) $\dfrac{z}{(z-1)(z+1)^2}$．

(4) $\dfrac{1-e^{2z}}{z^4}$. (5) $e^{\frac{1}{1-z}}$. (6) $\dfrac{1}{z(e^z-1)}$.

(7) $\dfrac{1}{(e^z-1)^2}$. (8) $\dfrac{1}{(z-1)(z-2)^{100}}$. (9) $\sin\dfrac{1}{z}$.

3. 计算下列积分，C 为正向圆周.

(1) $\oint_C \dfrac{1}{z\sin z}\,dz$，其中 C：$|z|=1$.

(2) $\oint_C z e^{\frac{1}{z}}\,dz$，其中 C：$|z|=1$.

(3) $\oint_C \dfrac{1}{(z-1)^2(z^3-1)}\,dz$，其中 C：$|z|=r>1$.

(4) $\oint_C \dfrac{e^{zt}}{1+z^2}\,dz$，其中 C：$|z|=2$.

(5) $\dfrac{2}{\pi i}\oint_C \dfrac{1}{(z-1)^2(z^2+1)}\,dz$，其中 C：$x^2+y^2=2(x+y)$.

(6) $\oint_C \tan\pi z\,dz$，其中 C：$|z|=3$.

(7) $\oint_C \dfrac{z^3}{1+z}e^{\frac{1}{z}}\,dz$，其中 C：$|z|=2$.

4. 计算下列积分.

(1) $\displaystyle\int_0^{2\pi} \dfrac{1}{5+3\cos x}\,dx$.

(2) $\displaystyle\int_0^{\frac{\pi}{2}} \dfrac{1}{2+\cos 2x}\,dx$.

(3) $\displaystyle\int_0^{2\pi} \dfrac{\sin^2 x}{3+2\cos x}\,dx$.

5. 计算下列积分.

(1) $\displaystyle\int_{-\infty}^{+\infty} \dfrac{1}{(x^2+1)^2}\,dx$.

(2) $\displaystyle\int_0^{+\infty} \dfrac{x^2}{(x^2+1)(x^2+4)}\,dx$.

(3) $\displaystyle\int_{-\infty}^{+\infty} \dfrac{x^2}{(x^2+9)^2}\,dx$.

6. 计算下列积分.

(1) $\displaystyle\int_{-\infty}^{+\infty} \dfrac{\cos x}{(x^2+1)(x^2+9)}\,dx$.

(2) $\displaystyle\int_{-\infty}^{+\infty} \dfrac{x\sin x}{x^2+4x+20}\,dx$.

(3) $\displaystyle\int_{-\infty}^{+\infty} \dfrac{x\sin 2x}{x^4+1}\,dx$.

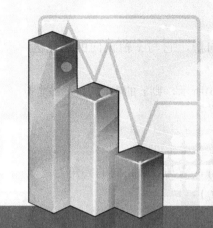

第6章 保角映射

从几何上看,一个定义在某区域上的复变函数 $w = f(z)$ 可以认为是从 z 平面到 w 平面的一个映射或变换. 在本章我们将看到,由解析函数所实现的映射,能把区域映射成区域,且在导数不为零的点的邻域内,具有伸缩率和旋转角不变的特性,故称为保角映射. 另外,若给定两个区域,则在一定条件下,必可以找到一个解析函数,实现这两个区域的一一对应的映射. 这样,一些比较复杂的区域上的问题转化到了比较简单的区域上,使问题的研究得以简化. 因此,保角映射在数学以及物理学的许多领域都有重要的应用,特别是在流体力学、空气动力学、弹性力学、电学等学科中有着重要应用.

本章我们先分析解析函数所构成的映射特性,引出保角映射这一重要概念,然后进一步研究常用的分式线性函数和几个初等函数所构成的保角映射.

§6.1 保角映射

6.1.1 解析函数的导数的几何意义

1. 导数的辐角的几何意义

设函数 $w = f(z)$ 在区域 D 内解析,$z_0 \in D$,且 $f'(z_0) \neq 0$,C 为 D 内过点 z_0 的任意一条正向光滑曲线,如图 6.1(a)所示,其参数方程为
$$z = z(t), \quad \alpha \leqslant t \leqslant \beta,$$
其正向对应于参数 t 增大的方向,且 $z_0 = z(t_0)$,$z'(t_0) \neq 0$,$\alpha < t_0 < \beta$.

我们先做以下规定.

(1) 有向曲线 C 上点 P_0 处与 C 的正向指向一致的切线方向为曲线 C 上点 z_0 处切线的正向.

(2) 相交于一点的两条有向曲线 C_1 与 C_2 的正向之间的夹角为:C_1 与 C_2 交点处的两条

切线正向间的夹角.

由以上规定,若 $z'(t_0) \neq 0$,则 $z'(t_0)$ 为 C 在 z_0 处的切向量,它与 x 轴正向的夹角为 $\text{Arg}\, z'(t_0)$.

此外,若记曲线 C 在 w 平面上的像曲线为 τ,如图 6.1(b)所示,则 τ 的参数方程为
$$w = w(t) = f[z(t)],\quad \alpha \leqslant t \leqslant \beta,$$
由复合函数的求导法则
$$w'(t_0) = f'(z_0) \cdot z'(t_0) \neq 0$$
得 τ 在 $w_0 = w(t_0)$ 处也有切线,其切向量为 $w'(t_0) = f'(z_0)z'(t_0)$,它与 u 轴正向的夹角为
$$\text{Arg}\, w'(t_0) = \text{Arg}\, f'(z_0) + \text{Arg}\, z'(t_0),$$
即
$$\text{Arg}\, w'(t_0) - \text{Arg}\, z'(t_0) = \text{Arg}\, f'(z_0). \tag{6.1}$$

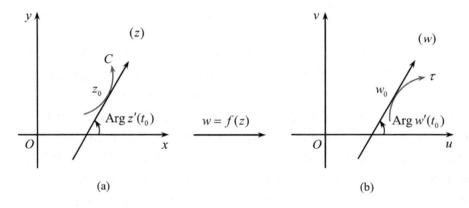

图 6.1

式(6.1)表明,像曲线 τ 在像点 w_0 处的切线正向与 u 轴正向之间的夹角 $\text{Arg}\, w'(t_0)$ 和曲线 C 在点 z_0 处的切线正向与 x 轴之间的夹角 $\text{Arg}\, z'(t_0)$ 之差即为 $\text{Arg}\, f'(z_0)$.

若将两张复平面重合起来,也可以解释为,像曲线 τ 在像点 w_0 处的切线,可由原曲线 C 在点 z_0 处的切线绕 w_0 旋转角度 $\text{Arg}\, f'(z_0)$ 得到,如图 6.2 所示.

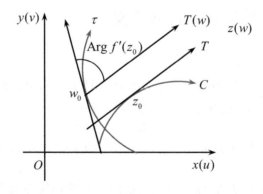

图 6.2

因此,称 $\text{Arg}\, f'(z_0)$ 为函数 $w = f(z)$ 在 z_0 处的**旋转角**.由前面的分析可知,该旋转角

与曲线 C 的形状和方向无关. 即当过点 z_0 的曲线改变时, 旋转角保持不变. 这一性质通常称作**旋转角不变性**, 这也就是解析函数导数的辐角的几何意义.

设过点 z_0 有两条有向光滑曲线 C_1 和 C_2, 它们在点 z_0 处的切线与 x 轴正向的夹角分别简记为 φ_1 和 φ_2, C_1 与 C_2 在函数 $w=f(z)$ 下的像分别为有向光滑曲线 τ_1 和 τ_2, 它们在 w_0 处的切线与 u 轴正向的夹角分别记为 Φ_1 和 Φ_2 (见图 6.3), 则由旋转角的不变性, 有
$$\operatorname{Arg} f'(z_0) = \Phi_1 - \varphi_1 = \Phi_2 - \varphi_2,$$
即
$$\varphi_2 - \varphi_1 = \Phi_2 - \Phi_1.$$

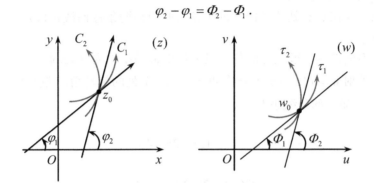

图 6.3

由以上规定, 这里 $\varphi_2 - \varphi_1$ 表示 C_1 与 C_2 在 z_0 处的夹角, $\Phi_2 - \Phi_1$ 表示 τ_1 与 τ_2 在 w_0 处的夹角. 因此, 上述式子表明, 在解析函数 $w=f(z)$ 的映射下, 若 $f'(z_0) \neq 0$, 则过点 z_0 的任意两条有向光滑曲线之间的夹角, 与其像曲线在 $w_0 = f(z_0)$ 处的夹角大小相等且方向相同. 这个性质称为**保角性**.

2. $|f'(z_0)|$ 的几何意义

由 $f'(z_0) = \lim\limits_{\Delta z \to 0} \dfrac{\Delta w}{\Delta z}$, 得
$$|f'(z_0)| = \lim_{\Delta z \to 0} \left| \dfrac{\Delta w}{\Delta z} \right| = \lim_{\Delta z \to 0} \dfrac{\Delta s}{\Delta \sigma} = \dfrac{\mathrm{d}s}{\mathrm{d}\sigma},$$
其中 Δs 和 $\Delta \sigma$ 分别表示曲线 τ 和 C 上的弧长的增量(见图 6.4). 即
$$\mathrm{d}s = |f'(z_0)| \cdot \mathrm{d}\sigma.$$

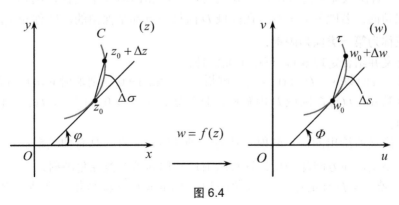

图 6.4

这个式子表明，像点间的无穷小距离与原像点间的无穷小距离之比的极限为 $|f'(z_0)|$，或者说像曲线 τ 在 w_0 处的弧微分等于原像曲线 C 在 z_0 处的弧微分与 $|f'(z_0)|$ 之积. $|f'(z_0)|$ 称为映射 $w=f(z)$ 在点 z_0 的**伸缩率**. $|f'(z_0)|$ 只与点 z_0 有关，而与过 z_0 的曲线 C 的形状无关，这一性质通常称为**伸缩率不变性**.

综上所述，我们给出以下定理.

定理 6.1 设函数 $w=f(z)$ 在区域 D 内解析，z_0 为 D 内一点，且 $f'(z_0)\neq 0$，则映射 $w=f(z)$ 在点 z_0 处具有以下性质.

(1) 保角性——在点 z_0 处两条曲线的夹角与映射后两条像曲线在像点 w_0 处的夹角保持大小和方向不变.

(2) 伸缩率不变性——过点 z_0 的任一条曲线的伸缩率均为 $|f'(z_0)|$.

例 6.1 求映射 $w=f(z)=z^2+4z$ 在点 $z_0=-2+3\mathrm{i}$ 处的旋转角，并说明该映射将 z 平面内哪一部分放大？哪一部分缩小？

解 由于
$$f'(z)=2z+4,$$
得
$$f'(z_0)=2(-2+3\mathrm{i})+4=6\mathrm{i}.$$

因此，$f(z)$ 在点 $z_0=-2+3\mathrm{i}$ 的旋转角为 $\operatorname{Arg} f'(z_0)=\dfrac{\pi}{2}$.

又因为 $|f'(z)|=|2z+4|=2\sqrt{(x+2)^2+y^2}$，其中 $z=x+\mathrm{i}y$，所以

当 $(x+2)^2+y^2<\dfrac{1}{4}$ 时，$|f'(z)|<1$，

当 $(x+2)^2+y^2>\dfrac{1}{4}$ 时，$|f'(z)|>1$，

则 $w=f(z)=z^2+4z$ 把以 $z=-2$ 为圆心、半径为 $\dfrac{1}{2}$ 的圆周内部缩小，外部放大.

6.1.2 保角映射的概念

定义 6.1 若函数 $w=f(z)$ 在点 z_0 处具有保角性和伸缩率不变性，则称映射 $w=f(z)$ 在点 z_0 处是保角的. 若映射 $w=f(z)$ 在区域 D 内每一点都是保角的，则称 $w=f(z)$ 是 D 内的**保角映射**或称为**第一类保角映射**.

由以上定义并结合定理 6.1，可得下面定理.

定理 6.2 若函数 $w=f(z)$ 在点 z_0 处解析，且 $f'(z_0)\neq 0$，则映射 $w=f(z)$ 在点 z_0 处是保角的. 若函数 $w=f(z)$ 在区域 D 内解析，且处处有 $f'(z)\neq 0$，则 $w=f(z)$ 在区域 D 内是一个保角映射.

除了以上定义所给出的保角映射，还有一种映射 $w=f(z)$ 具有伸缩率的不变性，但仅保持夹角大小不变，而方向却相反. 这种映射通常称为**第二类保角映射**.

一般地，若 $w=f(z)$ 是第一类保角映射，则 $w=\overline{f(z)}$ 就是第二类保角映射，反之亦然.

例如，函数 $w = \bar{z}$ 是关于实轴的对称映射，如图 6.5 所示．在图中，我们将 z 平面和 w 平面重合在一起，映射把点 z 映射成关于实轴对称的点 $w = \bar{z}$，从 z 出发，夹角为 α 的两条曲线 C_1 与 C_2 被映射成夹角为 $-\alpha$ 的两条曲线 Γ_1 与 Γ_2．

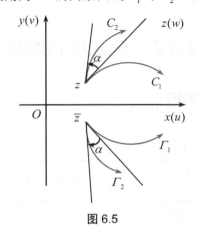

图 6.5

保角映射在应用上是十分重要的．为使大家更好地了解这个概念和方法．下面再简要叙述几个定理来说明保角映射的一些特点．

定理 6.3 若函数 $w = f(z)$ 把区域 D 保角地、一一对应地映射成区域 G，则 $w = f(z)$ 在 D 上是单值且解析的函数，其导数在 D 上必不为零，且其反函数 $z = g(w)$ 在 G 上也是单值且解析的函数，它把 G 保角地、一一对应地映射成 D．

这个定理是定理 6.2 的逆定理．

根据定理 6.2 与定理 6.3，一个单值且解析的函数可以实现一一对应的保角映射．在实际应用中，往往是给出了两个区域 D 和 G，要求找一个解析函数，它将 D 保角映射成 G，这样就提出了保角映射理论中的一个基本问题：在扩充复平面上，任给两个单连通区域 D 和 G，是否存在一个 D 内的单值解析函数，把 D 保角地映射成 G 呢？事实上，我们只要能将 D 与 G 分别一一对应且保角地映射成某一标准形式的区域(如单位圆)就行了，因为将这些映射复合起来，就可得到将 D 映射成 G 的解析函数了．下面的定理肯定地回答了这个问题．

定理 6.4 (黎曼(Riemann)定理) 设有两个单连通区域 D 和 G (它们的边界至少包含两点)，z_0 与 w_0 分别是 D 和 G 中的任意两点，θ_0 是任一实数($0 \leq \theta_0 \leq 2\pi$)，则总存在一个函数 $w = f(z)$，它把 D 一一对应地保角地映射成 G，使得
$$f(z_0) = w_0, \quad \arg f'(z_0) = \theta_0,$$
并且这样的保角映射是唯一的．

容易看出，仅仅满足条件 $f(z_0) = w_0$ 的函数 $w = f(z)$ 不是唯一的，条件 $\arg f'(z_0) = \theta_0$ 保证了函数 $f(z)$ 的唯一性．

黎曼定理虽然并没有给出寻求函数 $w = f(z)$ 的方法，但是它从理论上指出了这种函数的存在性与唯一性．下面的边界对应原理则更有效地指出了如何去寻找实现保角映射函数的方法．

定理 6.5 (边界对应原理) 设单连通区域 D 和 G 的边界分别为简单闭曲线 C 和 Γ，若

能找到一个在 D 内解析、在 C 上连续的函数 $w=f(z)$，它将 C 一一对应地映射成 Γ，且当原像点 z 和像点 w 在边界上绕行方向一致时，D 和 G 在边界的同一侧，则 $w=f(z)$ 将 D 一一对应地保角地映射成 G.

§6.2 分式线性映射

6.2.1 分式线性映射的概念

分式线性映射是保角映射中比较简单的但又很重要的一类映射，它是由

$$w = \frac{az+b}{cz+d} \quad (ad-bc \neq 0) \tag{6.2}$$

来定义的，其中 a、b、c、d 均为常数.

为了保证映射的保角性，$ad-bc \neq 0$ 的限制是必要的，否则，由于

$$\frac{dw}{dz} = \frac{ad-bc}{(cz+d)^2},$$

将有 $\dfrac{dw}{dz}=0$，这时 w 为常数，即它将整个 z 平面映射成 w 平面上的一点，此时不存在保角性这一概念了. 另外，对于任意 $z_1 \neq z_2$，有

$$\frac{az_1+b}{cz_1+d} - \frac{az_2+b}{cz_2+d} = \frac{(ad-bc)(z_1-z_2)}{(cz_1+d)(cz_2+d)}.$$

可知此时有 $w(z_1) \neq w(z_2)$，因此条件 $ad-bc \neq 0$ 不仅保证了该映射为保角映射，还保证了该映射为一一映射.

分式线性映射又称为**双线性映射**，它是德国数学家默比乌斯(Möbius，1790—1868)首先研究的，所以也称**默比乌斯映射**.

用 $cz+d$ 乘以式(6.2)的两边，得

$$cwz + dw - az - b = 0.$$

对每一个固定的 w，上式关于 z 是线性的，而对每一个固定的 z，它关于 w 也是线性的. 因此，我们称上式是双线性的. 这是我们将分式线性映射(6.2)称为双线性映射的原因.

现在扩充到复平面上，补充定义如下.

当 $c \neq 0$ 时，在 $z = -\dfrac{d}{c}$ 处定义 $w = \infty$；在 $z = \infty$ 处定义 $w = \dfrac{a}{c}$；当 $c=0$ 时，在 $z = \infty$ 处定义 $w = \infty$.

这样，分式线性映射就在整个扩充复平面上有定义了.

又注意到分式线性映射(6.2)的逆映射

$$z = \frac{dw-b}{-cw+a}$$

也是单值的，且
$$da-(-b)(-c)=ad-bc\neq 0,$$
因此，分式线性映射(6.2)将扩充 z 平面一一对应地映射成扩充 w 平面.

容易知道，两个分式映射的复合，仍是一个分式线性映射，例如：
$$w=\frac{\alpha\xi+\beta}{\gamma\xi+\delta}\ (\alpha\delta-\beta\gamma)\neq 0,\quad \xi=\frac{\alpha'z+\beta'}{\gamma'z+\delta'}\ (\alpha'\delta'-\beta'\gamma'\neq 0).$$

把后一分式代入前一式，得
$$w=\frac{az+b}{cz+d}.$$
式中 $ad-bc=(\alpha\delta-\beta\gamma)(\alpha'\delta'-\beta'\gamma')\neq 0$.

6.2.2 分式线性映射的分解

分式线性映射的分解

分式线性映射(6.2)可以分解为以下几个简单的变换：

当 $c=0$ 时，$w=\dfrac{a}{d}z+\dfrac{b}{d}\ \left(\dfrac{a}{d}\neq 0\right)$，

当 $c\neq 0$ 时，$w=\dfrac{a}{c}+\dfrac{bc-ad}{c^2}\cdot\dfrac{1}{z+\dfrac{d}{c}}$.

若令 $\dfrac{bc-ad}{c^2}=re^{i\theta}$，则式(6.2)总可以分解为下面四个简单映射的复合：
$$w=z+\alpha,\ w=e^{i\theta}\cdot z,\ w=rz,\ w=\frac{1}{z}. \tag{6.3}$$

现在我们来说明这四个映射的意义.

(1) $w=z+\alpha$.

在这种变换下，任何一个点 z 沿着向量 α 的方向平移到点 w (见图 6.6)，
$$z=x+iy,\ w=u+iv,\ \alpha=b_1+ib_2,$$
则其变换公式为
$$\begin{cases}u=x+b_1\\ v=y+b_2\end{cases},$$

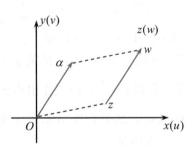

图 6.6

这即是众所周知的**平移变换公式**.

(2) $w=e^{i\theta}\cdot z$ (θ 为实数).

在这种变换下，
$$|w|=|z|,\ \operatorname{Arg}w=\operatorname{Arg}z+\theta,$$
因此这种变换保持向量 z 的长度不变，但辐角旋转一个角度 θ (见图 6.7). 若 $z=x+iy$，$w=u+iv$，则有
$$\begin{cases}u=x\cos\theta-y\sin\theta\\ v=x\sin\theta+y\cos\theta\end{cases},$$

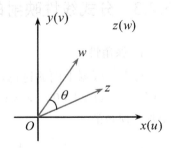

这即为绕原点旋转角度为 θ 的**旋转变换公式**.

图 6.7

(3) $w = rz \ (r > 0)$.

在这种变换下，
$$|w| = r|z|, \quad \text{Arg } w = \text{Arg } r + \text{Arg } z = \text{Arg } z,$$
因此，这种变换保持向量 z 的方向不变，其长度放大 r 倍（见图 6.8）. 设 $z = x + \mathrm{i}y$，$w = u + \mathrm{i}v$，则有
$$\begin{cases} u = rx \\ v = ry \end{cases},$$
这即为**相似变换**.

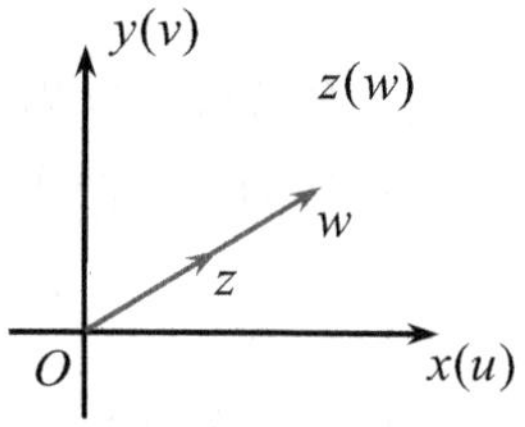

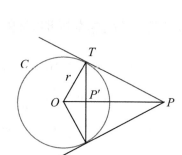

图 6.8

(4) $w = \dfrac{1}{z}$（称为**反演变换**）.

这个变换可分解为：$w_1 = \dfrac{1}{\bar{z}}$，$w = \overline{w_1}$.

为了用几何方法由 z 作出 w，我们先研究关于已知圆周的一对对称点：设 C 为以原点 O 为中心、r 为半径的圆周. 在以圆心为起点的一条半直线上，若有两点 P 与 P' 满足 $OP \cdot OP' = r^2$，则称这两点 P 与 P' 为关于该圆周的**对称点**.

例如，设 P 在 C 外（见图 6.9），由 P 作圆周 C 的切线 PT，由 T 作 OP 的垂线 TP' 与 OP 交于 P'，则 P 与 P' 关于圆周 C 互为对称点（读者可自己证明）.

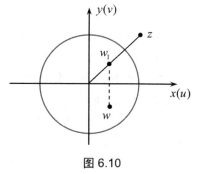

图 6.9

规定：无穷远点 ∞ 的对称点为圆心 O.

若设 $z = r\mathrm{e}^{\mathrm{i}\theta}$，则 $w_1 = \dfrac{1}{\bar{z}} = \dfrac{1}{r}\mathrm{e}^{\mathrm{i}\theta}$，$w = \overline{w_1} = \dfrac{1}{r}\mathrm{e}^{-\mathrm{i}\theta}$，从而 $|w_1| \cdot |z| = 1$，由此可知，z 与 w_1 是关于单位圆周 $|z| = 1$ 的对称点，而 w 与 w_1 是关于实轴的对称点，因此，要从 z 作出 $w = \dfrac{1}{z}$，应先作出点 z 关于单位圆周 $|z| = 1$ 的对称点 w_1，然后再作出 w_1 关于实轴的对称点，即得 w，如图 6.10 所示.

图 6.10

6.2.3 分式线性映射的性质

1. 保角性

首先，根据上面的讨论，容易得到(1)~(4)映射在扩充复平面上是一一对应的，又因为 $w' = (z + \alpha)' = 1 \neq 0$，$w' = (\mathrm{e}^{\mathrm{i}\theta}z)' = \mathrm{e}^{\mathrm{i}\theta} \neq 0$，$w' = (rz)' = r \neq 0$，所以当 $z \neq \infty$ 时，映射(1)~(3)都是保角的.

其次，$w' = \left(\dfrac{1}{z}\right)' = -\dfrac{1}{z^2}$，当 $z \neq 0$，$z \neq \infty$ 时，$w' \neq 0$. 所以除去 $z = 0$ 和 $z = \infty$ 外，映

射 $w = \dfrac{1}{z}$ 是保角的.

在 $z = 0$ 与 $z = \infty$ 处，$w = \dfrac{1}{z}$ 是否保角的问题，关系到我们如何理解两条曲线在无穷远点 ∞ 处夹角的含义问题. 如果我们规定：两条伸向无穷远的曲线在无穷远点 ∞ 处的夹角，等于它们在映射 $\xi = \dfrac{1}{z}$ 下所映成的通过原点 $\xi = 0$ 的两条像曲线的夹角，那么映射 $w = \dfrac{1}{z} = \xi$ 在 $\xi = 0$ 处解析，且 $w'(\xi)|_{\xi=0} = 1 \ne 0$，所以映射 $w = \xi$ 在 $\xi = 0$ 处，即 $w = \dfrac{1}{z}$ 在 $z = \infty$ 处是保角的. 再由 $z = \dfrac{1}{w}$ 知，在 $w = \infty$ 处，即 $z = 0$ 处映射 $w = \dfrac{1}{z}$ 是保角的.

(1)~(3)映射在 $z = \infty$ 处的保角性问题，我们不妨以 $w = z + \alpha$ 为例来加以说明，令

$$\xi = \dfrac{1}{z}, \quad \eta = \dfrac{1}{w},$$

这时 $w = z + \alpha$ 成为

$$\eta = \dfrac{\xi}{1 + \alpha\xi},$$

它在 $\xi = 0$ 处解析，且有 $\eta'(\xi)|_{\xi=0} = \dfrac{1}{(1+\alpha\xi)^2}\bigg|_{\xi=0} = \dfrac{1}{\alpha} \ne 0$，因而，在 $\xi = 0$ 处，即 $w = z + \alpha$ 在 $z = \infty$ 处是保角的.

所以(1)~(4)映射在扩充复平面上是处处保角的.

结合以上讨论，并且注意到分式线性映射(6.2)是由映射(1)~(4)复合而成，故有以下结论.

定理 6.6　分式线性映射(6.2)在扩充复平面上是一一对应的保角映射.

2. 保圆性

映射(1)~(3)显然都将 z 平面内的一个圆周或一条直线变为 w 平面内的一个圆周或一条直线. 如果我们把直线看成是半径为无穷大的圆周，那么映射(1)~(3)在扩充复平面上把圆周映射成圆周，这个性质称为**保圆性**.

映射 $w = \dfrac{1}{z}$ 是否也具有保圆性呢？为了说明这个问题，我们令

$$z = x + \mathrm{i}y, \quad w = u + \mathrm{i}v,$$

则有

$$u + \mathrm{i}v = \dfrac{1}{x + \mathrm{i}y},$$

即

$$x + \mathrm{i}y = \dfrac{1}{u + \mathrm{i}v} = \dfrac{u - \mathrm{i}v}{u^2 + v^2}.$$

于是

$$x = \dfrac{u}{u^2 + v^2}, \quad y = \dfrac{-v}{u^2 + v^2},$$

从而，当 z 平面上的任意圆周的方程为
$$A(x^2+y^2)+Bx+Cy+D=0$$
时(当 $A=0$ 时为直线，在扩充复平面上，我们仍视直线为经过无穷远点、半径为无穷大的圆周)，便得到变换后的曲线方程
$$\frac{A}{u^2+v^2}+\frac{Bu}{u^2+v^2}-\frac{Cv}{u^2+v^2}+D=0,$$
即
$$D(u^2+v^2)+Bu-Cv+A=0.$$

当然，在这种情况下，可能是将圆周映射成圆周(当 $A\neq 0$，$D\neq 0$)；圆周映射成直线(当 $A\neq 0$，$D=0$)；直线映射成圆周(当 $A=0$，$D\neq 0$)；以及直线映射成直线(当 $A=0$，$D=0$)．这就是说，映射 $w=\dfrac{1}{z}$ 把圆周映射成圆周，也具有保圆性，于是得到下面定理．

定理 6.7 分式线性映射(6.2)将扩充 z 平面上的圆周映射成扩充 w 平面上的圆周．

结合以上的讨论，可得以下推论．

推论 6.1 在分式线性映射下，如果给定的圆周或直线上没有点映射成无穷远点，那么它就映射成半径为有限的圆周；如果有一个点映射成无穷远点，那么它就映射成直线．

3. 保对称性

分式线性映射除了具有保角性与保圆性性质之外，还有所谓保持对称点不变的性质，简称**保对称性**.

为了证明以上结论，首先介绍一个有关对称点的几何性质的引理．

引理 6.1 点 z_1 与 z_2 关于圆周 C：$|z-z_0|=R$ 是对称的充要条件是经过 z_1 与 z_2 的所有圆周都必与圆周 C 正交．

证 如果 C 是直线(半径为无穷大的圆)或者 C 是半径为有限的圆，而 z_1 及 z_2 之中有一个是无穷远点，那么这一引理中的结论是明显的．

现在考虑圆 C 为 $|z-z_0|=R$ $(0<R<+\infty)$，而 z_1 及 z_2 都是有限点的情形．

先证明条件的必要性，设 z_1 及 z_2 关于圆周 C 对称，那么通过 z_1 及 z_2 的直线显然与圆周 C 正交．作过 z_1 及 z_2 的任意(半径为有限的)圆 Γ(见图 6.11)．过 z_0 作圆 Γ 的切线，且设其切点是 z'. 于是，由平面几何中的切割线定理，得
$$|z'-z_0|^2=|z_1-z_0|\cdot|z_2-z_0|=R^2,$$
从而
$$|z'-z_0|=R.$$
这表明 $z'\in C$，而上述 Γ 的切线恰好是圆周 C 的半径．因此，Γ 与 C 正交．

其次，证明条件的充分性．过 z_1 及 z_2 作一圆周 Γ (半径有限)，与圆 C 交于一点 z'. 由于圆 Γ 与圆周 C 正交，Γ 在 z' 的切线通过圆周 C 的圆心 z_0，显然 z_1 与 z_2 在该切线的同一侧．又过 z_1 与 z_2 作一条直线 L，由于 L 与 C 正交，它通过圆心 z_0，于是 z_1 及 z_2 在通过 z_0 的一条射线上．我们有
$$|z_1-z_0||z_2-z_0|=R^2,$$
这样就证明了 z_1 及 z_2 是关于圆周 C 的对称点．

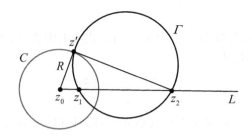

图 6.11

定理 6.8 设点 z_1, z_2 是关于圆周 C 的一对对称点，那么在分式线性映射下，它们的像点 w_1 与 w_2 也是关于 C 的像曲线 Γ 的一对对称点.

证 设经过 w_1 与 w_2 的任一圆周 Γ' 是经过 z_1 与 z_2 的圆周 C' 由分式线性映射映射而来的，由于 C' 与 C 正交，而分式线性映射具有保角性，所以 Γ' 与 Γ（C 的像）也正交，因此，w_1 与 w_2 是一对关于 Γ 的对称点.

§6.3 唯一决定分式线性映射的条件

6.3.1 三对对应点唯一地决定分式线性映射

从形式上看，一个分式线性映射(6.2)具有四个复参数 a, b, c, d. 但是实际上，由于这四个参数至少有一个不为零，因此就可以用这个不为零的参数来除变换(6.2)的分子与分母，这样，式(6.2)中实际上只依赖于三个独立的常数. 因此，只需给定三个条件，就能决定一个分式线性映射，对此有下面定理.

定理 6.9 在 z 平面上，给定任意三个相异的点 z_1, z_2, z_3，在 w 平面上也给定任意三个相异的点 w_1, w_2, w_3，则存在唯一的分式线性映射，将 z_1, z_2, z_3 分别映射成 w_1, w_2, w_3.

证 设 $w = \dfrac{az+b}{cz+d}$ $(ad-bc \neq 0)$，将 z_1, z_2, z_3 分别映射成 w_1, w_2, w_3，即

$$w_k = \frac{az_k + b}{cz_k + d} \quad (k=1, 2, 3),$$

因而有

$$w - w_k = \frac{(z - z_k)(ad - bc)}{(cz + d)(cz_k + d)} \quad (k=1, 2),$$

及

$$w_3 - w_k = \frac{(z_3 - z_k)(ad - bc)}{(cz_3 + d)(cz_k + d)} \quad (k=1, 2),$$

由此得

$$\boxed{\frac{w - w_1}{w - w_2} : \frac{w_3 - w_1}{w_3 - w_2} = \frac{z - z_1}{z - z_2} : \frac{z_3 - z_1}{z_3 - z_2}} \tag{6.4}$$

这就是所求得的分式线性映射. 这个分式线性映射是三对对应点所确定的唯一的一

个映射.

注 若 z_k 或 w_k ($k=1,2,3$) 有一点为 ∞，则在式(6.4)中将包含 ∞ 的分子或分母取 1 即可. 如 $w_3 = \infty$，则式(6.4)化为

$$\frac{w-w_1}{w-w_2} = \frac{z-z_1}{z-z_2} \cdot \frac{z_3-z_1}{z_3-z_2}.$$

例 6.2 求将点 $z=0,1,\infty$ 分别映射为点 $w=-1,-i,1$ 的分式线性变换.

解 方法一：由式(6.4)，得

$$\frac{w-(-1)}{w-(-i)} : \frac{1-(-1)}{1-(-i)} = \frac{z-0}{z-1} : \frac{1}{1},$$

即

$$w = \frac{z-i}{z+i}.$$

方法二：设所求分式线性映射为 $w = \dfrac{az+b}{cz+d}$，由 $w(0)=-1$，得 $\dfrac{b}{d}=-1$，即 $b=-d$. 再由 $\lim\limits_{z\to\infty}\dfrac{az+b}{cz+d}=1$，得 $\dfrac{a}{c}=1$，即 $a=c$.

由 $w(1)=-i$，得 $\dfrac{a+b}{c+d}=-i$，即 $\dfrac{a-d}{a+d}=-i$，则 $d=ia$.

综上所述，$b=-ia$，$c=a$，$d=ia$，映射为 $w = \dfrac{az-ia}{az+ia} = \dfrac{z-i}{z+i}$.

从上述定理可看出，若在 z 平面及 w 平面的已给圆周 C 及 Γ 上，分别选择不同的三点 z_1, z_2, z_3 及另外不同的三点 w_1, w_2, w_3，那么把 z_1, z_2, z_3 依次映射成 w_1, w_2, w_3 的分式线性映射，就把过 z_1, z_2, z_3 的圆周 C 映射成过 w_1, w_2, w_3 的圆周 Γ. 因此，可得下面定理.

定理 6.10 扩充 z 平面上任何一个圆周 C，可以用一个分式线性映射映射成扩充 w 平面上的任何一个圆周 Γ.

进一步，我们还要弄清楚，在这个映射下，将 z 平面上过 z_1, z_2, z_3 的圆周的内部映射成了 w 平面上的什么区域?

首先可以肯定的是，在这个分式线性映射下，不可能将 C 内部的一部分映射成 Γ 内部的一部分，而 C 内部的另一部分映射成 Γ 外部的一部分，即 C 的内部不是映射成 Γ 的内部，便是映射成 Γ 的外部.

事实上，设 z_1, z_2 为 C 内部的任意两点，用直线段把两点连接起来. 如果线段 z_1z_2 的像为圆弧 $\widehat{w_1w_2}$ (或直线段)，且 w_1 在 Γ 之外，w_2 在 Γ 之内，那么弧 $\widehat{w_1w_2}$ 必与 Γ 交于一点 Q (见图 6.12). Q 点在 Γ 上，所以必为 C 上某一点的像，但由假设，Q 又是 z_1z_2 上某一点的像，因而就有两个不同的点(一个在圆 C 上，另一个在线段 z_1z_2 上)被映射为一点，这就与分式线性映射的一一对应性矛盾.

有了以上的论断，我们不难知道，在分式线性映射下，如果在 C 内任取一点 z_0，而点 z_0 的像在 Γ 内部，那么 C 的内部就映射成 Γ 的内部；如果 z_0 的像在 Γ 的外部，那么 C 的内部就映射成 Γ 的外部.

我们有时也采用以下方法来处理.

在 C 上任取定三点 z_1, z_2, z_3，它们在 Γ 上的像分别为 w_1, w_2, w_3，如果 C 依

$z_1 \to z_2 \to z_3$ 的绕向与 Γ 依 $w_1 \to w_2 \to w_3$ 的绕向相同时，那么 C 的内部就映射成 Γ 的内部；相反时，C 的内部就映射成 Γ 的外部，如图 6.13 所示.

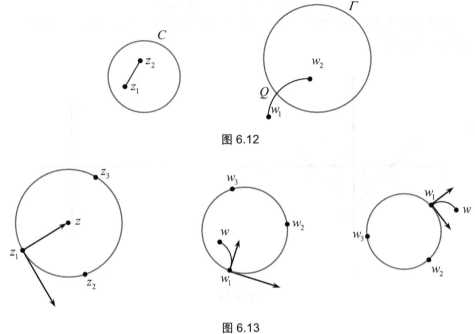

图 6.12

图 6.13

结合以上的讨论，可得：

(1) 两圆弧所围成的区域，若两圆弧上没有一点变换到无穷远点，则通过分式线性映射仍映射成两个圆弧所围成的区域；

(2) 当两圆周上有一个点映射成无穷远点时，这两个圆周的弧所围成的区域映射成一圆弧与一条直线所围成的区域；

(3) 当两圆周交点中的一个映射成无穷远点时，这两个圆周的弧所围成的区域映射成角形区域.

例 6.3 圆心分别在 $z=1$ 与 $z=-1$，半径均为 $\sqrt{2}$ 的两圆弧所围成的区域(见图 6.14(a))在 $w=\dfrac{z+\mathrm{i}}{z-\mathrm{i}}$ 下映射成什么区域？

解 (1) 先给出 z 平面上区域边界的逆时针方向.

(2) 分析分式线性映射的特点 $z=\mathrm{i} \to w=\infty$. 两相交圆弧所围成区域映射成角形区域(圆弧都映射成直线)，$z=-\mathrm{i} \to w=0$，即相交点映射成相交点，从而使 z 平面上的图形映射成以 w 平面的原点为顶点的角形区域.

(3) 决定变换后的图形位置.

方法一：z 平面上两弧在交点 $z=-\mathrm{i}$ 的交角为 $\dfrac{\pi}{2}$，故由于在角形区域顶点 $w=0$ 处保角，也是 $\dfrac{\pi}{2}$. 再在 z 平面上两圆弧所围区域的内部取一点 $z=0$，其对应点 $w=\dfrac{0+\mathrm{i}}{0-\mathrm{i}}=-1$，故可得图 6.14(b)所示的图形.

方法二：z 平面上两弧所围区域边界上取点 $z_3 = \sqrt{2}-1$，其对应点

$$w_3 = \frac{\sqrt{2}-1+\mathrm{i}}{\sqrt{2}-1-\mathrm{i}} = \frac{1-\sqrt{2}+(\sqrt{2}-1)\mathrm{i}}{2-\sqrt{2}}$$

在第三象限的分角线上，再利用保角性，其所在边界必映射为第二象限的分角线，也可得如图 6.14(b) 所示的图形.

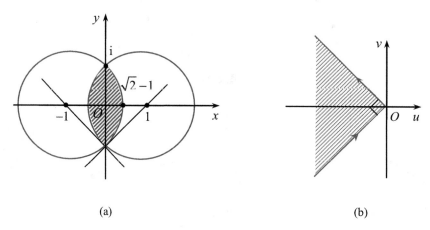

图 6.14

6.3.2 三类重要的分式线性映射

由于分式线性映射具有把圆周(直线)映射成圆周(直线)的性质，所以它在处理边界为圆周或直线的区域的映射上起着很大的作用. 现在我们要介绍三类典型区域的映射特征，即把上半平面映射成上半平面、上半平面映射成单位圆内部以及单位圆内部映射成单位圆内部的映射特征.

1. 将上半平面 $\mathrm{Im}\, z > 0$ 映射成上半平面 $\mathrm{Im}\, w > 0$ 的分式线性映射

设分式线性映射

$$w = \frac{az+b}{cz+d}, \quad ad-bc \neq 0, \tag{6.5}$$

将 $\mathrm{Im}\, z > 0$ 映射成 $\mathrm{Im}\, w > 0$. 故由边界对应原理，它必将 z 平面的实轴 $\mathrm{Im}\, z = 0$ 映射成 w 平面的实轴 $\mathrm{Im}\, w = 0$，且保持同向. 因此，该映射将 z 平面实轴上的三个点 x_1, x_2, x_3，依次映射成 w 平面实轴上的三个点 u_1, u_2, u_3，且保持正实轴的方向不变，即旋转角为 0，故

$$\mathrm{Arg}\, w'(x_k) = 0 \quad \text{或} \quad \left.\frac{\mathrm{d}w}{\mathrm{d}z}\right|_{z=x_k} = \frac{ad-bc}{(cx_k+d)^2} > 0 \quad (k=1,2,3), \tag{6.6}$$

由于三对对应点可唯一地确定一个分式线性映射，因此由条件

$$w_k = \frac{ax_k+b}{cx_k+d}, \quad k=1,2,3$$

可解得 a,b,c,d 均为实数. 于是由式(6.6)，得 $ad-bc > 0$. 又因

$$\text{Im}\,w = \frac{1}{2\mathrm{i}}(w-\overline{w}) = \frac{1}{2\mathrm{i}}\left(\frac{az+b}{cz+d} - \frac{a\overline{z}+b}{c\overline{z}+d}\right)$$

$$= \frac{ad-bc}{|cz+d|^2} \cdot \frac{z-\overline{z}}{2\mathrm{i}} = \frac{ad-bc}{|cz+d|^2}\text{Im}\,z,$$

由此得出，当 $\text{Im}\,z > 0$ 时， $\text{Im}\,w > 0$，当且仅当 $ad-bc>0$，即分式线性映射(6.5)将 $\text{Im}\,z>0$ 映射成 $\text{Im}\,w>0$ 的充分必要条件是 a,b,c,d 均为实数，且 $ad-bc>0$；同理，分式线性映射(6.5)将 $\text{Im}\,z>0$ 映射成 $\text{Im}\,w<0$ 的充分必要条件是 a,b,c,d 均为实数，且 $ad-bc<0$。

例 6.4 求出将上半平面 $\text{Im}\,z>0$ 映射成上半平面 $\text{Im}\,w>0$，且将 $z=0$ 映射成 $w=1$，$z=\mathrm{i}$ 映射成 $w=2+\mathrm{i}$ 的分式线性映射。

解 方法一：该问题需要确定 $w=\dfrac{az+b}{cz+d}$ 中的系数. 当 $z=0$ 时， $w=1$，所以 $b=d$，当 $z=\mathrm{i}$ 时，$w=2+\mathrm{i}$，即有

$$2+\mathrm{i} = \frac{a\mathrm{i}+d}{c\mathrm{i}+d},$$

解得 $c=d$，$a=3d$，于是

$$w = \frac{az+b}{cz+d} = \frac{3dz+d}{dz+d} = \frac{3z+1}{z+1},$$

此时可得，$a=3$，$b=1$，$c=1$，$d=1$ 均为实数，且 $ad-bc=2>0$，所以这个分式线性映射将 z 平面的上半平面变为 w 平面的上半平面.

方法二：题目的条件中已经给出了 z 和 w 两组对应点，只需要再找一组对应点，就可以直接按照式(6.4)来计算.

由于 $z=\mathrm{i}$ 映射成 $w=2+\mathrm{i}$，根据保对称性，$z=-\mathrm{i}$ 被映射成 $w=2-\mathrm{i}$，由式(6.4)，得

$$\frac{w-1}{w-2-\mathrm{i}} : \frac{(2-\mathrm{i})-1}{(2-\mathrm{i})-(2+\mathrm{i})} = \frac{z-0}{z-\mathrm{i}} : \frac{-\mathrm{i}-0}{-\mathrm{i}-\mathrm{i}},$$

解得

$$w = \frac{3z+1}{z+1}.$$

因 $a=3$，$b=1$，$c=1$，$d=1$ 均为实数，且 $ad-bc=2>0$，所以这个分式线性映射将 z 平面的上半平面变为 w 平面的上半平面.

例 6.5 求将上半平面 $\text{Im}\,z>0$ 映射成上半平面 $\text{Im}\,w>0$，且将 $\infty,0,1$ 依次映射成 $1,2,\infty$ 的分式线性映射.

解 方法一：确定分式线性映射

$$w = \frac{az+b}{cz+d}, \quad ad-bc \neq 0$$

中的系数.

当 $z=\infty$ 时，$w=0$，所以 $\dfrac{a}{c}=1$，即 $a=c$；

当 $z=0$ 时，$w=2$，所以 $\dfrac{b}{d}=2$，即 $b=2d$；

当 $z=1$ 时，$w=\infty$，所以 $c+d=0$，即 $c=-d$．

因此得分式线性映射 $w=\dfrac{-dz+2d}{-dz+d}=\dfrac{z-2}{z-1}$．

此时，因 $a=1$，$b=-2$，$c=1$，$d=-1$ 均为实数，且 $ad-bc=1>0$，所以该映射必将 z 平面的上半平面映射成 w 平面的上半平面．

方法二：利用式(6.4)，将 z 平面中点 $\infty,0,1$ 依次映射成 w 平面中点 $1,2,\infty$ 的分式线性映射为

$$\dfrac{w-1}{w-2}:\dfrac{1}{1}=\dfrac{1}{z-0}:\dfrac{1}{1-0},$$

即

$$w=\dfrac{z-2}{z-1}.$$

因 a,b,c,d 均为实数，且 $ad-bc=1>0$，所以该映射必将 z 平面的上半平面映射成 w 平面的上半平面．

2. 将上半平面 $\operatorname{Im} z>0$ 映射成单位圆 $|w|<1$ 的分式线性映射

将上半平面 $\operatorname{Im} z>0$ 映射成单位圆 $|w|<1$ 的分式线性映射，如图 6.15 所示．

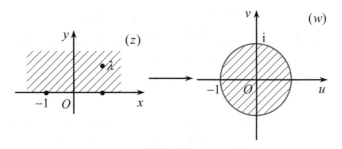

上半面到单位圆的分式线性映射

图 6.15

如果我们将上半平面 $\operatorname{Im} z>0$ 看成半径为无穷大的圆域，那么实轴 $\operatorname{Im} z=0$ 就相当于圆域的边界圆周．因为分式线性映射具有保圆性，所以必存在一个分式线性映射将 $\operatorname{Im} z>0$ 映射成 $|w|=1$．由于上半平面总有一点 $z=\lambda$ 要映射成单位圆周 $|w|=1$ 的圆心 $w=0$，实轴要映射成单位圆，而 $z=\lambda$ 与 $z=\overline{\lambda}$ 是关于实轴的一对对称点，故按分式线性映射的保对称性，所求分式线性映射必将 $z=\overline{\lambda}$ 映射成 $w=0$ 关于 $|w|=1$ 的对称点 ∞，从而所求的分式线性映射具有下列形式：

$$w=k\cdot\dfrac{z-\lambda}{z-\overline{\lambda}},$$

其中 k 为常数．

因为 $|w|=|k|\cdot\left|\dfrac{z-\lambda}{z-\overline{\lambda}}\right|$，而实轴上的点 z 对应着 $|w|=1$ 上的点，所以若取 $z=x$（实数），则由

$$|w|=\left|k\cdot\dfrac{z-\lambda}{z-\overline{\lambda}}\right|=|k|=1$$

得
$$k = e^{i\theta} \quad (\theta\text{ 为实数}),$$
因此所求分式线性映射的一般形式为
$$w = e^{i\theta} \cdot \frac{z-\lambda}{z-\bar{\lambda}} \tag{6.7}$$

反之，这个分式线性映射也必把 $\operatorname{Im} z > 0$ 映射成 $|w|<1$. 事实上，当 $z=x$ (实数)时，有
$$|w| = \left| e^{i\theta} \cdot \frac{z-\lambda}{z-\bar{\lambda}} \right| = 1,$$
即它把实轴映射成单位圆周，且将上半平面的点 $z=\lambda$ 映射成圆心 $w=0$，因此由边界对应原理，它必将 $\operatorname{Im} z > 0$ 映射成 $|w|<1$.

综上所述，分式线性映射(6.7)可将上半平面映射成单位圆；反之，将上半平面映射成单位圆的分式线性映射一定具备映射(6.7)的形式.

应当注意，对任意的 θ (实数)，映射(6.7)都是满足要求的，因为它将实轴映射为单位圆周，且将 z 平面上半平面的点 λ 映射成 w 平面的原点 $w=0$. 因为对 $\frac{z-\lambda}{z-\bar{\lambda}}$ 乘以 $e^{i\theta}$ 表示一个旋转，所以改变 θ 的值，就几何意义上来讲，表示圆域 $|w|<1$ 绕 $w=0$ 的转动，这并不破坏变换的条件. 因此，要确定 θ，需附加条件，通常是指定轴上一点与单位圆周上的某一点的对应关系；或者指定映射在点 $z=\lambda$ 处的旋转角 $\arg w'(\lambda)$，因为 $\arg w'(\lambda)$ 与 θ 有关，事实上
$$w'(z) = e^{i\theta} \cdot \frac{\lambda - \bar{\lambda}}{(z-\bar{\lambda})^2},$$
而
$$w'(\lambda) = e^{i\theta} \cdot \frac{\lambda-\bar{\lambda}}{(\lambda-\bar{\lambda})^2} = e^{i\theta} \cdot \frac{1}{\lambda-\bar{\lambda}} = \frac{e^{i\left(\theta-\frac{\pi}{2}\right)}}{2\operatorname{Im}\lambda} \quad (\operatorname{Im}\lambda > 0),$$
所以 $\arg w'(\lambda) = \theta - \frac{\pi}{2}$. 若已知 $\arg w'(\lambda)$，即可算出 θ.

当然，我们也可以在 x 轴上与单位圆周 $|w|=1$ 上取三对不同点的对应点来求. 例如，我们在 x 轴上任意取定三点：$z_1=-1$，$z_2=0$ 和 $z_3=1$，使它们依次对应于 $|w|=1$ 上的三点：$w_1=1$，$w_2=\mathrm{i}$ 和 $w_3=-1$，由式(6.4)便得所求的分式线性映射为
$$\frac{w-1}{w-\mathrm{i}} : \frac{-1-1}{-1-\mathrm{i}} = \frac{z+1}{z-0} : \frac{1+1}{1-0},$$
即得
$$w = \frac{z-\mathrm{i}}{\mathrm{i}z-1}.$$

例 6.6 求分式线性映射，将上半平面 $\operatorname{Im} z > 0$ 保角映射成单位圆内部 $|w|<1$，且满足 $w(\mathrm{i})=0$，$w'(-1)=1$.

例 6.6 讲解

解 由 $w(\mathrm{i})=0$，设 $w=\mathrm{e}^{\mathrm{i}\theta}\cdot\dfrac{z-\mathrm{i}}{z+\mathrm{i}}$，再由 $w'(-1)=1$，得

$$w'\big|_{z=-1}=\mathrm{e}^{\mathrm{i}\theta}\cdot\dfrac{(z+\mathrm{i})-(z-\mathrm{i})}{(z+\mathrm{i})^2}\bigg|_{z=-1}=-\mathrm{e}^{\mathrm{i}\theta}=1,$$

因此

$$\theta=\pi.$$

于是所求的分式线性映射

$$w=\mathrm{e}^{\pi\mathrm{i}}\cdot\dfrac{z-\mathrm{i}}{z+\mathrm{i}}=-\dfrac{z-\mathrm{i}}{z+\mathrm{i}},$$

例 6.7 求将上半平面 $\operatorname{Im}z>0$ 映射成圆 $|w|<2$ 且满足条件 $w(\mathrm{i})=0$，$\arg w'(\mathrm{i})=0$ 的分式线性映射.

解 设 $w=2w_1$，则当 $|w_1|<1$ 时，有 $|w|<2$，且 $\arg w_1'(\mathrm{i})=\arg w'(\mathrm{i})=0$，下面只需寻找将上半平面 $\operatorname{Im}z>0$ 映射成单位圆 $|w_1|<1$ 的分式线性映射.

由条件 $w_1(\mathrm{i})=0$，设 $w_1=\mathrm{e}^{\mathrm{i}\theta}\left(\dfrac{z-\mathrm{i}}{z+\mathrm{i}}\right)$，因为

$$w_1'(\mathrm{i})=\mathrm{e}^{\mathrm{i}\theta}\left(-\dfrac{\mathrm{i}}{2}\right),$$

$$\arg w_1'(\mathrm{i})=\arg\mathrm{e}^{\mathrm{i}\theta}+\arg\left(-\dfrac{\mathrm{i}}{2}\right)=\theta+\left(-\dfrac{\pi}{2}\right)=0,$$

例 6.7 讲解

所以

$$\theta=\dfrac{\pi}{2}.$$

从而上半平面 $\operatorname{Im}z>0$ 映射成单位圆 $|w_1|<1$ 的分式线性映射

$$w_1=\mathrm{i}\cdot\dfrac{z-\mathrm{i}}{z+\mathrm{i}}=\dfrac{\mathrm{i}z+1}{z+\mathrm{i}},$$

所求的分式线性映射为

$$w=\dfrac{2\mathrm{i}z+2}{z+\mathrm{i}}.$$

3. 将单位圆 $|z|<1$ 映射成单位圆 $|w|<1$ 的分式线性映射

设 z 平面上单位圆 $|z|<1$ 内部的一点 λ 映射成 w 平面上的单位圆 $|w|<1$ 的中心 $w=0$. 这时，与点 λ 对称于单位圆周 $|z|=1$ 的点 $\dfrac{1}{\overline{\lambda}}$ 应被映射成 w 平面上的无穷远点 ∞（即与 $w=0$ 关于 $|w|=1$ 的对称点）. 因此，当 $z=\lambda$ 时，$w=0$，而当 $z=\dfrac{1}{\overline{\lambda}}$ 时，$w=\infty$. 满足这些条件的分式线性映射具有如下形式：

单位圆到单位圆的分式线性映射

$$w=k\cdot\dfrac{z-\lambda}{z-\dfrac{1}{\overline{\lambda}}}=k\overline{\lambda}\cdot\dfrac{z-\lambda}{\overline{\lambda}z-1}=k'\cdot\dfrac{z-\lambda}{1-\overline{\lambda}z},$$

其中，$k'=-k\overline{\lambda}$.

由于 z 平面上单位圆周上的点要映射成 w 平面上的单位圆周上的点，所以当 $|z|=1$ 时，$|w|=1$. 将圆周 $|z|=1$ 上的点 $z=1$ 代入上式，得

$$|k'|\left|\frac{1-\lambda}{1-\bar{\lambda}}\right|=|w|=1,$$

又因

$$|1-\lambda|=|1-\bar{\lambda}|,$$

所以

$$|k'|=1,$$

即

$$k'=\mathrm{e}^{\mathrm{i}\theta}.$$

这里 θ 是任意实数. 由此可知，将 $|z|<1$ 映射成 $|w|<1$ 的分式线性映射的一般表示式为

$$\boxed{w=\mathrm{e}^{\mathrm{i}\theta}\cdot\frac{z-\lambda}{1-\bar{\lambda}z}\quad(|\lambda|<1)} \tag{6.8}$$

反之，这个分式线性映射也必把 $|z|<1$ 映射成 $|w|<1$. 因为当 $z=\mathrm{e}^{\mathrm{i}\theta}$（$\theta$ 为实数）时，有

$$|w|=\left|\mathrm{e}^{\mathrm{i}\theta}\cdot\frac{\mathrm{e}^{\mathrm{i}\theta}-\lambda}{1-\bar{\lambda}\mathrm{e}^{\mathrm{i}\theta}}\right|=\left|\frac{\mathrm{e}^{\mathrm{i}\theta}-\lambda}{1-\bar{\lambda}\mathrm{e}^{\mathrm{i}\theta}}\right|=\left|\frac{\mathrm{e}^{\mathrm{i}\theta}-\lambda}{\mathrm{e}^{-\mathrm{i}\theta}-\bar{\lambda}}\right|=1,$$

即它把 $|z|=1$ 映射成 $|w|=1$，且把单位圆内一点 $z=\lambda$（$|\lambda|<1$）映射成 $w=0$，所以由边界对应原理，它必将 $|z|<1$ 映射成 $|w|<1$.

综上所述，分式线性映射(6.8)将单位圆内部映射成单位圆内部；反之，将单位圆内部映射成单位圆内部的分式线性映射一定具备式(6.8)的形式.

例 6.8 求将单位圆映射成单位圆且满足条件 $w\left(\dfrac{\mathrm{i}}{2}\right)=0$，$w'(0)>0$ 的分式线性映射.

解 由条件 $w\left(\dfrac{\mathrm{i}}{2}\right)=0$，可知所求的映射要将 $|z|<1$ 内的点 $z=\dfrac{\mathrm{i}}{2}$ 映射成 $|w|<1$ 的中心，所以由式(6.8)，得

例 6.8 讲解

$$w=\mathrm{e}^{\mathrm{i}\theta}\cdot\frac{z-\dfrac{\mathrm{i}}{2}}{1+\dfrac{\mathrm{i}}{2}z},$$

由此得

$$w'(0)=\mathrm{e}^{\mathrm{i}\theta}\cdot\left.\frac{\left(1+\dfrac{\mathrm{i}}{2}z\right)-\left(z-\dfrac{\mathrm{i}}{2}\right)\cdot\dfrac{\mathrm{i}}{2}}{\left(1+\dfrac{\mathrm{i}}{2}z\right)^2}\right|_{z=0}=\frac{3}{4}\mathrm{e}^{\mathrm{i}\theta},$$

故 $\arg w'(0)=\theta$，由条件 $w'(0)>0$，得 $w'(0)$ 为正实数，从而 $\arg w'(0)=0$，即 $\theta=0$.

所求的映射为

$$w=\frac{z-\dfrac{\mathrm{i}}{2}}{1+\dfrac{\mathrm{i}}{2}z}=\frac{2z-\mathrm{i}}{2+\mathrm{i}z}.$$

例 6.9 求将单位圆 $|z|<1$ 映射成单位圆 $|w|<1$，且使 $w(1)=1$，$w(1+i)=\infty$ 的分式线性映射.

解 设所求分式线性映射为
$$w = e^{i\theta} \cdot \frac{z-\lambda}{1-\bar{\lambda}z} \quad (|\lambda|<1, \theta \text{ 为实数}),$$

因 $w(1+i)=\infty$，所以 $1-\bar{\lambda}(1+i)=0$，故可取 $\lambda = \frac{1+i}{2}$，代入上式，得
$$w = e^{i\theta} \cdot \frac{z-\frac{1+i}{2}}{1-\frac{(1-i)z}{2}},$$

又 $w(1)=1$，得 $e^{i\theta} = \frac{1+i}{1-i} = i$，故所求映射为
$$w = \frac{2iz+(1-i)}{2-(1-i)z}.$$

6.3.3 杂例

例 6.10 求将 $\mathrm{Im}\, z > 0$ 映射成 $|w-4i|<4$ 且满足条件 $w(4i)=4i$，$\arg w'(4i) = -\frac{\pi}{2}$ 的分式线性映射.

解 容易看出，映射 $w_1 = \frac{w-4i}{4}$ 将 $|w-4i|<4$ 映射成 $|w_1|<1$，这时 $z=4i$ 对应 $w=4i$，$w_1=0$.

因此，$\mathrm{Im}\, z > 0$ 映射成 $|w_1|<1$，且满足 $w_1(4i)=0$，映射可设为
$$w_1 = e^{i\theta} \cdot \frac{z-4i}{z+4i},$$

故有(见图 6.16)
$$\frac{w-4i}{4} = e^{i\theta} \cdot \frac{z-4i}{z+4i},$$

由此得
$$w'(4i) = -\frac{i}{2} \cdot e^{i\theta},$$
$$\arg w'(4i) = \arg(e^{i\theta}) + \arg\left(-\frac{i}{2}\right) = \theta - \frac{\pi}{2},$$

由于已知 $\arg w'(4i) = -\frac{\pi}{2}$，从而得 $\theta = 0$. 于是所求的映射为
$$\frac{w-4i}{4} = \frac{z-4i}{z+4i} \quad \text{或} \quad w = \frac{4(1+i)(z-4)}{z+4i}.$$

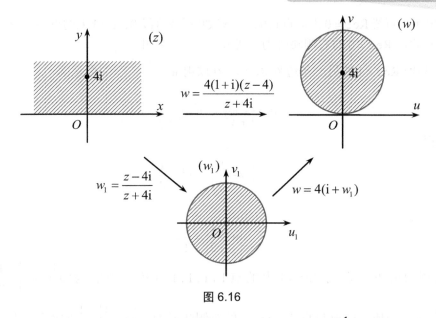

图 6.16

例 6.11 求将单位圆 $|z|<1$ 映射成圆 $|w-1|<1$ 且使 $w(0)=\dfrac{1}{2}$，$w(1)=0$ 的分式线性映射.

解 令 $w_1=w-1$，则圆 $|w-1|<1$ 映射成 $|w_1|<1$，且 $w=\dfrac{1}{2}$ 映射成 $w_1=-\dfrac{1}{2}$，$w=0$ 映射成 $w_1=-1$. 现在先考虑 $|w_1|<1$ 到 $|z|<1$ 的映射，且 $w_1=-\dfrac{1}{2}$ 在此映射下的像是单位圆 $|z|<1$ 的圆心 $z=0$，于是此映射可写为

$$z=\mathrm{e}^{\mathrm{i}\theta}\cdot\dfrac{w_1+\dfrac{1}{2}}{1+\dfrac{w_1}{2}},$$

再由 $w_1=-1$ 的像是 $z=1$ 得 $\mathrm{e}^{\mathrm{i}\theta}=-1$，故

$$z=-\dfrac{2w_1+1}{2+w_1} \quad \text{或} \quad w_1=-\dfrac{2z+1}{z+2},$$

由此得单位圆 $|z|<1$ 到 $|w-1|<1$ 的映射为

$$w=w_1+1=\dfrac{1-z}{z+2}.$$

例 6.12 求区域 $0<\mathrm{Re}\,z<1$ 在映射 $w=\dfrac{z-1}{z}$ 的像域.

解 区域 $0<\mathrm{Re}\,z<1$ 的一条边界 $\mathrm{Re}\,z=0$ 在映射 $w=\dfrac{z-1}{z}$ 下的像是直线

$$u=1,\quad v=\dfrac{1}{y},$$

即

$$\mathrm{Re}\,w=1,$$

且在该映射下，直线 $\operatorname{Re} z = 0$ 上的点 $\mathrm{i}, 0, -\mathrm{i}$ 依次映射成直线 $\operatorname{Re} w = 1$ 上的点 $1+\mathrm{i}, \infty, 1-\mathrm{i}$. 故所给映射将直线 $\operatorname{Re} z = 0$ 的右侧映射为直线 $\operatorname{Re} w = 1$ 的左侧.

又区域 $0 < \operatorname{Re} z < 1$ 的另一条边界 $\operatorname{Re} z = 1$ 在映射 $w = \dfrac{z-1}{z}$ 下的像是圆

$$u = \frac{y^2}{1+y^2}, \quad v = \frac{y}{1+y^2},$$

消去 y 可得

$$\left(u - \frac{1}{2}\right)^2 + v^2 = \frac{1}{4},$$

即

$$\left|w - \frac{1}{2}\right| = \frac{1}{2}.$$

且在该映射下，直线 $\operatorname{Re} z = 1$ 上的点 $1+\mathrm{i}, 1, 1-\mathrm{i}$ 依次映射为圆 $\left|w - \dfrac{1}{2}\right| = \dfrac{1}{2}$ 上的点 $\dfrac{1+\mathrm{i}}{2}, 0, \dfrac{1-\mathrm{i}}{2}$，故所给映射将直线 $\operatorname{Re} z = 1$ 的左侧映射为圆 $\left|w - \dfrac{1}{2}\right| = \dfrac{1}{2}$ 的外侧. 因此，所求的像域是 $\left|w - \dfrac{1}{2}\right| > \dfrac{1}{2}$，$\operatorname{Re} w < 1$，如图 6.17 所示.

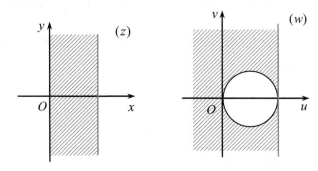

图 6.17

例 6.13 求将圆 $|z - 3\mathrm{i}| < 2$ 映射成 w 平面上的区域 $v > u$（$w = u + \mathrm{i}v$），且使 $w(3\mathrm{i}) = -4$，$w(\mathrm{i}) = 0$ 的分式线性映射.

解 由于 $z = 3\mathrm{i}$ 是 $|z - 3\mathrm{i}| = 2$ 的圆心，且 $z = 3\mathrm{i}$ 映射成 $w = -4$，则 $z = 3\mathrm{i}$ 关于圆周 $|z - 3\mathrm{i}| = 2$ 的对称点 $z = \infty$ 应映射成 $w = -4$ 关于 $u = v$ 的对称点 $w = -4\mathrm{i}$；又 $w(\mathrm{i}) = 0$，由这三对对应点就唯一确定了所求映射为

$$\frac{w - (-4)}{w - (-4\mathrm{i})} : \frac{0 - (-4)}{0 - (-4\mathrm{i})} = \frac{z - 3\mathrm{i}}{1} : \frac{\mathrm{i} - 3\mathrm{i}}{1},$$

即

$$w = -4 \cdot \frac{z\mathrm{i} + 1}{z - 2 - 3\mathrm{i}}.$$

例 6.14 求区域 $\operatorname{Im} z > 1$，$|z| < 2$ 在分式线性映射

$$w = f(z) = \frac{z - \sqrt{3} - \mathrm{i}}{z + \sqrt{3} - \mathrm{i}}$$

下的像域.

解 $\operatorname{Im} z = 1$ 与 $|z| = 2$ 的交点是 $z_1 = \sqrt{3} + \mathrm{i}$ 和 $z_2 = -\sqrt{3} + \mathrm{i}$. 而 $f(z_1) = f(\sqrt{3} + \mathrm{i}) = 0$, $f(z_2) = f(-\sqrt{3} + \mathrm{i}) = \infty$. 因此, 根据分式线性映射的保圆性, z 平面上这个弓形边界 C_1 和 C_2 映射成 w 平面上过 $w = 0$ 的两条射线 Γ_1 和 Γ_2.

弓形边界 C_1 和 C_2 在点 z_1 处的夹角为 $\frac{\pi}{3}$, 而 $f'(\sqrt{3} + \mathrm{i}) \neq 0$, 根据保角性, 得射线 Γ_1 与 Γ_2 在原点 $w = 0$ 处的夹角也为 $\frac{\pi}{3}$.

为了确定角形域的位置, 在 C_1 上取 $z_3 = \mathrm{i}$, 代入所给映射中, 得 $w_3 = -1$, 由此可知 Γ_1 与负实轴重合, Γ_1 按顺时针方向绕 $w = 0$ 转动 $\frac{\pi}{3}$ 即得 Γ_2, 因此弓形区域映射成角形区域 $\frac{2\pi}{3} < \arg w < \pi$, 如图 6.18 所示.

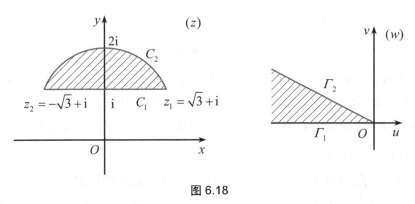

图 6.18

§6.4 几个初等函数所构成的映射

分式线性函数是初等函数的一部分, 前两节中我们已经对它作了较详细的讨论. 然而对于其他几个初等函数, 如幂函数、根式函数、指数函数等的映射性质了解甚少. 事实上, 只有它们所构成的映射与分式线性映射结合起来, 才能更好、更方便地解决一些区域之间的保角映射问题.

6.4.1 幂函数与根式函数

幂函数 $w = z^n$ (n 是大于 1 的自然数) 在 z 平面上处处可导, 且除去原点外导数不为零, 因此, 由幂函数 $w = z^n$ 所构成的映射在除去原点的 z 平面上是处处保角的.

若令 $z = r\mathrm{e}^{\mathrm{i}\theta}$, $w = \rho\mathrm{e}^{\mathrm{i}\varphi}$, 则由

$$\rho e^{i\varphi} = r^n e^{in\theta}$$

得

$$\boxed{\rho = r^n, \quad \varphi = n\theta} \tag{6.9}$$

可知，在 $w = z^n$ 的映射下，z 平面上的圆周 $|z| = r$ 映射成 w 平面上的圆周 $|w| = r^n$，射线 $\theta = \arg z = \theta_0$ 映射成射线 $\varphi = \arg w = n\theta_0$，正实轴 $\theta = 0$ 映射成正实轴 $\varphi = 0$，角形区域 $0 < \theta < \theta_0 \left(\theta_0 < \dfrac{2\pi}{n} \right)$ 映射成角形区域 $0 < \varphi < n\theta_0$，如图 6.19 所示．

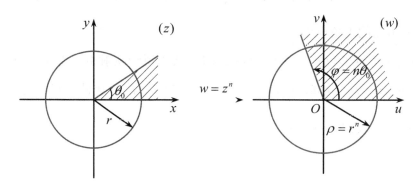

图 6.19

因此，由幂函数 $w = z^n$ 所构成的映射的特点是：把以 $z = 0$ 为顶点的角形区域映射成以 $w = 0$ 为顶点的角形区域，且映射后的张角是原来张角的 n 倍，特别地，$w = z^n$ 把 z 平面上的角形区域 $0 < \theta < \dfrac{\pi}{n}$ 映射成 w 平面上的上半平面 $0 < \varphi < \pi$. 所以，幂函数 $w = z^n$ 常用来把角形区域映射成角形区域．

根式函数 $w = \sqrt[n]{z}$ 是幂函数 $z = w^n$ 的反函数，它所构成的映射把角形区域映射成角形区域，但张角缩小到 $\dfrac{1}{n}$，特别地，它把上半平面 $0 < \theta < \pi$ 映射成角形区域 $0 < \varphi < \dfrac{\pi}{n}$.

例 6.15　求将角形区域 $-\dfrac{\pi}{8} < \arg z < \dfrac{\pi}{8}$ 映射成单位圆 $|w| < 1$ 的一个保角映射．

解　由式 (6.9) 知，$w_1 = z^4$ 可将角形区域 $-\dfrac{\pi}{8} < \arg z < \dfrac{\pi}{8}$ 映射成右半平面，再通过 $w_2 = iw_1$ 把右半平面映射成上半平面，最后利用式 (6.7)，取 $\theta = 0$，$\lambda = i$，即通过 $w = \dfrac{w_2 - i}{w_2 + i}$ 把上半平面映射成单位圆，故所求的一个映射为 (见图 6.20)

$$w = \dfrac{w_2 - i}{w_2 + i} = \dfrac{iw_1 - i}{iw_1 + i} = \dfrac{z^4 - 1}{z^4 + 1}.$$

由例 6.15 可以看出，要将角形区域映射成圆，需先通过幂函数构成的映射把角形区域映射成半平面，再通过分式线性映射把半平面映射成圆．

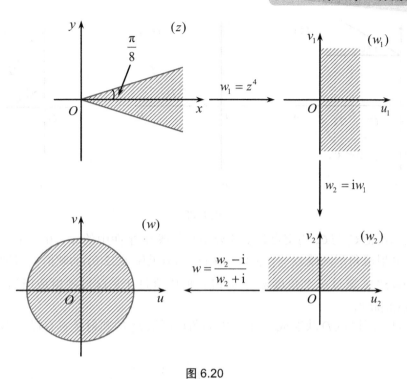

图 6.20

例 6.16 求一函数，它把割去 i 到 4i 的线段的全平面保角映射成上半平面．

解 作分式线性映射
$$w_1 = k \cdot \frac{z-\mathrm{i}}{z-4\mathrm{i}} \quad (k \text{ 为常数}),$$
使 $z=\mathrm{i}$、$z=4\mathrm{i}$ 分别映射成 $w_1=0$ 与 $w_1=\infty$．选取 $k=-1$，就可以使 i 到 4i 的线段充满 w_1 平面的正实轴．再通过根式函数 $w=\sqrt{w_1}$ 把上述去掉正实轴的平面映射成上半平面，如图 6.21 所示，故所求的函数为
$$w = \sqrt{-\frac{z-\mathrm{i}}{z-4\mathrm{i}}}.$$

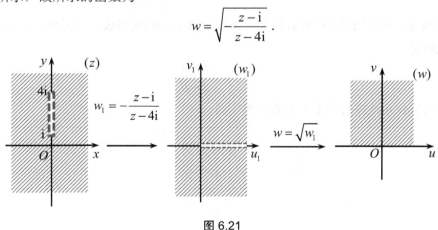

图 6.21

例 6.17 求把图 6.22(a)中由圆弧 C_1 与 C_2 所围成的交角为 α 的月牙形区域 D 映射成角形区域 G：$\varphi_0 < \arg w < \varphi_0 + \alpha$ 的一个保角映射．

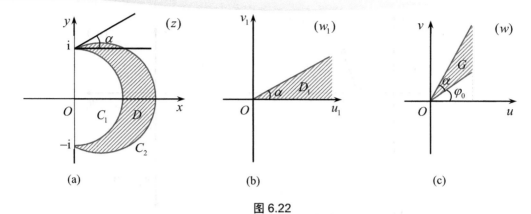

图 6.22

解 先求出把 C_1 与 C_2 的交点 i 与 $-\mathrm{i}$ 分别映射成 w_1 平面中的 $w_1=0$ 与 $w_1=\infty$，并使月牙形区域 D 映射成角形区域 $D_1=\{w_1:0<\arg w_1<\alpha\}$（见图 6.22(b)）的映射；再把该角形区域通过映射 $w=\mathrm{e}^{\mathrm{i}\varphi_0}w_1$ 转过一个角度 φ_0，即得到把所给月牙形区域映射成所给角形区域 G（见图 6.22(c)）的映射.

将所给月牙形区域 D 映射成 w_1 平面中的角形区域 D_1 的映射是具有以下形式的分式线性映射：

$$w_1=k\left(\frac{z-\mathrm{i}}{z+\mathrm{i}}\right),$$

其中，k 为待定的复常数. 该映射把 C_1 上的点 $z=1$ 映射成 $w_1=k\left(\dfrac{1-\mathrm{i}}{1+\mathrm{i}}\right)=-k\mathrm{i}$. 取 $k=\mathrm{i}$，使 $w_1=1$，这样 $w_1=\mathrm{i}\left(\dfrac{z-\mathrm{i}}{z+\mathrm{i}}\right)$ 就把 C_1 映射成 w_1 平面上的正实轴，根据保角性，它把所给的月牙形区域 D 映射成角形区域 G. 由此得到所求的映射为

$$w=\mathrm{i}\mathrm{e}^{\mathrm{i}\varphi_0}\left(\frac{z-\mathrm{i}}{z+\mathrm{i}}\right)=\mathrm{e}^{\mathrm{i}\left(\varphi_0+\frac{\pi}{2}\right)}\left(\frac{z-\mathrm{i}}{z+\mathrm{i}}\right).$$

一般来说，对于图 6.23 所示的由两圆弧（夹角 $\varphi>0$）所围成的月牙形区域，我们可用分式线性映射

$$w=\frac{z-\alpha}{z-\beta}$$

及幂函数将它保角地映射为上半平面或单位圆.

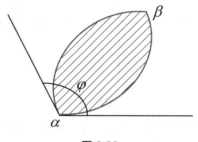

图 6.23

6.4.2 指数函数与对数函数

指数函数 $w = \mathrm{e}^z$ 在全平面上解析，且 $(\mathrm{e}^z)' = \mathrm{e}^z \neq 0$，因此它在全平面上都是保角的．

令 $z = x + \mathrm{i}y$，$w = \rho \mathrm{e}^{\mathrm{i}\varphi}$，则由

$$\rho \mathrm{e}^{\mathrm{i}\varphi} = \mathrm{e}^x \cdot \mathrm{e}^{\mathrm{i}y}$$

得

$$\rho = \mathrm{e}^x, \quad \varphi = y, \tag{6.10}$$

可知在 $w = \mathrm{e}^z$ 的映射下，z 平面上的直线 $x = x_0$ (常数) 映射成 w 平面上的圆周 $\rho = \mathrm{e}^{x_0}$ (见图 6.24)，直线 $y = y_0$ (常数) 映射成射线 $\varphi = \arg w = y_0$，横带形区域 $0 < y < 2\pi$ 映射成沿正实轴剪开的 w 平面 $0 < \arg w < 2\pi$．特别地，它把半带形区域 $-\infty < x < 0$，$0 < y < 2\pi$ 映射成沿正实轴剪开的单位圆内部，而把带形区域 $0 < x < +\infty$，$0 < y < 2\pi$ 映射成沿正实轴剪开的单位圆外部．由指数函数的周期性易知，横带形区域 $2k\pi < y < 2(k+1)\pi$ (k 为整数) 均映射成沿正实轴剪开的 w 平面，如图 6.25 所示.

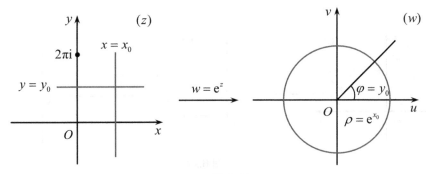

图 6.24

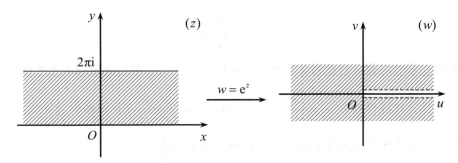

图 6.25

因此，由指数函数 $w = \mathrm{e}^z$ 所构成的映射的特点是：把横带形区域 $0 < \mathrm{Im}\, z < \alpha$ ($\alpha \leqslant 2\pi$) 映射成角形区域 $0 < \arg w < \alpha$．指数函数 $w = \mathrm{e}^z$ 常用来把带形区域映射成角形区域．

对数函数 $w = \ln z$ 是指数函数 $z = \mathrm{e}^w$ 的反函数．它所构成的映射把圆周 $|z| = r$，$0 \leqslant \arg z < 2\pi$ 映射成直线段 $\mathrm{Re}\, w = \ln r$，$2k\pi \leqslant \mathrm{Im}\, w < 2(k+1)\pi$，把区域 $0 < \arg z < 2\pi$ 映射成横带形区域 $2k\pi \leqslant \mathrm{Im}\, w < 2(k+1)\pi$．特别地，它把 z 平面上的角形区域

$0 < \arg z < \alpha$ ($\alpha \leqslant 2\pi$)保角映射成 w 平面上的横带形区域 $0 < \operatorname{Im} w < \alpha$，如图 6.26 所示.

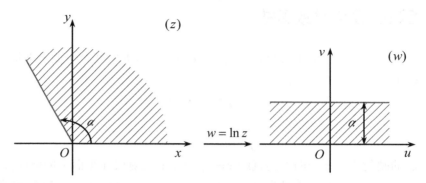

图 6.26

例 6.18 求一函数，它把横带形区域 $0 < \operatorname{Im} z < \pi$ 映射成 $|w| < 1$.

解 先作指数函数 $w_1 = e^z$，它把横带形区域 $0 < \operatorname{Im} z < \pi$ 映射成上半平面 $\operatorname{Im} w_1 > 0$.

再作分式线性映射 $w = \dfrac{w_1 - i}{w_1 + i}$，它把上半平面 $\operatorname{Im} w_1 > 0$ 映射成单位圆内部 $|w| < 1$，如图 6.27 所示.

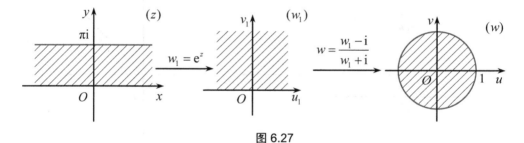

图 6.27

最后将上述两个函数复合起来，得所求函数为
$$w = \frac{e^z - i}{e^z + i}.$$

例 6.19 求一函数，它把月牙形区域 $|z| < 1$，$\left|z - \dfrac{i}{2}\right| > \dfrac{1}{2}$ 保角映射成上半平面.

解 先作分式线性映射 $w_1 = \dfrac{z}{z - i}$，把 $z = 0$，$z = i$ 和 $z = -i$ 分别映射成 $w_1 = 0$，$w_1 = \infty$ 和 $w_1 = \dfrac{1}{2}$，它把月牙形区域映射成竖带形区域，带宽为 $\dfrac{1}{2}$.

再作映射 $w_2 = e^{\frac{\pi}{2}i} w_1 = i w_1$，它将上述竖带形区域逆时针旋转 $\dfrac{\pi}{2}$，映射成横带形区域.

另外作映射 $w_3 = 2\pi w_2$，把带宽放大到 π.

最后通过指数函数 $w = e^{w_3}$ 把横带形区域映射成上半平面，如图 6.28 所示. 综合以上，得所求函数为
$$w = e^{2\pi i \frac{z}{z - i}}.$$

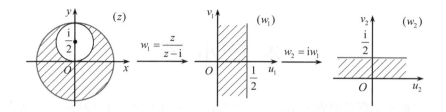

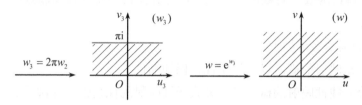

图 6.28

例 6.20 求一函数，它将区域 $\operatorname{Re} z > 0$，$0 < \operatorname{Im} z < \alpha$ 保角映射成上半平面.

解 先作映射 $w_1 = \dfrac{\pi}{\alpha} z$，它把所给的横带形区域的宽度放大到 π，然后通过指数函数 $w_2 = \mathrm{e}^{w_1}$ 把上述区域映射成上半单位圆的外部 $|w_2| > 1$，$\operatorname{Im} w_2 > 0$.

其次，作映射 $w_3 = \dfrac{1}{w_2}$，它把 w_2 平面上的区域映射成 w_3 平面上的下半单位圆的内部 $|w_3| < 1$，$\operatorname{Im} w_3 < 0$.

再作分式线性映射 $w_4 = -\dfrac{w_3 - 1}{w_3 + 1}$，它把 w_3 平面上的区域映射成 w_4 平面的第 I 象限.

最后，通过幂函数 $w = w_4^2$ 将上述区域映射成上半平面，如图 6.29 所示. 综上所述，得所求函数为

$$w = \left(\dfrac{\mathrm{e}^{-\frac{\pi}{\alpha}z} - 1}{\mathrm{e}^{-\frac{\pi}{\alpha}z} + 1}\right)^2.$$

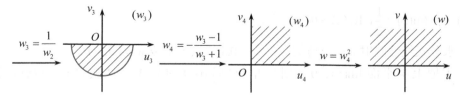

图 6.29

本 章 小 结

本章主要研究了保角映射的基本概念和性质，学习了分式线性映射和常见的几个其他映射(幂函数、指数函数、对数函数)，学习了如何将 z 平面的区域通过一系列映射转化为 w 平面的区域.

本章学习的基本要求如下.

(1) 理解保角映射的概念以及保角性、保伸缩性.

(2) 理解分式线性映射的概念以及分式线性映射的保角性、保圆性、保对称性.

(3) 熟练掌握三类常见的分式线性映射的构造.

(4) 掌握幂函数、指数函数、对数函数这几个映射的特点，能够运用这些映射与分式线性映射构造一些简单的区域之间的映射.

练 习 题

1. 求 $w = z^2$ 在点 $z = i$ 处的伸缩率和旋转角. 问：$w = z^2$ 将经过点 $z = i$ 且平行于实轴正向的曲线的切线方向映射成 w 平面上哪一个方向？

2. 在下述情况下，试决定映射 $w = f(z)$ 在 z 平面上不保角的点.

(1) $w = z^3 - 2z^2 + z - 2$.   (2) $w = z^2 + \dfrac{1}{z^2}$.   (3) $w = \sin^2 z$.

3. 映射 $w = z^2$ 把上半个圆域 $|z| < R$, $\mathrm{Im}(z) > 0$ 映射成什么？

4. 下列区域在指定的映射下映成什么？

(1) $\mathrm{Re}(z) > 0$, $w = iz + i$.

(2) $\mathrm{Im}(z) > 0$, $w = (1+i)z$.

(3) $0 < \mathrm{Im}(z) < \dfrac{1}{2}$, $w = \dfrac{1}{z}$.

(4) $\mathrm{Re}(z) > 1$, $\mathrm{Im}(z) > 0$, $w = \dfrac{1}{z}$.

(5) $0 < \mathrm{Im}(z) < \dfrac{1}{2}$, $\mathrm{Re}(z) > 0$, $w = \dfrac{i}{z}$.

5. 求分式线性映射 $w = f(z)$ 把点 $z = -i, 0, i$ 依次映射成 $w = 1, i, -1$.

6. 求把上半平面 $\mathrm{Im}(z) > 0$ 映射成单位圆 $|w| < 1$ 的分式线性映射 $w = f(z)$，并满足条件：

(1) $f(i) = 0$, $f(-1) = 1$；

(2) $f(i) = 0$, $\arg f'(i) = 0$；

(3) $f(1) = 1$, $f(i) = \dfrac{1}{\sqrt{5}}$．

7. 函数 $w = i\dfrac{z+2}{z-i}$ 将区域 $|z| > 2$ 映射成什么区域？

8. 求分式线性映射 $w = f(z)$，将圆 $|z| < 2$ 映射成右半平面 $\mathrm{Re}(w) > 0$，并满足条件 $f(0) = 1$, $\arg f'(0) = \dfrac{\pi}{2}$．

9. 求分式线性映射 $w = f(z)$，它将圆 $|z-1| < 1$ 映射成右半平面 $\mathrm{Re}(w) > 0$，并满足条件 $f(1) = 1$, $\arg f'(1) = \dfrac{\pi}{2}$．

10. 求分式线性映射 $w = f(z)$，它将单位圆 $|z| < 1$ 映射成左半平面 $\mathrm{Re}(w) < 0$，并满足条件 $f(0) = -1$, $f'(0) = 2i$．

11. 求将单位圆映射成单位圆的分式线性映射，并满足条件：

(1) $f\left(\dfrac{1}{2}\right) = 0$, $f(-1) = 1$；

(2) $f\left(\dfrac{i}{2}\right) = 0$, $\arg f'\left(\dfrac{i}{2}\right) = -\dfrac{\pi}{2}$；

(3) $f\left(\dfrac{1}{2}\right) = \dfrac{i}{2}$, $f'\left(\dfrac{1}{2}\right) > 0$．

12. 把点 $z = 1, i, -i$ 分别映射成点 $w = 1, 0, -1$ 的分式线性映射把单位圆 $|z| < 1$ 映射成什么？并求出这个映射．

13. 函数 $w = \dfrac{z^3 - i}{iz^3 - 1}$ 将角形区域 $0 < \arg z < \dfrac{\pi}{3}$ 映射成 w 平面上的什么区域？

14. 函数 $w = \dfrac{e^z - i}{e^z + i}$ 将带形区域 $0 < \mathrm{Im}(z) < \pi$ 映射成 w 平面上的什么区域？

15. 求将上半圆 $|z| < 1$, $\mathrm{Im}(z) > 0$ 映射到上半平面，且使 $f(-1) = 0$, $f(0) = 1$, $f(1) = \infty$ 的函数 $w = f(z)$．

16. 把图 6.30 中阴影部分所示(边界为直线段或圆弧)的域保角地且互为单值地映射成上半平面，并求出实现各映射的任一函数．

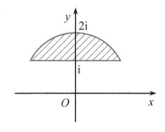

(1) $\mathrm{Im}(z) > 1$, $|z| < 2$

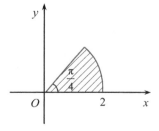

(2) $|z| < 2$, $0 < \arg z < \dfrac{\pi}{4}$

图 6.30

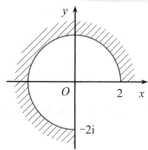 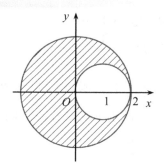

(3) $|z|>2$, $0<\text{Arg}\,z<\dfrac{3\pi}{2}$ (4) $|z|<2$, $|z-1|>1$

图 6.30 （续）

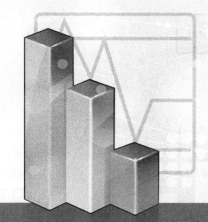

第7章 傅里叶变换

傅里叶变换具有特殊的物理意义，在很多领域被广泛地应用．本章在讨论傅里叶积分的基础上，引入傅里叶变换的概念，并研究单位脉冲函数、傅里叶变换的性质及一些应用．

§7.1 傅里叶变换的概念

1807年，法国数学家 Fourier 向法国科学院递交了一份报告．他在报告中指出，任何周期函数都可以表示为不同频率的正弦波或余弦波的叠加，现在称这种叠加形式为傅里叶级数，这一思想对后来的数学、物理及工程界产生了深远的影响．事实上，许多非周期函数也可以用正弦或余弦乘以加权函数的积分来表示．

本节将从函数在区间 $\left[-\dfrac{T}{2},\dfrac{T}{2}\right]$ 上的傅里叶级数展开式出发，讨论当 $T\to+\infty$ 时的极限形式，得出函数的傅里叶积分展开式，然后在这个基础上定义傅里叶变换．

7.1.1 傅里叶级数

若 $f_T(t)$ 是以 T 为周期的函数，在 $\left[-\dfrac{T}{2},\dfrac{T}{2}\right]$ 上满足狄利克雷(Dirichlet)条件，即在 $\left[-\dfrac{T}{2},\dfrac{T}{2}\right]$ 上满足：

(1) 连续或只有有限个第一类间断点；

(2) 只有有限个极值点，则 $f_T(t)$ 在 $\left[-\dfrac{T}{2},\dfrac{T}{2}\right]$ 上可以展开成傅里叶级数，且在 $f_T(t)$ 的连续点处，级数的三角形式为

$$f_T(t) = \frac{a_0}{2} + \sum_{n=1}^{+\infty}(a_n \cos n\omega t + b_n \sin n\omega t) \quad (7.1)$$

其中,
$$\omega = \frac{2\pi}{T},$$
$$a_n = \frac{2}{T}\int_{-\frac{T}{2}}^{\frac{T}{2}} f_T(t)\cos n\omega t \, dt \quad (n=0,1,2,\cdots),$$
$$b_n = \frac{2}{T}\int_{-\frac{T}{2}}^{\frac{T}{2}} f_T(t)\sin n\omega t \, dt \quad (n=1,2,3,\cdots).$$

在 $f_T(t)$ 的间断点处,式(7.1)收敛于 $\dfrac{f_T(t+0)+f_T(t-0)}{2}$.

利用欧拉(Euler)公式
$$\cos\varphi = \frac{e^{i\varphi}+e^{-i\varphi}}{2}, \quad \sin\varphi = \frac{e^{i\varphi}-e^{-i\varphi}}{2i},$$
将其代入式(7.1),可将傅里叶级数的三角形式转化为指数形式
$$f_T(t) = \frac{a_0}{2} + \sum_{n=1}^{+\infty}\left(\frac{a_n - ib_n}{2}e^{in\omega t} + \frac{a_n + ib_n}{2}e^{-in\omega t}\right).$$

令
$$c_0 = \frac{a_0}{2}, \quad c_n = \frac{a_n - ib_n}{2}, \quad c_{-n} = \frac{a_n + ib_n}{2},$$

可得
$$f_T(t) = c_0 + \sum_{n=1}^{+\infty}(c_n e^{in\omega t} + c_{-n}e^{-in\omega t}) = \sum_{n=-\infty}^{+\infty} c_n e^{in\omega t} \quad (7.2)$$

其中,
$$c_n = \frac{1}{T}\int_{-\frac{T}{2}}^{\frac{T}{2}} f_T(t)e^{-in\omega t} \, dt \quad (n=0,\pm 1,\pm 2,\cdots). \quad (7.3)$$

我们称式(7.1)为傅里叶级数的三角形式,式(7.2)为傅里叶级数的复指数形式,工程上一般采用后一种形式.

傅里叶级数有明确的物理意义. 在式(7.1)中, 令
$$A_0 = \frac{a_0}{2}, \quad A_n = \sqrt{a_n^2 + b_n^2}, \quad \cos\theta_n = \frac{a_n}{A_n}, \quad \sin\theta_n = \frac{-b_n}{A_n}, \quad (n=1,2,3,\cdots),$$
则式(7.1)变为
$$f_T(t) = A_0 + \sum_{n=1}^{+\infty} A_n(\cos\theta_n \cos n\omega t - \sin\theta_n \sin n\omega t)$$
$$= A_0 + \sum_{n=1}^{+\infty} A_n \cos(\theta_n + n\omega t). \quad (7.4)$$

若函数 $f_T(t)$ 代表信号,则式(7.4)表明,一个周期为 T 的信号可以分解为简谐波之和. 这些简谐波的(角)频率分别为基频 ω 的倍数,即信号 $f_T(t)$ 由一系列具有离散频率的谐波构成,而不是含有各种频率成分.

7.1.2 傅里叶积分定理

由前面的讨论可知,一个周期函数可以展开为傅里叶级数. 对于一般的信号而言,不一定都是周期的,那么对于非周期函数如何讨论呢?事实上,非周期函数 $f(t)$ 可以看成是某个周期函数 $f_T(t)$ 当 $T \to +\infty$ 时的极限,即

$$f(t) = \lim_{T \to +\infty} f_T(t).$$

由式(7.2)和式(7.3),有

$$f(t) = \lim_{T \to +\infty} \frac{1}{T} \sum_{n=-\infty}^{+\infty} \left[\int_{-\frac{T}{2}}^{\frac{T}{2}} f_T(u) \mathrm{e}^{-\mathrm{i} n \omega u} \mathrm{d}u \right] \mathrm{e}^{\mathrm{i} n \omega t}. \tag{7.5}$$

令 $\omega_n = n\omega$ $(n = 0, \pm 1, \pm 2, \cdots)$,则当 n 取一切整数时,ω_n 所对应的点均匀地分布在整个数轴上.

若两个相邻点的距离用 $\Delta \omega_n$ 表示,即

$$\Delta \omega_n = \omega_{n+1} - \omega_n = \frac{2\pi}{T} \text{ 或者 } T = \frac{2\pi}{\Delta \omega_n},$$

则当 $T \to +\infty$ 时,$\Delta \omega_n \to 0$,式(7.5)又可以写成

$$f(t) = \lim_{\Delta \omega_n \to 0} \frac{1}{2\pi} \sum_{n=-\infty}^{+\infty} \left[\int_{-\frac{T}{2}}^{\frac{T}{2}} f_T(u) \mathrm{e}^{-\mathrm{i} \omega_n u} \mathrm{d}u \right] \mathrm{e}^{\mathrm{i} \omega_n t} \Delta \omega_n. \tag{7.6}$$

当 t 固定时,式(7.6)中的 $\frac{1}{2\pi} \left[\int_{-\frac{T}{2}}^{\frac{T}{2}} f_T(u) \mathrm{e}^{-\mathrm{i} \omega_n u} \mathrm{d}u \right] \mathrm{e}^{\mathrm{i} \omega_n t}$ 是 ω_n 的函数. 设

$$\Phi_T(\omega_n) = \frac{1}{2\pi} \left[\int_{-\frac{T}{2}}^{\frac{T}{2}} f_T(u) \mathrm{e}^{-\mathrm{i} \omega_n u} \mathrm{d}u \right] \mathrm{e}^{\mathrm{i} \omega_n t},$$

则式(7.6)变为

$$f(t) = \lim_{\Delta \omega_n \to 0} \sum_{n=-\infty}^{+\infty} \Phi_T(\omega_n) \Delta \omega_n.$$

若 $T \to +\infty$ 时,记 $\Phi_T(\omega_n) \to \Phi(\omega_n)$,则利用积分定义,上式可写成

$$f(t) = \lim_{\Delta \omega_n \to 0} \sum_{n=-\infty}^{+\infty} \Phi(\omega_n) \Delta \omega_n = \int_{-\infty}^{+\infty} \Phi(\omega) \mathrm{d}\omega, \tag{7.7}$$

其中,

$$\Phi(\omega) = \lim_{\Delta \omega_n \to 0} \Phi(\omega_n) = \lim_{T \to +\infty} \Phi_T(\omega_n) = \frac{1}{2\pi} \left[\int_{-\infty}^{+\infty} f(u) \mathrm{e}^{-\mathrm{i} \omega u} \mathrm{d}u \right] \mathrm{e}^{\mathrm{i} \omega t}.$$

将上式代入式(7.7),得

$$\boxed{f(t) = \frac{1}{2\pi} \int_{-\infty}^{+\infty} \left[\int_{-\infty}^{+\infty} f(u) \mathrm{e}^{-\mathrm{i} \omega u} \mathrm{d}u \right] \mathrm{e}^{\mathrm{i} \omega t} \mathrm{d}\omega} \tag{7.8}$$

式(7.8)称为函数 $f(t)$ 的**傅里叶积分公式**.

应该指出,在推导式(7.8)的过程中,每一步都是有条件的,我们只是做了形式上的推导,是不严格的,其目的在于让读者对傅里叶级数和傅里叶积分有个直观的认识. 至于一个非周期函数 $f(t)$ 在什么条件下,可以用傅里叶积分公式来表示,有下面的定理.

定理 7.1 (傅里叶积分定理)　若函数 $f(t)$ 在 $(-\infty,+\infty)$ 上满足下列条件：

(1)　$f(t)$ 在任一有限区间上满足 Dirichlet 条件；

(2)　$f(t)$ 在区间 $(-\infty,+\infty)$ 上绝对可积，即 $\int_{-\infty}^{+\infty}|f(t)|\mathrm{d}t = M < +\infty$，则有

$$f(t) = \frac{1}{2\pi}\int_{-\infty}^{+\infty}\left[\int_{-\infty}^{+\infty}f(u)\mathrm{e}^{-\mathrm{i}\omega u}\mathrm{d}u\right]\mathrm{e}^{\mathrm{i}\omega t}\mathrm{d}\omega$$

成立，而在 $f(t)$ 的间断点处，

$$\frac{f(t+0)+f(t-0)}{2} = \frac{1}{2\pi}\int_{-\infty}^{+\infty}\left[\int_{-\infty}^{+\infty}f(u)\mathrm{e}^{-\mathrm{i}\omega u}\mathrm{d}u\right]\mathrm{e}^{\mathrm{i}\omega t}\mathrm{d}\omega.$$

证明略.

这个定理给出了一个傅里叶积分公式成立的充分条件，不但解决了非周期函数的傅里叶展开，为傅里叶变换奠定了理论基础，而且在含参变量反常积分的计算和证明中也有应用.

7.1.3　傅里叶变换的定义

在式(7.8)中，令

$$\hat{f}(\omega) = \int_{-\infty}^{+\infty}f(t)\mathrm{e}^{-\mathrm{i}\omega t}\mathrm{d}t \tag{7.9}$$

则有

$$f(t) = \frac{1}{2\pi}\int_{-\infty}^{+\infty}\hat{f}(\omega)\mathrm{e}^{\mathrm{i}\omega t}\mathrm{d}\omega \tag{7.10}$$

可以看出，式(7.9)和式(7.10)定义了一个变换对，即对于已知函数 $f(t)$，通过指定的积分运算，有关于 ω 的函数 $\hat{f}(\omega)$ 与之对应；反之也成立，我们给出如下定义.

定义 7.1　称式(7.9)为 $f(t)$ 的傅里叶变换(简称傅氏变换)，记作

$$\hat{f}(\omega) = \mathscr{F}\{f(t)\},$$

函数 $\hat{f}(\omega)$ 称为 $f(t)$ 的像函数.

定义 7.2　称式(7.10)为 $\hat{f}(\omega)$ 的傅里叶逆变换，记作

$$f(t) = \mathscr{F}^{-1}\{\hat{f}(\omega)\},$$

傅里叶积分变换的定义

函数 $f(t)$ 称为 $\hat{f}(\omega)$ 的像原函数，像函数 $\hat{f}(\omega)$ 和像原函数 $f(t)$ 构成一个傅里叶变换对.

需要明确，傅里叶变换是定义在傅里叶积分定理基础之上的，因此傅里叶积分定理的条件也就是函数 $f(t)$ 的傅里叶变换存在的充分条件. 另一方面，傅里叶变换也有明确的物理意义. 式(7.10)说明，非周期函数也是由许多不同频率的谐波合成，和周期函数的区别在于非周期函数包含了从零到无穷大的所有频率分量. 各次谐波按其频率高低依次排列起来成谱状，按这样排列的各次谐波的全体称为**频谱**. $\hat{f}(\omega)$ 是 $f(t)$ 中各频率分量的分布密度，称为**频谱密度函数**(简称频谱)，$|\hat{f}(\omega)|$ 为**振幅谱**，$\arg\hat{f}(\omega)$ 为**相位谱**. 由于这种特殊的物理意义，傅里叶变换在工程实际中有着广泛的应用.

例 7.1 求矩形脉冲函数 $f(t)=\begin{cases}1, & |t|\leq c\\ 0, & |t|>c\end{cases}(c>0)$ 的傅里叶变换及其积分表达式.

解 $f(t)$ 的傅里叶变换为

$$\hat{f}(\omega)=\mathscr{F}\{f(t)\}=\int_{-\infty}^{+\infty}f(t)\mathrm{e}^{-\mathrm{i}\omega t}\mathrm{d}t=\int_{-c}^{c}\mathrm{e}^{-\mathrm{i}\omega t}\mathrm{d}t=\int_{-c}^{c}(\cos\omega t-\mathrm{i}\sin\omega t)\mathrm{d}t$$

$$=2\int_{0}^{c}\cos\omega t\,\mathrm{d}t=\frac{2\sin\omega c}{\omega}. \quad (\omega\neq 0)$$

$f(t)$ 的傅里叶积分表达式, 即 $\hat{f}(\omega)$ 的傅里叶逆变换为

$$f(t)=\mathscr{F}^{-1}\{\hat{f}(\omega)\}=\frac{1}{2\pi}\int_{-\infty}^{+\infty}\hat{f}(\omega)\mathrm{e}^{\mathrm{i}\omega t}\mathrm{d}\omega=\frac{1}{2\pi}\int_{-\infty}^{+\infty}\frac{2\sin\omega c}{\omega}\mathrm{e}^{\mathrm{i}\omega t}\mathrm{d}\omega$$

$$=\frac{1}{2\pi}\int_{-\infty}^{+\infty}\frac{2\sin\omega c}{\omega}(\cos\omega t+\mathrm{i}\sin\omega t)\mathrm{d}\omega$$

$$=\frac{2}{\pi}\int_{0}^{+\infty}\frac{\sin\omega c\cos\omega t}{\omega}\mathrm{d}\omega=\begin{cases}1, & |t|<c\\ \dfrac{1}{2}, & |t|=c\\ 0, & |t|>c\end{cases}.$$

特殊地, 若 $t=0$, $c=1$ 时则由上式可得积分公式

$$\int_{0}^{+\infty}\frac{\sin x}{x}\mathrm{d}x=\frac{\pi}{2}.$$

例 7.2 求指数衰减函数 $f(t)=\begin{cases}\mathrm{e}^{-\beta t}, & t\geq 0\\ 0, & t<0\end{cases}(\beta>0)$ 的傅里叶变换及其积分表达式.

解 $\hat{f}(\omega)=\mathscr{F}\{f(t)\}=\int_{-\infty}^{+\infty}\mathrm{e}^{-\beta t}\mathrm{e}^{-\mathrm{i}\omega t}\mathrm{d}t=\int_{0}^{+\infty}\mathrm{e}^{-(\beta+\mathrm{i}\omega)t}\mathrm{d}t=\frac{1}{\beta+\mathrm{i}\omega}=\frac{\beta-\mathrm{i}\omega}{\beta^2+\omega^2},$

$$f(t)=\mathscr{F}^{-1}\{\hat{f}(\omega)\}=\frac{1}{2\pi}\int_{-\infty}^{+\infty}\hat{f}(\omega)\mathrm{e}^{\mathrm{i}\omega t}\mathrm{d}\omega=\frac{1}{2\pi}\int_{-\infty}^{+\infty}\frac{\beta-\mathrm{i}\omega}{\beta^2+\omega^2}\mathrm{e}^{\mathrm{i}\omega t}\mathrm{d}\omega$$

$$=\frac{1}{2\pi}\int_{-\infty}^{+\infty}\frac{\beta-\mathrm{i}\omega}{\beta^2+\omega^2}(\cos\omega t+\mathrm{i}\sin\omega t)\mathrm{d}\omega=\frac{1}{2\pi}\int_{-\infty}^{+\infty}\frac{\beta\cos\omega t+\omega\sin\omega t}{\beta^2+\omega^2}\mathrm{d}\omega$$

$$=\frac{1}{\pi}\int_{0}^{+\infty}\frac{\beta\cos\omega t+\omega\sin\omega t}{\beta^2+\omega^2}\mathrm{d}\omega\quad(t\neq 0).$$

由此, 得到如下含参量的积分结果:

$$\int_{0}^{+\infty}\frac{\beta\cos\omega t+\omega\sin\omega t}{\beta^2+\omega^2}\mathrm{d}\omega=\begin{cases}\pi\mathrm{e}^{-\beta t}, & t>0\\ \dfrac{\pi}{2}, & t=0\\ 0, & t<0\end{cases}.$$

§7.2 单位脉冲函数

在工程实际问题中, 一些物理现象需要用一个时间极短但值极大的函数模型来描述, 例如力学中瞬间作用的冲击力、电学中的瞬时脉冲电压、

单位脉冲函数及其傅里叶变换

雷击电闪、数字通信中的抽样脉冲等，这些现象反映出除了连续分布的量外，还有集中于一点或一瞬时的量. **单位脉冲函数**，又称**冲激函数**，就是以这类实际问题为背景而引出的.

7.2.1 单位脉冲函数的概念

下面将通过具体例子，引入单位脉冲函数.

例 7.3 在原来电流为零的电路中，某一瞬时（$t=0$）进入一单位电荷量的脉冲，现在要确定电路上的电流强度 $i(t)$.

解 用 $q(t)$ 表示上述电路中的电荷量，则

$$q(t)=\begin{cases} 0, & t \neq 0 \\ 1, & t=0 \end{cases}.$$

电流强度是电荷量对时间的变化率，因此

$$i(t)=\frac{\mathrm{d}q(t)}{\mathrm{d}t}=\lim_{\Delta t \to 0}\frac{q(t+\Delta t)-q(t)}{\Delta t}.$$

当 $t \neq 0$ 时，显然 $i(t)=0$；

当 $t=0$ 时，由于 $q(t)$ 不连续，从而在普通导数的意义下，$q(t)$ 在这一点是不能求导的. 如果形式地计算这个导数，则

$$i(0)=\lim_{\Delta t \to 0}\frac{q(0+\Delta t)-q(0)}{\Delta t}=\lim_{\Delta t \to 0}\left(-\frac{1}{\Delta t}\right)=\infty.$$

此外，总电量 $q=\int_{-\infty}^{+\infty}i(t)\mathrm{d}t=1$.

上式说明，在常规的函数类中找不到能够表示该电路中电流强度的函数. 1930 年，英国物理学家狄拉克(Dirac)最先在量子力学中引入了 $\delta -$ 函数. 有了这个函数，许多集中于一点或一瞬时的量以及窄脉冲等，就能够像处理连续分布的量一样，以统一的方式加以解决. 经过数学抽象，可引出单位脉冲函数的数学概念.

定义 7.3 如果单位脉冲函数 $\delta(t)$ 满足

(1) $\delta(t)=\begin{cases} 0, & t \neq 0 \\ \infty, & t=0 \end{cases}$；

(2) $\int_{-\infty}^{+\infty}\delta(t)\mathrm{d}t=1$，或者 $\int_{I}\delta(t)\mathrm{d}t=1$，其中 I 是含有 $t=0$ 的任何一个区间，则称 $\delta(t)$ 为 $\delta -$ 函数或 **Dirac 函数.**

需要明确，上述定义方式在理论上是不严格的，它只是对 $\delta -$ 函数的某种描述. 事实上，$\delta -$ 函数是一个广义函数，在现实生活中是不存在的，是数学抽象的结果.

有时也将 $\delta -$ 函数直观地理解为 $\delta(t)=\lim_{\varepsilon \to 0}\delta_\varepsilon(t)$，其中 $\delta_\varepsilon(t)$ 是宽度为 ε、高度为 $\dfrac{1}{\varepsilon}$ 的矩形脉冲函数，如图 7.1 所示，有以下定义：

$$\delta_\varepsilon(t)=\begin{cases} 0, & t>\varepsilon \\ \dfrac{1}{\varepsilon}, & 0 \leqslant t \leqslant \varepsilon \\ 0, & t<0 \end{cases}.$$

工程上常用一个长度等于 1 的有向线段来表示 δ - 函数，线段的长度表示 δ - 函数的积分值，称为 δ - 函数的强度，如图 7.2 所示.

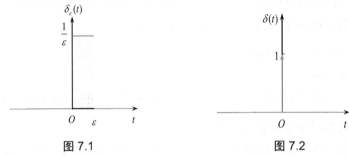

图 7.1　　　　　　　　　　图 7.2

更一般地，有

定义 7.4　如果函数 $\delta(t-a)$ 满足

(1) $\delta(t-a) = \begin{cases} 0, & t \neq a \\ \infty, & t = a \end{cases}$;

(2) $\int_{-\infty}^{+\infty} \delta(t-a) \mathrm{d}t = 1$，或者 $\int_I \delta(t-a) \mathrm{d}t = 1$，其中 I 是含有 $t = a$ 的任何一个区间，则称其为 $\boldsymbol{\delta(t-a)}$ **函数**.

7.2.2　单位脉冲函数的性质

性质 7.1　$\delta(t)$ 是关于 t 的偶函数，即 $\delta(-t) = \delta(t)$.

性质 7.2　设 $f(t)$ 是定义在实数域上的有界函数，且在 $t = 0$ 处连续，则

$$\boxed{\int_{-\infty}^{+\infty} \delta(t) f(t) \mathrm{d}t = f(0)} \tag{7.11}$$

证　$\int_{-\infty}^{+\infty} \delta(t) f(t) \mathrm{d}t = \lim_{\varepsilon \to 0} \int_{-\infty}^{+\infty} \delta_{\varepsilon}(t) f(t) \mathrm{d}t = \lim_{\varepsilon \to 0} \int_0^{\varepsilon} \frac{1}{\varepsilon} f(t) \mathrm{d}t = \lim_{\varepsilon \to 0} \frac{1}{\varepsilon} \int_0^{\varepsilon} f(t) \mathrm{d}t$

$= \lim_{\varepsilon \to 0} \frac{1}{\varepsilon} \cdot f(\theta \varepsilon) \cdot \varepsilon = \lim_{\varepsilon \to 0} f(\theta \varepsilon) = f(0)$（积分中值定理）.

式(7.11)称为 $\delta(t)$ 的**筛选性质**，它也常常用来定义 δ - 函数.

更一般地，有

$$\boxed{\int_{-\infty}^{+\infty} \delta(t-a) f(t) \mathrm{d}t = f(a)} \tag{7.12}$$

从而

$$\boxed{\int_{-\infty}^{+\infty} \delta(t) f(t-a) \mathrm{d}t = f(-a)}$$

性质 7.3　$\mathscr{F}\{\delta(t)\} = 1$，$\mathscr{F}^{-1}\{1\} = \delta(t)$，即 $\delta(t)$ 与 1 构成傅里叶变换对.

证　$\mathscr{F}\{\delta(t)\} = \int_{-\infty}^{+\infty} \delta(t) \mathrm{e}^{-\mathrm{i}\omega t} \mathrm{d}t = \mathrm{e}^{-\mathrm{i}\omega t}\big|_{t=0} = 1$，

对应地，

$$\mathscr{F}^{-1}\{1\} = \frac{1}{2\pi} \int_{-\infty}^{+\infty} \mathrm{e}^{\mathrm{i}\omega t} \mathrm{d}\omega = \delta(t). \tag{7.13}$$

性质 7.4　$\mathscr{F}\{\delta(t-a)\} = \mathrm{e}^{-\mathrm{i}\omega a}$.

证 由式(7.12)，有 $\mathscr{F}\{\delta(t-a)\} = \int_{-\infty}^{+\infty} \delta(t-a)\mathrm{e}^{-\mathrm{i}\omega t}\mathrm{d}t = \mathrm{e}^{-\mathrm{i}\omega t}\big|_{t=a} = \mathrm{e}^{-\mathrm{i}\omega a}$.

性质 7.5 $\mathscr{F}\{1\} = 2\pi\delta(\omega)$.

证 由式(7.13)，有 $\mathscr{F}\{1\} = \int_{-\infty}^{+\infty} \mathrm{e}^{-\mathrm{i}\omega t}\mathrm{d}t = 2\pi\delta(\omega)$.

性质 7.6 $\mathscr{F}\{\mathrm{e}^{\pm\mathrm{i}\omega_0 t}\} = 2\pi\delta(\omega\mp\omega_0)$.

证 由性质 7.5，有

$$\mathscr{F}\{\mathrm{e}^{\pm\mathrm{i}\omega_0 t}\} = \int_{-\infty}^{+\infty} \mathrm{e}^{\pm\mathrm{i}\omega_0 t}\cdot\mathrm{e}^{-\mathrm{i}\omega t}\mathrm{d}t = \int_{-\infty}^{+\infty} \mathrm{e}^{-\mathrm{i}(\omega\mp\omega_0)t}\mathrm{d}t = 2\pi\delta(\omega\mp\omega_0).$$

对应地，$\mathscr{F}^{-1}\{2\pi\delta(\omega\mp\omega_0)\} = \mathrm{e}^{\pm\mathrm{i}\omega_0 t}$.

上述性质表明，$\delta(t-a)$ 与函数 $\mathrm{e}^{-\mathrm{i}\omega a}$，常数 1 与 $2\pi\delta(\omega)$，$\mathrm{e}^{\pm\mathrm{i}\omega_0 t}$ 与 $2\pi\delta(\omega\mp\omega_0)$ 分别构成了傅里叶变换对.

需要指出的是，为了方便起见，$\delta(t)$ 的傅里叶变换仍旧写成古典定义的形式，但已经不是古典意义下的傅里叶变换，而是一种广义傅里叶变换. 在物理学和工程技术中，有许多重要的函数不满足傅里叶积分定理中绝对可积的条件，例如，常数、符号函数、单位阶跃函数以及正、余弦函数等，然而它们的广义傅里叶变换是存在的，利用单位脉冲函数及其傅里叶变换就可以求出它们的傅里叶变换，不过一般可以省略"广义"二字.

例 7.4 证明：单位阶跃函数 $u(t) = \begin{cases} 0, & t < 0 \\ 1, & t > 0 \end{cases}$ 的傅里叶变换为 $\dfrac{1}{\mathrm{i}\omega} + \pi\delta(\omega)$.

证 若 $\hat{f}(\omega) = \dfrac{1}{\mathrm{i}\omega} + \pi\delta(\omega)$，对其取傅里叶逆变换，有

$$f(t) = \mathscr{F}^{-1}\{\hat{f}(\omega)\} = \frac{1}{2\pi}\int_{-\infty}^{+\infty}\left[\frac{1}{\mathrm{i}\omega} + \pi\delta(\omega)\right]\mathrm{e}^{\mathrm{i}\omega t}\mathrm{d}\omega$$

$$= \frac{1}{2\pi}\int_{-\infty}^{+\infty}\pi\delta(\omega)\mathrm{e}^{\mathrm{i}\omega t}\mathrm{d}\omega + \frac{1}{2\pi}\int_{-\infty}^{+\infty}\frac{\mathrm{e}^{\mathrm{i}\omega t}}{\mathrm{i}\omega}\mathrm{d}\omega$$

$$= \frac{1}{2}\int_{-\infty}^{+\infty}\delta(\omega)\mathrm{e}^{\mathrm{i}\omega t}\mathrm{d}\omega + \frac{1}{2\pi}\int_{-\infty}^{+\infty}\frac{\mathrm{e}^{\mathrm{i}\omega t}}{\mathrm{i}\omega}\mathrm{d}\omega$$

$$= \frac{1}{2} + \frac{1}{\pi}\int_0^{+\infty}\frac{\sin\omega t}{\omega}\mathrm{d}\omega.$$

为了说明 $f(t) = u(t)$，就必须计算积分 $\int_0^{+\infty}\dfrac{\sin\omega t}{\omega}\mathrm{d}\omega$.

由 Dirichlet 积分 $\int_0^{+\infty}\dfrac{\sin\omega}{\omega}\mathrm{d}\omega = \dfrac{\pi}{2}$，有

$$\int_0^{+\infty}\frac{\sin\omega t}{\omega}\mathrm{d}\omega = \begin{cases} -\dfrac{\pi}{2}, & t < 0 \\ 0, & t = 0 \\ \dfrac{\pi}{2}, & t > 0 \end{cases}.$$

当 $t = 0$ 时，积分 $\int_0^{+\infty}\dfrac{\sin\omega t}{\omega}\mathrm{d}\omega$ 显然为 0；

当 $t < 0$ 时，令 $u = -\omega t$，则

第7章 傅里叶变换

$$\int_0^{+\infty} \frac{\sin \omega t}{\omega} d\omega = \int_0^{+\infty} \frac{\sin(-u)}{u} du = -\int_0^{+\infty} \frac{\sin u}{u} du = -\frac{\pi}{2};$$

当 $t > 0$ 时，令 $u = \omega t$，可得

$$\int_0^{+\infty} \frac{\sin \omega t}{\omega} d\omega = \int_0^{+\infty} \frac{\sin u}{u} du = \frac{\pi}{2}.$$

将此结果代入 $f(t)$ 的表达式中，当 $t \neq 0$ 时，可得

$$f(t) = \frac{1}{2} + \frac{1}{\pi}\int_0^{+\infty} \frac{\sin \omega t}{\omega} d\omega = \begin{cases} \dfrac{1}{2} + \dfrac{1}{\pi}\left(-\dfrac{\pi}{2}\right) = 0, & t < 0 \\ \dfrac{1}{2} + \dfrac{1}{\pi}\cdot\dfrac{\pi}{2} = 1, & t > 0 \end{cases}.$$

这就表明 $\hat{f}(\omega) = \dfrac{1}{\mathrm{i}\omega} + \pi\delta(\omega)$ 的傅里叶逆变换为 $f(t) = u(t)$，即 $u(t)$ 和 $\dfrac{1}{\mathrm{i}\omega} + \pi\delta(\omega)$ 构成了一个傅里叶变换对.

例 7.5 求周期函数 $f(t) = \cos \omega_0 t$ 的傅里叶变换.

解 $\hat{f}(\omega) = \mathscr{F}\{\cos \omega_0 t\} = \int_{-\infty}^{+\infty} \cos \omega_0 t \cdot \mathrm{e}^{-\mathrm{i}\omega t} dt = \int_{-\infty}^{+\infty} \dfrac{\mathrm{e}^{\mathrm{i}\omega_0 t} + \mathrm{e}^{-\mathrm{i}\omega_0 t}}{2} \mathrm{e}^{-\mathrm{i}\omega t} dt$

$= \dfrac{1}{2}\int_{-\infty}^{+\infty}[\mathrm{e}^{-\mathrm{i}(\omega-\omega_0)t} + \mathrm{e}^{-\mathrm{i}(\omega+\omega_0)t}]dt = \dfrac{1}{2}[\int_{-\infty}^{+\infty}\mathrm{e}^{-\mathrm{i}(\omega-\omega_0)t}dt + \int_{-\infty}^{+\infty}\mathrm{e}^{-\mathrm{i}(\omega+\omega_0)t}dt]$

$= \pi[\delta(\omega-\omega_0) + \delta(\omega+\omega_0)]$.

即

$$\boxed{\mathscr{F}\{\cos \omega_0 t\} = \pi[\delta(\omega-\omega_0) + \delta(\omega+\omega_0)]}$$

同理

$$\boxed{\mathscr{F}\{\sin(\omega_0 t)\} = \mathrm{i}\pi[\delta(\omega+\omega_0) - \delta(\omega-\omega_0)]}$$

例 7.6 利用 δ-函数性质，求 $I = \int_{-4}^{2} \mathrm{e}^t \delta(2t+4) dt$.

解 令 $u = 2t + 4$，则

$$I = \frac{1}{2}\int_{-4}^{8} \mathrm{e}^{\frac{u-4}{2}} \delta(u) du = \frac{1}{2}\mathrm{e}^{\frac{u-4}{2}}\bigg|_{u=0} = \frac{1}{2}\mathrm{e}^{-2}.$$

例 7.6 讲解

§7.3 傅里叶变换的性质

本节介绍傅里叶变换的几个重要性质. 为叙述方便，假定以下需要求傅里叶变换的函数都满足傅里叶积分定理中的条件.

7.3.1 线性性质

设 $\hat{f}_1(\omega) = \mathscr{F}\{f_1(t)\}$，$\hat{f}_2(\omega) = \mathscr{F}\{f_2(t)\}$，$a, b$ 为任意常数，则

$$\mathscr{F}\{af_1(t) + bf_2(t)\} = a\hat{f}_1(\omega) + b\hat{f}_2(\omega).$$

傅里叶变换的性质-1

该性质说明两个函数线性组合的傅里叶变换等于傅里叶变换的线性组合,可直接由积分的线性性质推出,也可以推广到有限个函数.

对应地,傅里叶逆变换也有线性性质,即
$$\mathscr{F}^{-1}\{a\hat{f}_1(\omega)+b\hat{f}_2(\omega)\}=af_1(t)+bf_2(t).$$

7.3.2 对称性质

设 $\hat{f}(\omega)=\mathscr{F}\{f(t)\}$,则
$$\mathscr{F}\{\hat{f}(t)\}=2\pi f(-\omega).$$

证 根据定义,有
$$f(t)=\frac{1}{2\pi}\int_{-\infty}^{+\infty}\hat{f}(\omega)\mathrm{e}^{\mathrm{i}\omega t}\mathrm{d}\omega,$$

因此
$$f(-t)=\frac{1}{2\pi}\int_{-\infty}^{+\infty}\hat{f}(\omega)\mathrm{e}^{-\mathrm{i}\omega t}\mathrm{d}\omega.$$

将变量 t 与 ω 互换,得
$$2\pi f(-\omega)=\int_{-\infty}^{+\infty}\hat{f}(t)\mathrm{e}^{-\mathrm{i}\omega t}\mathrm{d}t,$$

即 $\mathscr{F}\{\hat{f}(t)\}=2\pi f(-\omega)$.

7.3.3 相似性质

设 $\hat{f}(\omega)=\mathscr{F}\{f(t)\}$,$b$ 为非零常数,则
$$\mathscr{F}\{f(bt)\}=\frac{1}{|b|}\hat{f}\left(\frac{\omega}{b}\right).$$

证 设 $x=bt$,当 $b>0$ 时,有
$$\mathscr{F}\{f(bt)\}=\int_{-\infty}^{+\infty}f(bt)\mathrm{e}^{-\mathrm{i}\omega t}\mathrm{d}t=\frac{1}{b}\int_{-\infty}^{+\infty}f(x)\mathrm{e}^{-\mathrm{i}\frac{\omega}{b}x}\mathrm{d}x=\frac{1}{b}\hat{f}\left(\frac{\omega}{b}\right);$$

当 $b<0$ 时,有
$$\mathscr{F}\{f(bt)\}=\int_{-\infty}^{+\infty}f(bt)\mathrm{e}^{-\mathrm{i}\omega t}\mathrm{d}t=\frac{1}{b}\int_{+\infty}^{-\infty}f(x)\mathrm{e}^{-\mathrm{i}\frac{\omega}{b}x}\mathrm{d}x=-\frac{1}{b}\hat{f}\left(\frac{\omega}{b}\right).$$

综上可知,$\mathscr{F}\{f(bt)\}=\frac{1}{|b|}\hat{f}\left(\frac{\omega}{b}\right)$.

该性质有非常明确的物理意义,说明了时域和频域之间的联系:若函数(或信号)被压缩($b>1$),则其像在频域上被扩展,即频谱被扩展;反之,若函数(或信号)被扩展($b<1$),则其像在频域上被压缩,即频谱被压缩.

7.3.4 平移性质

设 $\hat{f}(\omega) = \mathscr{F}\{f(t)\}$，则

(1) $\mathscr{F}\{f(t \pm t_0)\} = \mathrm{e}^{\pm \mathrm{i}\omega t_0} \hat{f}(\omega)$； (7.14)

(2) $\mathscr{F}^{-1}\{\hat{f}(\omega \pm \omega_0)\} = \mathrm{e}^{\mp \mathrm{i}\omega_0 t} f(t)$. (7.15)

证 (1) 设 $x = t \pm t_0$，则

$$\mathscr{F}\{f(t \pm t_0)\} = \int_{-\infty}^{+\infty} f(t \pm t_0) \mathrm{e}^{-\mathrm{i}\omega t} \mathrm{d}t = \int_{-\infty}^{+\infty} f(x) \mathrm{e}^{-\mathrm{i}\omega(x \mp t_0)} \mathrm{d}x$$
$$= \mathrm{e}^{\pm \mathrm{i}\omega t_0} \int_{-\infty}^{+\infty} f(x) \mathrm{e}^{-\mathrm{i}\omega x} \mathrm{d}x = \mathrm{e}^{\pm \mathrm{i}\omega t_0} \hat{f}(\omega).$$

同理可证(2).

式(7.14)称为**时域平移性**，它表明当信号函数 $f(t)$ 沿 t 轴向左或向右平移 t_0 时，其傅里叶变换等于 $f(t)$ 的傅里叶变换乘以因子 $\mathrm{e}^{\mathrm{i}\omega t_0}$ 或 $\mathrm{e}^{-\mathrm{i}\omega t_0}$. 该式的物理意义是：当一个函数(或信号)沿时间移动后，它的各频率成分的大小不发生改变，但相位发生了变化.

式(7.15)称为**频域平移性**，它表明当频谱函数 $\hat{f}(\omega)$ 沿 ω 轴向左或向右平移 ω_0 时，其傅里叶逆变换等于 $\hat{f}(\omega)$ 的傅里叶逆变换乘以因子 $\mathrm{e}^{-\mathrm{i}\omega_0 t}$ 或 $\mathrm{e}^{\mathrm{i}\omega_0 t}$，可用来进行频谱搬移.

例 7.7 已知 $\hat{f}(\omega) = \mathscr{F}\{f(t)\}$，求 $\mathscr{F}\{f(t)\cos\omega_0 t\}$.

解
$$\mathscr{F}\{f(t)\cos\omega_0 t\} = \mathscr{F}\left\{f(t)\frac{\mathrm{e}^{\mathrm{i}\omega_0 t} + \mathrm{e}^{-\mathrm{i}\omega_0 t}}{2}\right\}$$
$$= \frac{1}{2}[\mathscr{F}\{f(t)\mathrm{e}^{\mathrm{i}\omega_0 t}\} + \mathscr{F}\{f(t)\mathrm{e}^{-\mathrm{i}\omega_0 t}\}]$$
$$= \frac{1}{2}[\hat{f}(\omega - \omega_0) + \hat{f}(\omega + \omega_0)]. \quad (7.16)$$

同理 $\mathscr{F}\{f(t)\sin\omega_0 t\} = \dfrac{\mathrm{i}}{2}[\hat{f}(\omega + \omega_0) - \hat{f}(\omega - \omega_0)]$. (7.17)

在通信系统中，式(7.16)和式(7.17)称为频谱搬移技术，且有广泛的应用，例如调幅、同步解调、变频等过程都是在频谱搬移的基础上完成的.

7.3.5 微分性质

设 $\hat{f}(\omega) = \mathscr{F}\{f(t)\}$，且 $\lim\limits_{|t| \to +\infty} f(t) = 0$，则

$$\mathscr{F}\{f'(t)\} = \mathrm{i}\omega \hat{f}(\omega).$$

证 当 $|t| \to +\infty$ 时，$\left|f(t)\mathrm{e}^{-\mathrm{i}\omega t}\right| = |f(t)| \to 0$，则

$$\mathscr{F}\{f'(t)\} = \int_{-\infty}^{+\infty} f'(t) \mathrm{e}^{-\mathrm{i}\omega t} \mathrm{d}t = f(t)\mathrm{e}^{-\mathrm{i}\omega t}\Big|_{-\infty}^{+\infty} + \mathrm{i}\omega \int_{-\infty}^{+\infty} f(t)\mathrm{e}^{-\mathrm{i}\omega t} \mathrm{d}t = \mathrm{i}\omega \hat{f}(\omega),$$

它表明函数导数的傅里叶变换等于这个函数的傅里叶变换乘以因子 $\mathrm{i}\omega$.

一般地，若 $\lim\limits_{|t| \to +\infty} f^{(k)}(t) = 0 \ (k = 0, 1, 2, \cdots, n-1)$，则

$$\mathscr{F}\{f^{(n)}(t)\}=(\mathrm{i}\omega)^n \hat{f}(\omega)$$

同样，还能得到像函数的导数公式．

设 $\hat{f}(\omega)=\mathscr{F}\{f(t)\}$，则

$$\frac{\mathrm{d}\hat{f}(\omega)}{\mathrm{d}\omega}=\mathscr{F}\{-\mathrm{i}t f(t)\},$$

或者

$$\mathscr{F}\{t f(t)\}=\mathrm{i}\frac{\mathrm{d}\hat{f}(\omega)}{\mathrm{d}\omega}.$$

一般地，有

$$\frac{\mathrm{d}^n \hat{f}(\omega)}{\mathrm{d}\omega^n}=(-\mathrm{i})^n \mathscr{F}\{t^n f(t)\}$$

例 7.8 已知 $\hat{f}(\omega)=\mathscr{F}\{f(t)\}$，求 $\mathscr{F}\{(1-t)f(4-2t)\}$．

解 由相似性，有

$$\mathscr{F}\{f(-2t)\}=\frac{1}{2}\hat{f}\left(-\frac{\omega}{2}\right),$$

例 7.8 讲解

再由平移性质，得

$$\mathscr{F}\{f(4-2t)\}=\mathscr{F}\{f(-2(t-2))\}=\frac{1}{2}\mathrm{e}^{-2\mathrm{i}\omega}\hat{f}\left(-\frac{\omega}{2}\right).$$

利用线性性质和微分性质，有

$$\mathscr{F}\{(1-t)f(4-2t)\}=\mathscr{F}\{f(4-2t)\}-\mathscr{F}\{t f(4-2t)\}$$

$$=\frac{1}{2}\mathrm{e}^{-2\omega\mathrm{i}}\hat{f}\left(-\frac{\omega}{2}\right)-\mathrm{i}\left[\frac{1}{2}\mathrm{e}^{-2\omega\mathrm{i}}\hat{f}\left(-\frac{\omega}{2}\right)\right]'$$

$$=-\frac{1}{2}\mathrm{e}^{-2\omega\mathrm{i}}\hat{f}\left(-\frac{\omega}{2}\right)+\frac{\mathrm{i}}{4}\mathrm{e}^{-2\omega\mathrm{i}}\hat{f}'\left(-\frac{\omega}{2}\right).$$

7.3.6 积分性质

设 $\hat{f}(\omega)=\mathscr{F}\{f(t)\}$，如果当 $t\to+\infty$ 时，$\int_{-\infty}^{t}f(\tau)\mathrm{d}\tau\to 0$，则

$$\mathscr{F}\left\{\int_{-\infty}^{t}f(\tau)\mathrm{d}\tau\right\}=\frac{1}{\mathrm{i}\omega}\hat{f}(\omega).$$

傅里叶变换的
性质-2

证 令 $g(t)=\int_{-\infty}^{t}f(\tau)\mathrm{d}\tau$，则 $g'(t)=f(t)$，由傅里叶变换的微分性质，得

$$\hat{f}(\omega)=\mathscr{F}\{f(t)\}=\mathscr{F}\{g'(t)\}=\mathrm{i}\omega\mathscr{F}\{g(t)\},$$

所以

$$\mathscr{F}\left\{\int_{-\infty}^{t}f(\tau)\mathrm{d}\tau\right\}=\frac{1}{\mathrm{i}\omega}\hat{f}(\omega),$$

它表明一个函数积分后的傅里叶变换等于这个函数的傅里叶变换除以因子 $\mathrm{i}\omega$．

7.3.7 乘积定理

设 $\hat{f}_1(\omega) = \mathscr{F}\{f_1(t)\}$，$\hat{f}_2(\omega) = \mathscr{F}\{f_2(t)\}$，则

$$\int_{-\infty}^{+\infty} f_1(t)f_2(t)\mathrm{d}t = \frac{1}{2\pi}\int_{-\infty}^{+\infty} \overline{\hat{f}_1(\omega)}\hat{f}_2(\omega)\mathrm{d}\omega = \frac{1}{2\pi}\int_{-\infty}^{+\infty} \hat{f}_1(\omega)\overline{\hat{f}_2(\omega)}\mathrm{d}\omega, \tag{7.18}$$

其中 $f_1(t)$，$f_2(t)$ 均为 t 的实函数，而 $\overline{\hat{f}_1(\omega)}$，$\overline{\hat{f}_2(\omega)}$ 分别为 $\hat{f}_1(\omega)$，$\hat{f}_2(\omega)$ 的共轭函数. 式 (7.18) 通常称为**乘积定理**.

证 $\displaystyle\int_{-\infty}^{+\infty} f_1(t)f_2(t)\mathrm{d}t = \int_{-\infty}^{+\infty} f_1(t)\left[\frac{1}{2\pi}\int_{-\infty}^{+\infty} \hat{f}_2(\omega)\mathrm{e}^{\mathrm{i}\omega t}\mathrm{d}\omega\right]\mathrm{d}t$

$$= \frac{1}{2\pi}\int_{-\infty}^{+\infty} \hat{f}_2(\omega)\left[\int_{-\infty}^{+\infty} f_1(t)\mathrm{e}^{\mathrm{i}\omega t}\mathrm{d}t\right]\mathrm{d}\omega$$

这里假定 $\hat{f}_1(\omega)$ 或 $\hat{f}_2(\omega)$ 在 $(-\infty, +\infty)$ 上绝对可积，因此能够证明积分次序可以交换. 今后遇到类似问题时，不再赘述.

因为 $\mathrm{e}^{\mathrm{i}\omega t} = \overline{\mathrm{e}^{-\mathrm{i}\omega t}}$，所以 $f_1(t)\mathrm{e}^{\mathrm{i}\omega t} = f_1(t)\overline{\mathrm{e}^{-\mathrm{i}\omega t}} = \overline{f_1(t)\mathrm{e}^{\mathrm{i}\omega t}}$，

故

$$\int_{-\infty}^{+\infty} f_1(t)f_2(t)\mathrm{d}t = \frac{1}{2\pi}\int_{-\infty}^{+\infty} \hat{f}_2(\omega)\left[\int_{-\infty}^{+\infty} f_1(t)\overline{\mathrm{e}^{-\mathrm{i}\omega t}}\mathrm{d}t\right]\mathrm{d}\omega$$

$$= \frac{1}{2\pi}\int_{-\infty}^{+\infty} \hat{f}_2(\omega)\left[\int_{-\infty}^{+\infty} \overline{f_1(t)\mathrm{e}^{-\mathrm{i}\omega t}}\mathrm{d}t\right]\mathrm{d}\omega$$

$$= \frac{1}{2\pi}\int_{-\infty}^{+\infty} \overline{\hat{f}_1(\omega)}\hat{f}_2(\omega)\mathrm{d}\omega$$

7.3.8 能量积分

在乘积定理中，若 $f_1(t) = f_2(t) = f(t)$ 时，则

$$\int_{-\infty}^{+\infty} [f(t)]^2\mathrm{d}t = \frac{1}{2\pi}\int_{-\infty}^{+\infty} \left|\hat{f}(\omega)\right|^2 \mathrm{d}\omega. \tag{7.19}$$

这一恒等式就是著名的**帕塞瓦尔(Parseval)恒等式**，该等式从频域结构上更深刻地揭示了函数的能量规律.

$\left|\hat{f}(\omega)\right|^2$ 称为**能量密度函数**(或**能量谱密度**)，决定了信号 $f(t)$ 的能量分布规律，将其对所有频率积分就得到 $f(t)$ 的总能量 $\displaystyle\int_{-\infty}^{+\infty}[f(t)]^2\mathrm{d}t$，因此，式(7.19)也称为**能量积分**.

例 7.9 求 $\displaystyle\int_0^{+\infty} \frac{\sin^2\omega}{\omega^2}\mathrm{d}\omega$.

解 由例 7.1 可知，函数 $f(t) = \begin{cases} 1, & |t| \leqslant c \\ 0, & |t| > c \end{cases}$ 的傅里叶变换为 $\hat{f}(\omega) = \dfrac{2\sin\omega c}{\omega}$，令 $c = 1$，由式(7.19)，得

$$\int_{-\infty}^{+\infty}\left(\frac{2\sin\omega}{\omega}\right)^2 \mathrm{d}\omega = 2\pi\int_{-1}^{1} 1^2 \mathrm{d}t = 4\pi.$$

由于被积函数是偶函数，因此

$$\int_0^{+\infty}\frac{\sin^2\omega}{\omega^2}\mathrm{d}\omega = \frac{\pi}{2}.$$

§7.4 傅里叶变换的卷积

7.4.1 卷积的定义

定义 7.5 若已知函数 $f_1(t)$，$f_2(t)$，则含参变量 t 的积分

$$\int_{-\infty}^{+\infty} f_1(\tau) f_2(t-\tau) \mathrm{d}\tau$$

称为 $f_1(t)$ 与 $f_2(t)$ 的**卷积**，记为 $f_1(t) * f_2(t)$，即

$$f_1(t) * f_2(t) = \int_{-\infty}^{+\infty} f_1(\tau) f_2(t-\tau) \mathrm{d}\tau.$$

卷积又称褶积，是分析线性系统的重要工具. 当将卷积用于不同特殊领域时，有不同的专业术语，例如叠加积分、磨光等.

卷积满足以下性质.

(1) $f(t) * \delta(t - t_0) = f(t - t_0)$.

(2) 交换律：$f_1(t) * f_2(t) = f_2(t) * f_1(t)$.

(3) 分配律：$f_1(t) * [f_2(t) + f_3(t)] = f_1(t) * f_2(t) + f_1(t) * f_3(t)$.

(4) 结合律：$[f_1(t) * f_2(t)] * f_3(t) = f_1(t) * [f_2(t) * f_3(t)]$.

(5) 不等式：$|f_1(t) * f_2(t)| \leqslant |f_1(t)| * |f_2(t)|$.

例 7.10 设 $f_1(t) = \begin{cases} 1, & t \geqslant 0 \\ 0, & t < 0 \end{cases}$，$f_2(t) = \begin{cases} \mathrm{e}^{-t}, & t \geqslant 0 \\ 0, & t < 0 \end{cases}$，求 $f_1(t) * f_2(t)$.

解 根据卷积的定义，有

$$f_1(t) * f_2(t) = \int_{-\infty}^{+\infty} f_1(\tau) f_2(t-\tau) \mathrm{d}\tau.$$

$f_1(t)$ 与 $f_2(t)$ 的图形如图 7.3 所示.

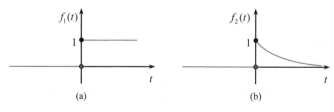

图 7.3

从图 7.3 中可以看出，当 $t \geqslant 0$ 时，$f_1(\tau) f_2(t-\tau) \neq 0$ 的区间为 $[0, t]$，有

$$f_1(t) * f_2(t) = \int_{-\infty}^{+\infty} f_1(\tau) f_2(t-\tau) \mathrm{d}\tau = \int_0^t \mathrm{e}^{-(t-\tau)} \mathrm{d}\tau = \mathrm{e}^{-t} \int_0^t \mathrm{e}^{\tau} \mathrm{d}\tau = \mathrm{e}^{-t}(\mathrm{e}^t - 1) = 1 - \mathrm{e}^{-t};$$

当 $t < 0$ 时，$f_1(\tau) f_2(t-\tau) \equiv 0$.

因此

$$f_1(t) * f_2(t) = \begin{cases} 1 - \mathrm{e}^{-t}, & t \geqslant 0 \\ 0, & t < 0 \end{cases}.$$

卷积在傅里叶分析的应用中，有十分重要的作用，这是由卷积定理决定的.

7.4.2 卷积定理

定理 7.2 设 $f_1(t)$，$f_2(t)$ 都满足傅里叶积分定理中的条件，且

$$\hat{f}_1(\omega) = \mathscr{F}\{f_1(t)\}, \quad \hat{f}_2(\omega) = \mathscr{F}\{f_2(t)\},$$

则

$$\mathscr{F}\{f_1(t) * f_2(t)\} = \hat{f}_1(\omega) \cdot \hat{f}_2(\omega);$$
$$\mathscr{F}\{f_1(t) f_2(t)\} = \frac{1}{2\pi} \hat{f}_1(\omega) * \hat{f}_2(\omega).$$

证 根据傅里叶变换的定义，有

$$\begin{aligned}
\mathscr{F}\{f_1(t) * f_2(t)\} &= \int_{-\infty}^{+\infty} [f_1(t) * f_2(t)] \mathrm{e}^{-\mathrm{i}\omega t} \mathrm{d}t \\
&= \int_{-\infty}^{+\infty} \left[\int_{-\infty}^{+\infty} f_1(\tau) f_2(t-\tau) \mathrm{d}\tau \right] \mathrm{e}^{-\mathrm{i}\omega t} \mathrm{d}t \\
&= \int_{-\infty}^{+\infty} \int_{-\infty}^{+\infty} f_1(\tau) \mathrm{e}^{-\mathrm{i}\omega\tau} f_2(t-\tau) \mathrm{e}^{-\mathrm{i}\omega(t-\tau)} \mathrm{d}\tau \mathrm{d}t \\
&= \int_{-\infty}^{+\infty} f_1(\tau) \mathrm{e}^{-\mathrm{i}\omega\tau} \mathrm{d}\tau \int_{-\infty}^{+\infty} f_2(t-\tau) \mathrm{e}^{-\mathrm{i}\omega(t-\tau)} \mathrm{d}t \\
&= \hat{f}_1(\omega) \hat{f}_2(\omega);
\end{aligned}$$

同理可得

$$\mathscr{F}\{f_1(t) f_2(t)\} = \frac{1}{2\pi} \hat{f}_1(\omega) * \hat{f}_2(\omega).$$

该性质表明，两个函数卷积的傅里叶变换等于这两个函数傅里叶变换的乘积；两个函数乘积的傅里叶变换等于这两个函数傅里叶变换的卷积除以 2π.

进一步地，若 $f_k(t)$ 满足傅里叶积分定理的条件，且 $\mathscr{F}\{f_k(t)\} = \hat{f}_k(\omega)$ ($k = 1, 2, \cdots, n$)，则

$$\boxed{\mathscr{F}\{f_1(t) * f_2(t) * \cdots * f_n(t)\} = \hat{f}_1(\omega) \hat{f}_2(\omega) \cdots \hat{f}_n(\omega)}$$

$$\boxed{\mathscr{F}\{f_1(t) f_2(t) \cdots f_n(t)\} = \frac{1}{(2\pi)^{n-1}} \hat{f}_1(\omega) * \hat{f}_2(\omega) * \cdots * \hat{f}_n(\omega)}$$

从卷积定义直接计算卷积并不容易，但由卷积定理计算卷积却非常简便，即化卷积运算为乘积运算，这就使得卷积在线性系统分析中成为特别有用的方法.

例 7.11 设 $f(t) = u(t) \cos \omega_0 t$，其中 $u(t)$ 为单位阶跃函数，求 $\mathscr{F}\{f(t)\}$.

解 $\mathscr{F}\{f(t)\} = \dfrac{1}{2\pi} \mathscr{F}\{u(t)\} * \mathscr{F}\{\cos\omega_0 t\}$

$= \dfrac{1}{2\pi}\left[\dfrac{1}{\mathrm{i}\omega} + \pi\delta(\omega)\right] * [\pi(\delta(\omega-\omega_0) + \delta(\omega+\omega_0))]$

$= \dfrac{1}{2}\left[\dfrac{1}{\mathrm{i}\omega} * \delta(\omega-\omega_0) + \dfrac{1}{\mathrm{i}\omega} * \delta(\omega+\omega_0)\right]$

$\quad + \dfrac{\pi}{2}[\delta(\omega) * \delta(\omega-\omega_0) + \delta(\omega) * \delta(\omega+\omega_0)]$

$= \dfrac{1}{2}\left[\dfrac{1}{\mathrm{i}(\omega-\omega_0)} + \dfrac{1}{\mathrm{i}(\omega+\omega_0)}\right] + \dfrac{\pi}{2}[\delta(\omega-\omega_0) + \delta(\omega+\omega_0)]$

$= \dfrac{\mathrm{i}\omega}{\omega_0^2 - \omega^2} + \dfrac{\pi}{2}[\delta(\omega-\omega_0) + \delta(\omega+\omega_0)].$

在工程上，卷积和卷积定理是非常有用的技术工具. 卷积原理就是将时域信号分解成单位脉冲信号之和，借助系统的单位脉冲响应，求解系统对任意激励(或输入)信号的响应.

§7.5 用 MATLAB 运算

在 MATLAB 的运算工具箱中，提供了求傅里叶变换及其逆变换的命令. 下面通过具体的例子来展示.

例 7.12 求 $f(t) = \mathrm{e}^{-|t|}$ 的傅里叶变换.

解 求解过程如下：

```
>>syms t;
>>ft=exp(-abs(t));        %定义函数的命令行
>>Fw=fourier(ft)          %求傅里叶变换的命令行
Fw=
    2/(w^2+1)             % f(t)的傅里叶变换
```

即 $\hat{f}(\omega) = \mathscr{F}\{f(t)\} = \dfrac{2}{\omega^2+1}$.

对 $\hat{f}(\omega)$ 求傅里叶逆变换则得到 $f(t)$，过程如下：

```
>>syms w;
>>Fw=2/(w^2+1);           %定义函数的命令行
>>ft=ifourier(Fw)         %求傅里叶逆变换的命令行
ft=
    exp(-abs(t))          % f̂(ω)的傅里叶逆变换
```

即 $f(t) = \mathscr{F}^{-1}\{\hat{f}(\omega)\} = \mathrm{e}^{-|t|}$.

本 章 小 结

本章基于傅里叶级数,推导得到了傅里叶积分公式,由此给出了傅里叶变换的概念;进一步研究了单位脉冲函数以及傅里叶变换的性质,包含傅里叶变换的卷积.

本章学习的基本要求如下.

(1) 熟练掌握傅里叶变换的概念,会求解一些常见函数的傅里叶变换.

(2) 理解单位脉冲函数的定义、性质及傅里叶变换.

(3) 熟练掌握并且灵活应用傅里叶变换的基本性质,例如线性性质、位移性质、微分性质等,会求函数的傅里叶变换.

(4) 理解傅里叶变换的卷积概念,会利用卷积定理求解两个常见函数的卷积.

练 习 题

1. 求矩形脉冲函数 $f(t)=\begin{cases} A, & 0 \leqslant t \leqslant \tau \\ 0, & \text{其他} \end{cases}$ 的傅里叶变换.

2. 求函数 $f(t)=\begin{cases} \sin t, & |t| \leqslant \pi \\ 0, & |t| > \pi \end{cases}$ 的傅里叶变换,并推证积分结果.

$$\int_0^{+\infty} \frac{\sin \omega \pi \sin \omega t}{1-\omega^2} \mathrm{d}\omega = \begin{cases} \dfrac{\pi}{2} \sin t, & |t| \leqslant \pi \\ 0, & |t| > \pi \end{cases}.$$

3. 求函数 $f(t)=\sin\left(5t+\dfrac{\pi}{3}\right)$ 的傅里叶变换.

4. 设 $\hat{f}(\omega)=\mathscr{F}\{f(t)\}$,利用傅里叶变换的性质求下列函数的傅里叶变换.

(1) $tf(2t)$. (2) $(t-2)f(t)$.

(3) $(t-2)f(-2t)$. (4) $t\dfrac{\mathrm{d}f(t)}{\mathrm{d}t}$.

(5) $f(2t-5)$. (6) $(1-t)f(1-t)$.

5. 设 $f_1(t)=\begin{cases} \mathrm{e}^{-t}, & t \geqslant 0 \\ 0, & t < 0 \end{cases}$ 与 $f_2(t)=\begin{cases} \sin t, & 0 \leqslant t \leqslant \dfrac{\pi}{2} \\ 0, & \text{其他} \end{cases}$,求 $f_1(t)*f_2(t)$.

6. 求下列函数的傅里叶变换.

(1) $f(t)=\sin \omega_0 t \cdot u(t)$.

(2) $f(t)=\mathrm{e}^{-\beta t}\sin \omega_0 t \cdot u(t) \, (\beta > 0)$.

7. 利用能量积分 $\int_{-\infty}^{+\infty}[f(t)]^2\mathrm{d}t = \dfrac{1}{2\pi}\int_{-\infty}^{+\infty}\left|\hat{f}(\omega)\right|^2\mathrm{d}\omega$，求下列积分的值.

(1) $\int_{-\infty}^{+\infty}\dfrac{1-\cos x}{x^2}\mathrm{d}x$.

(2) $\int_{-\infty}^{+\infty}\dfrac{1}{(x^2+1)^2}\mathrm{d}x$.

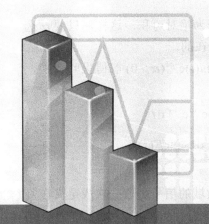

第 8 章 拉普拉斯变换

拉普拉斯积分变换是在 19 世纪末发展起来的，英国工程师赫维赛德(Heaviside)在解决电工计算中遇到的一些基本问题时，发明了"运算法". 但是，由于缺乏严密的数学论证，曾经受到某些数学家的谴责. 后来，法国数学家拉普拉斯(Laplace)重新给予严密的数学定义，称之为拉普拉斯变换方法.

拉普拉斯变换是针对傅里叶变换的局限性进行了改进，扩大积分变换的适用范围，使拉普拉斯变换在电学、力学、通信等众多的工程与科学领域中得到广泛应用.

本章首先介绍拉普拉斯变换的定义，并给出它的一些基本性质，然后讨论拉普拉斯逆变换的计算方法，最后介绍一些拉普拉斯变换的应用.

§8.1 拉普拉斯变换的概念

我们已经知道，傅里叶变换应用范围很广，但也有一定的局限性. 首先，傅里叶变换要求像原函数除了满足 Dirichlet 条件以外，还要在 $(-\infty,+\infty)$ 上满足绝对可积的条件，而绝对可积的条件是比较强的，即使很简单的函数，如单位阶跃函数、正弦函数、余弦函数以及线性函数等都不满足这个条件. 其次，傅里叶变换要求像原函数在整个数轴上有定义，但是，在许多实际应用中，如物理、信息理论以及无线电技术等问题中是以时间 t 为自变量的函数，这样在 $t<0$ 时是无意义或根本就不需要考虑，像这样的函数都不能取傅里叶变换.

拉普拉斯
变换的概念

8.1.1 拉普拉斯变换的定义

为了克服傅里叶变换的缺点，对已知函数 $\varphi(t)$ 加以改造，乘以因子 $u(t)\mathrm{e}^{-\alpha t}(\alpha>0)$. 设 $u(t)$ 是单位阶跃函数，与 $\varphi(t)$ 相乘就将其定义域由 $(-\infty,+\infty)$ 转化为

$(0,+\infty)$. 而 $e^{-\alpha t}(\alpha>0)$ 是指数衰减函数, 与 $\varphi(t)$ 相乘可以变为绝对可积. 这样, 只要 α 选取得适当, 一般来说, $\varphi(t)u(t)e^{-\alpha t}(\alpha>0)$ 的傅里叶变换是存在的.

设 $\varphi(t)$ 为定义在 $(-\infty,+\infty)$ 上的一个实值函数, 对于 $\varphi(t)u(t)e^{-\alpha t}(\alpha>0)$ 取傅里叶变换, 可得

$$F_\alpha(\omega) = \mathscr{F}\{\varphi(t)u(t)e^{-\alpha t}\} = \int_{-\infty}^{+\infty}\varphi(t)u(t)e^{-\alpha t}e^{-i\omega t}\,dt$$
$$= \int_0^{+\infty} f(t)e^{-(\alpha+i\omega)t}\,dt = \int_0^{+\infty} f(t)e^{-st}\,dt \text{ 记作 } F(s),$$

其中, $s=\alpha+i\omega$, $f(t)=\varphi(t)u(t)$.

这样, 我们就得到一个新的积分变换, 它将定义于实数域的信号函数变换成定义在复数域中的函数. 习惯上, 人们称这种变换为拉普拉斯积分变换.

定义 8.1 设函数 $f(t)$ 是定义在 $[0,+\infty)$ 上的实值函数, 如果反常积分

$$F(s)=\int_0^{+\infty} f(t)e^{-st}\,dt$$

对复参变量 s 在某一区域 D 内收敛, 则称复变函数 $F(s)$ 为 $f(t)$ 的**拉普拉斯变换**(简称为拉氏变换), 记为

$$\boxed{F(s)=\mathscr{L}\{f(t)\}=\int_0^{+\infty} f(t)e^{-st}\,dt} \tag{8.1}$$

而 $f(t)$ 称为 $F(s)$ 的**拉普拉斯逆变换**, 记为

$$f(t)=\mathscr{L}^{-1}\{F(s)\}.$$

$f(t)$ 和 $F(s)$ 构成了一对**拉普拉斯变换对**, 其中, $F(s)$ 称为拉普拉斯变换的**像函数**, 而 $f(t)$ 称为拉普拉斯变换的**像原函数**.

例 8.1 求单位阶跃函数 $u(t)=\begin{cases}0,& t<0\\ 1,& t>0\end{cases}$ 的拉普拉斯变换.

解 根据拉普拉斯变换的定义, 有

$$\mathscr{L}\{u(t)\}=\int_0^{+\infty} e^{-st}\,dt = -\frac{1}{s}e^{-st}\Big|_0^{+\infty}=\frac{1}{s},\ (\mathrm{Re}(s)>0).$$

常用函数的拉普拉斯变换

例 8.2 求指数函数 $f(t)=e^{s_0 t}$ (s_0 为任一复常数)的拉普拉斯变换.

解 根据拉普拉斯变换的定义, 有

$$\mathscr{L}\{e^{s_0 t}\}=\int_0^{+\infty} e^{s_0 t}e^{-st}\,dt=-\frac{e^{-(s-s_0)t}}{s-s_0}\Big|_{t=0}^{+\infty}=\frac{1}{s-s_0},\ (\mathrm{Re}(s)>\mathrm{Re}(s_0)).$$

例 8.3 求单位脉冲函数 $\delta(t)$ 的拉普拉斯变换.

解 由拉普拉斯变换的定义及单位脉冲函数的筛选性质 $\int_{-\infty}^{+\infty} f(t)\delta(t)\,dt=f(0)$, 得

$$\mathscr{L}\{\delta(t)\}=\int_0^{+\infty}\delta(t)e^{-st}\,dt=\int_{-\infty}^{+\infty}\delta(t)e^{-st}\,dt=e^{-st}\Big|_{t=0}=1.$$

同理可得

$$\mathscr{L}\{\delta(t-a)\}=e^{-sa}.$$

8.1.2 拉普拉斯变换的存在定理

从上述例子可以看出，拉普拉斯变换存在的条件要比傅里叶变换存在的条件弱得多．那么，一个函数究竟满足什么条件时，它的拉普拉斯变换一定存在呢？下面的定理可以部分回答该问题．

定理 8.1 (拉普拉斯变换存在定理) 若函数 $f(t)$ 满足下列条件：

(1) $f(t)$ 在 $t \geq 0$ 的任意有限区间上分段连续；

(2) 当 $t \to +\infty$ 时，$|f(t)|$ 的增长速度不超过某一指数函数 Me^{Ct}，即存在常数 $M > 0$ 和 $C \geq 0$，使得对充分大的实数 t，有 $|f(t)| \leq Me^{Ct}$ 成立．这时，C 称为 $f(t)$ 的增长指数．

则像函数 $F(s) = \int_0^{+\infty} f(t)e^{-st}dt$ 在右半平面 $\mathrm{Re}(s) > C$ 内一定存在且一致收敛，$F(s)$ 是解析函数．

证 对于右半平面 $\mathrm{Re}(s) > C$ 内的任一点 s，总可取固定的正数 $\delta > 0$，使 $C + \delta \leq \mathrm{Re}(s) = \alpha$．由于条件(1)保证了函数 $f(t)e^{-st}$ 在 $t \geq 0$ 的任何有限区间内可积，所以由条件(2)，有

$$\int_0^{+\infty} |f(t)e^{-st}|dt \leq \int_0^{+\infty} Me^{Ct}|e^{-(\alpha+i\omega)t}|dt = M\int_0^{+\infty} e^{-(\alpha-C)t}dt \leq M\int_0^{+\infty} e^{-\delta t}dt = \frac{M}{\delta},$$

由 s 的任意性，反常积分 $\int_0^{+\infty} |f(t)e^{-st}|dt$ 在右半平面 $\mathrm{Re}(s) > C$ 内处处绝对收敛．

又对任意的 $\varepsilon > 0$，存在 $A = \frac{1}{\delta}\ln\frac{M}{\varepsilon\delta} > 0$，当 $R > A$ 时，对半平面 $\mathrm{Re}(s) > C + \delta$ 上的一切 s，有

$$\left|\int_R^{+\infty} f(t)e^{-st}dt\right| \leq \int_R^{+\infty} Me^{-\delta t}dt = \frac{M}{\delta}e^{-\delta R} < \frac{M}{\delta}e^{-\delta A} = \varepsilon.$$

这表明上述反常积分在右半平面 $\mathrm{Re}(s) > C + \delta$ 上一致收敛，像函数的解析性证明从略．

说明 1 在物理和工程技术中常见的函数都能满足存在定理中的两个条件．一个函数的增长是指数级和函数绝对可积相比，前者的条件弱得多．例如 $u(t)$、$\sin\omega_0 t$、t^n 等函数都不满足傅里叶积分定理中绝对可积的条件，但它们都满足拉普拉斯变换存在定理中的条件(2)：

$|u(t)| \leq 1 \cdot e^{0t}$，这里 $M = 1, C = 0$；

$|\sin\omega t| \leq 1 \cdot e^{0t}$，这里 $M = 1, C = 0$．

由于 $\lim\limits_{t \to +\infty}\frac{t^n}{e^t} = 0$，所以当 t 充分大以后，有 $t^n \leq e^t$，即 $|t^n| \leq 1 \cdot e^t$，这里 $M = 1, C = 1$．

由此可见，对于某些问题，拉普拉斯变换的应用更广泛．

说明 2 我们约定：今后若写 $\sin t$，应理解为 $u(t)\sin t$，即

$$u(t)\sin t = \begin{cases} \sin t, & t \geq 0 \\ 0, & t < 0 \end{cases}.$$

函数 $\sin t$ 的图形应理解为图 8.1 中的曲线，而不是图 8.2 中的曲线，这是因为我们在

拉普拉斯变换中，讨论的都是单边函数. 对其他函数也应作同样的理解.

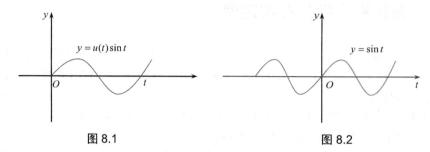

图 8.1　　　　　　　　　　　　图 8.2

说明 3　若点 s 趋于无穷远，且 $\mathrm{Re}(s) = \beta$ 无限制地增大时，由定理 8.1 的证明可知
$$\lim_{\beta \to +\infty} F(s) = 0,$$
这个结论指出若 $\lim\limits_{\beta \to +\infty} F(s) \neq 0$，则 $f(t)$ 不可能满足定理的条件.

说明 4　这里的像原函数可以是实变复值函数.

说明 5　定理中的条件仅是充分的，而不是必要的，即若不满足定理中的条件，拉普拉斯变换仍可能存在.

§8.2　拉普拉斯变换的性质

本节将介绍在拉普拉斯变换的实际应用中极为重要的一些性质，为了叙述方便，假定在这些性质中，函数 $f(t)$ 都满足拉普拉斯变换存在定理中的条件，并且把这些函数的增长指数都统一地取为 C，在逐条证明这些性质时，我们不再重复这些条件，请读者注意.

拉普拉斯变换
的性质-1

8.2.1　线性性质

设 $\mathscr{L}\{f_1(t)\} = F_1(s)$ $(\mathrm{Re}(s) > C_1)$，$\mathscr{L}\{f_2(t)\} = F_2(s)$ $(\mathrm{Re}(s) > C_2)$，α, β 是常数，则有

$$\boxed{\mathscr{L}\{\alpha f_1(t) + \beta f_2(t)\} = \alpha F_1(s) + \beta F_2(s) \qquad (\mathrm{Re}(s) > C)} \tag{8.2}$$

和

$$\boxed{\mathscr{L}^{-1}\{\alpha F_1(s) + \beta F_2(s)\} = \alpha f_1(t) + \beta f_2(t) \qquad (\mathrm{Re}(s) > C)} \tag{8.3}$$

其中 $C = \max\{C_1, C_2\}$.

证　因为
$$\mathscr{L}\{\alpha f_1(t) + \beta f_2(t)\} = \int_0^{+\infty} [\alpha f_1(t) + \beta f_2(t)] \mathrm{e}^{-st} \, \mathrm{d}t$$
$$= \alpha \int_0^{+\infty} f_1(t) \mathrm{e}^{-st} \, \mathrm{d}t + \beta \int_0^{+\infty} f_2(t) \mathrm{e}^{-st} \, \mathrm{d}t = \alpha F_1(s) + \beta F_2(s),$$

显然，只有当上式右边两积分都收敛时，即 $\mathrm{Re}(s) > \max\{C_1, C_2\} = C$ 时，左边的积分才收

敛，从而有等式成立．拉普拉斯逆变换的线性性质同理可证．

这个性质表明函数线性组合的拉普拉斯变换(拉普拉斯逆变换)等于各函数拉普拉斯变换(拉普拉斯逆变换)的线性组合．

例 8.4　求 $f(t) = \sin kt$ (其中 k 为实数)的拉普拉斯变换．

解　由例 8.2 知，$\mathscr{L}\{e^{ikt}\} = \dfrac{1}{s - ik}$，$\mathscr{L}\{e^{-ikt}\} = \dfrac{1}{s + ik}$，$\text{Re}(s) > 0$．由拉普拉斯变换的线性性质，有

$$\mathscr{L}\{\sin kt\} = \mathscr{L}\left\{\dfrac{e^{ikt} - e^{-ikt}}{2i}\right\} = \dfrac{1}{2i}[\mathscr{L}\{e^{ikt}\} - \mathscr{L}\{e^{-ikt}\}]$$

$$= \dfrac{1}{2i}\left[\dfrac{1}{s - ik} - \dfrac{1}{s + ik}\right] = \dfrac{k}{s^2 + k^2} \quad (\text{Re}(s) > 0),$$

于是

$$\boxed{\mathscr{L}\{\sin kt\} = \dfrac{k}{s^2 + k^2} \quad (\text{Re}(s) > 0)}$$

同理可得

$$\boxed{\mathscr{L}\{\cos kt\} = \dfrac{s}{s^2 + k^2} \quad (\text{Re}(s) > 0)}$$

8.2.2　相似性质

设 $\mathscr{L}\{f(t)\} = F(s)$，$\text{Re}(s) > C$，则

$$\boxed{\mathscr{L}\{f(at)\} = \dfrac{1}{a} F\left(\dfrac{s}{a}\right) \quad (\text{Re}(s) > aC,\ a > 0)} \tag{8.4}$$

证　$\mathscr{L}\{f(at)\} = \displaystyle\int_0^{+\infty} f(at) e^{-st}\,dt$

$$= \dfrac{1}{a}\int_0^{+\infty} f(\tau) e^{-\frac{s}{a}\tau}\,d\tau = \dfrac{1}{a} F\left(\dfrac{s}{a}\right) \quad \left(\text{Re}\left(\dfrac{s}{a}\right) > C\right).$$

8.2.3　微分性质

1. 时域微分

设 $\mathscr{L}\{f(t)\} = F(s)$，$\text{Re}(s) > C$，则有

$$\boxed{\mathscr{L}\{f'(t)\} = sF(s) - f(0) \quad (\text{Re}(s) > C)} \tag{8.5}$$

证　根据拉普拉斯变换的定义与分部积分法，有

$$\mathscr{L}\{f'(t)\} = \int_0^{+\infty} f'(t) e^{-st}\,dt = f(t) e^{-st}\Big|_0^{+\infty} + s\int_0^{+\infty} f(t) e^{-st}\,dt.$$

由于 $f(t)$ 的增长指数为 C，即

$$|f(t)| \leq M e^{Ct},$$

所以，当 $\text{Re}(s) > C$ 时，有

$$\lim_{t\to+\infty} f(t)e^{-st} = 0,$$

于是

$$\mathscr{L}\{f'(t)\} = sF(s) - f(0) \quad (\mathrm{Re}(s) > C).$$

一般地，有

$$\mathscr{L}\{f^{(n)}(t)\} = s^n F(s) - s^{n-1} f(0) - s^{n-2} f'(0) - \cdots - f^{(n-1)}(0) \quad (\mathrm{Re}(s) > C) \tag{8.6}$$

2. s 域微分(像函数微分)

设 $\mathscr{L}\{f(t)\} = F(s)$，$\mathrm{Re}(s) > C$，则有

$$F'(s) = -\mathscr{L}[tf(t)] \quad (\mathrm{Re}(s) > C) \tag{8.7}$$

证 $F(s) = \int_0^{+\infty} f(t)e^{-st} dt$ 两边对 s 求导，有

$$F'(s) = \frac{d}{ds} \int_0^{+\infty} f(t)e^{-st} dt = \int_0^{+\infty} \frac{\partial}{\partial s}[f(t)e^{-st}] dt$$

$$= -\int_0^{+\infty} tf(t)e^{-st} dt = -\mathscr{L}[tf(t)] \quad (\mathrm{Re}(s) > C).$$

一般地，有

$$F^{(n)}(s) = (-1)^n \mathscr{L}[t^n f(t)] \quad (\mathrm{Re}(s) > C) \tag{8.8}$$

例 8.5 求函数 $f(t) = t^m$ (其中 m 为正整数)的拉普拉斯变换.

解 设 $\mathscr{L}\{f(t)\} = F(s)$，由于 $f(0) = f'(0) = \cdots = f^{(m-1)}(0) = 0$，而 $f^{(m)}(t) = m!$，所以，由时域微分性质，得

$$\frac{m!}{s} = \mathscr{L}\{m!\} = \mathscr{L}\{f^{(m)}(t)\} = s^m F(s) \quad (\mathrm{Re}(s) > C),$$

即

$$\mathscr{L}\{t^m\} = \frac{m!}{s^{m+1}} \quad (\mathrm{Re}(s) > 0)$$

例 8.6 求函数 $f(t) = t\sin kt$ (其中 k 为实数)的拉普拉斯变换.

解 由例 8.4 知

$$\mathscr{L}\{\sin kt\} = \frac{k}{s^2 + k^2},$$

根据像函数的微分性质可知

$$\mathscr{L}\{t\sin kt\} = -\frac{d}{ds}\mathscr{L}\{\sin kt\} = -\frac{d}{ds}\left(\frac{k}{s^2 + k^2}\right) = \frac{2ks}{(s^2 + k^2)^2}.$$

同理可得

$$\mathscr{L}\{t\cos kt\} = -\frac{d}{ds}\left(\frac{s}{s^2 + k^2}\right) = \frac{s^2 - k^2}{(s^2 + k^2)^2}.$$

例 8.7 已知 $\mathscr{L}\{e^{s_0 t}\} = \frac{1}{s - s_0}$，求 $\mathscr{L}\{t^n e^{s_0 t}\}$.

解 由像函数的微分性质，得

$$\mathscr{L}\{t^n e^{s_0 t}\} = \mathscr{L}\{(-1)^{2n} t^n e^{s_0 t}\} = (-1)^n \mathscr{L}\{(-1)^n t^n e^{s_0 t}\} = (-1)^n \mathscr{L}\{(-t)^n e^{s_0 t}\}$$

$$= (-1)^n \frac{\mathrm{d}^n}{\mathrm{d}s^n} \mathscr{L}\{\mathrm{e}^{s_0 t}\} = (-1)^n \frac{\mathrm{d}^n}{\mathrm{d}s^n}\left(\frac{1}{s-s_0}\right)$$

$$= (-1)^n \frac{(-1)^n n!}{(s-s_0)^{n+1}} = \frac{n!}{(s-s_0)^{n+1}}.$$

当 $s_0 = 0$ 时，有 $\mathscr{L}\{t^n\} = \dfrac{n!}{s^{n+1}}$。

8.2.4 积分性质

1. 原函数的积分性质

若 $\mathscr{L}\{f(t)\} = F(s)$，则

$$\boxed{\mathscr{L}\left\{\int_0^t f(u)\mathrm{d}u\right\} = \frac{F(s)}{s}} \tag{8.9}$$

证 设 $g(t) = \int_0^t f(u)\mathrm{d}u$，则 $g'(t) = f(t)$，$g(0) = 0$，由时域微分性质，得

$$F(s) = \mathscr{L}\{f(t)\} = \mathscr{L}\{g'(t)\} = s\mathscr{L}\{g(t)\},$$

于是

$$\mathscr{L}\left\{\int_0^t f(u)\mathrm{d}u\right\} = \frac{F(s)}{s}.$$

重复应用式(8.9)，可得

$$\mathscr{L}\left\{\int_0^t \mathrm{d}u_1 \int_0^{u_1} \mathrm{d}u_2 \cdots \int_0^{u_{n-1}} f(u_{n-1})\mathrm{d}u_n\right\} = \frac{1}{s^n}F(s). \tag{8.10}$$

2. 像函数的积分性质

若 $\mathscr{L}\{f(t)\} = F(s)$，则

$$\boxed{\mathscr{L}\left\{\frac{f(t)}{t}\right\} = \int_s^{+\infty} F(u)\mathrm{d}u} \tag{8.11}$$

一般地，有

$$\mathscr{L}\left\{\frac{f(t)}{t^n}\right\} = \int_s^{+\infty} \mathrm{d}s_1 \int_{s_1}^{+\infty} \mathrm{d}s_2 \cdots \int_{s_{n-1}}^{+\infty} F(s_n)\mathrm{d}s_n. \tag{8.12}$$

例 8.8 求 $\mathscr{L}\left\{\dfrac{\mathrm{e}^{-at}\sin kt}{t}\right\}$。

解 已知 $\mathscr{L}\{\sin kt\} = \dfrac{k}{s^2+k^2}$，$\mathrm{Re}(s) > 0$，由平移性质，可得

$$\mathscr{L}\{\mathrm{e}^{-at}\sin kt\} = \frac{k}{(s+a)^2+k^2} \quad (\mathrm{Re}(s+a) > 0),$$

例 8.8 讲解

又由像函数的积分性质，得

$$\mathscr{L}\left\{\frac{\mathrm{e}^{-at}\sin kt}{t}\right\} = \int_s^{+\infty} \frac{k}{(u+a)^2+k^2}\mathrm{d}u = \mathrm{arc}\cot\frac{s+a}{k} \quad (\mathrm{Re}(s+a) > 0).$$

8.2.5 平移性质

1. 时域平移

拉普拉斯变换
的性质-2

设 $\mathscr{L}\{f(t)\} = F(s)$，$\mathrm{Re}(s) > C$。当 $t < 0$ 时，$f(t) = 0$，则对于任一非负实数 τ，有

$$\boxed{\mathscr{L}\{f(t-\tau)\} = \mathrm{e}^{-s\tau} F(s)} \tag{8.13}$$

证 由拉普拉斯变换的定义，有

$$\mathscr{L}\{f(t-\tau)\} = \int_0^{+\infty} f(t-\tau)\mathrm{e}^{-st}\,\mathrm{d}t = \int_0^{\tau} f(t-\tau)\mathrm{e}^{-st}\,\mathrm{d}t + \int_{\tau}^{+\infty} f(t-\tau)\mathrm{e}^{-st}\,\mathrm{d}t$$

$$= \int_{\tau}^{+\infty} f(t-\tau)\mathrm{e}^{-st}\,\mathrm{d}t$$

$$= \int_0^{+\infty} f(u)\mathrm{e}^{-s(u+\tau)}\,\mathrm{d}u$$

$$= \mathrm{e}^{-s\tau} \int_0^{+\infty} f(u)\mathrm{e}^{-su}\,\mathrm{d}u = \mathrm{e}^{-s\tau} F(s) \quad (\mathrm{Re}(s) > C).$$

2. s 域平移

设 $\mathscr{L}\{f(t)\} = F(s)$，$\mathrm{Re}(s) > C$，则有

$$\boxed{\mathscr{L}\{\mathrm{e}^{\pm at} f(t)\} = F(s \mp a) \quad (\mathrm{Re}(s \mp a) > C)} \tag{8.14}$$

证 由拉普拉斯变换的定义，有

$$\mathscr{L}\{\mathrm{e}^{at} f(t)\} = \int_0^{+\infty} \mathrm{e}^{at} f(t)\mathrm{e}^{-st}\,\mathrm{d}t = \int_0^{+\infty} f(t)\mathrm{e}^{-(s-a)t}\,\mathrm{d}t.$$

由此看出，上式右端积分只是在 $F(s)$ 中把 s 换成 $s-a$，所以有

$$\mathscr{L}\{\mathrm{e}^{at} f(t)\} = F(s-a) \quad (\mathrm{Re}(s-a) > C).$$

同理可得

$$\mathscr{L}\{\mathrm{e}^{-at} f(t)\} = F(s+a) \quad (\mathrm{Re}(s+a) > C),$$

合起来便是

$$\mathscr{L}\{\mathrm{e}^{\pm at} f(t)\} = F(s \mp a) \quad (\mathrm{Re}(s \mp a) > C).$$

8.2.6 拉普拉斯变换的卷积

第 7 章傅里叶变换所定义两个函数 $f_1(t)$ 与 $f_2(t)$ 的卷积为

$$f_1(t) * f_2(t) = \int_{-\infty}^{+\infty} f_1(\tau) f_2(t-\tau)\,\mathrm{d}\tau,$$

由积分区间可加性，得

$$f_1(t) * f_2(t) = \int_{-\infty}^{0} f_1(\tau) f_2(t-\tau)\,\mathrm{d}\tau + \int_{0}^{t} f_1(\tau) f_2(t-\tau)\,\mathrm{d}\tau + \int_{t}^{+\infty} f_1(\tau) f_2(t-\tau)\,\mathrm{d}\tau,$$

在拉普拉斯变换中，函数 $f_1(t)$ 与 $f_2(t)$ 满足条件：当 $t<0$ 时，$f_1(t)=f_2(t)=0$，所以有

$$f_1(t)*f_2(t)=\int_0^t f_1(\tau)f_2(t-\tau)\mathrm{d}\tau \tag{8.15}$$

在拉普拉斯变换中，两个函数的卷积都按式(8.15)计算．显然这样定义的卷积同第 7 章定义的卷积并不矛盾，因此它也满足在第 7 章所给出的有关卷积的所有性质．

(1) 不等式：$|f_1(t)*f_2(t)|\leqslant |f_1(t)|*|f_2(t)|$．

(2) 交换律：$f_1(t)*f_2(t)=f_2(t)*f_1(t)$．

(3) 结合律：$f_1(t)*[f_2(t)*f_3(t)]=[f_1(t)*f_2(t)]*f_3(t)$．

(4) 分配律：$f_1(t)*[f_2(t)+f_3(t)]=f_1(t)*f_2(t)+f_1(t)*f_3(t)$．

例 8.9 计算 $f_1(t)=\mathrm{e}^t$ 与 $f_2(t)=t^2$ 的卷积．

解 $\mathrm{e}^t*t^2=\int_0^t \mathrm{e}^\tau (t-\tau)^2 \mathrm{d}\tau=\int_0^t \mathrm{e}^\tau(t^2-2\tau t+\tau^2)\mathrm{d}\tau=2\mathrm{e}^t-t^2-2t-2$．

8.2.7 拉普拉斯变换的卷积定理

定理 8.2 (卷积定理) 如果 $f_1(t),f_2(t)$ 均满足拉普拉斯变换存在定理的条件，且
$$\mathscr{L}\{f_1(t)\}=F_1(s)\ \mathrm{Re}(s)>C_1,\quad \mathscr{L}\{f_2(t)\}=F_2(s)\ \mathrm{Re}(s)>C_2,$$
则 $f_1(t)*f_2(t)$ 的拉普拉斯变换一定存在，且

$$\mathscr{L}\{f_1(t)*f_2(t)\}=F_1(s)\cdot F_2(s)\quad \mathrm{Re}(s)>C=\max\{C_1,C_2\} \tag{8.16}$$

证 由定义，有
$$\mathscr{L}\{f_1(t)*f_2(t)\}=\int_0^{+\infty}[f_1(t)*f_2(t)]\mathrm{e}^{-st}\mathrm{d}t$$
$$=\int_0^{+\infty}\left[\int_0^t f_1(\tau)f_2(t-\tau)\mathrm{d}\tau\right]\mathrm{e}^{-st}\mathrm{d}t.$$

从上面这个积分可以看出，积分区域如图 8.3 所示(阴影部分)．由于二重积分绝对可积，可以交换积分次序，所以
$$\mathscr{L}\{f_1(t)*f_2(t)\}=\int_0^{+\infty}f_1(\tau)\left[\int_\tau^{+\infty}f_2(t-\tau)\mathrm{e}^{-st}\mathrm{d}t\right]\mathrm{d}\tau.$$

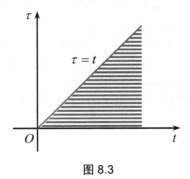

图 8.3

令 $t-\tau=u$，则
$$\int_\tau^{+\infty}f_2(t-\tau)\mathrm{e}^{-st}\mathrm{d}t=\int_0^{+\infty}f_2(u)\mathrm{e}^{-s(u+\tau)}\mathrm{d}u=\mathrm{e}^{-s\tau}F_2(s).$$

所以
$$\mathscr{L}\{f_1(t)*f_2(t)\} = \int_0^{+\infty} f_1(\tau)\mathrm{e}^{-s\tau} F_2(s)\mathrm{d}\tau$$
$$= F_2(s)\int_0^{+\infty} f_1(\tau)\mathrm{e}^{-s\tau}\mathrm{d}\tau = F_1(s) \cdot F_2(s).$$

卷积定理可以推广到多个函数的情形. 若 $f_k(t)$ $(k=1,2,\cdots,n)$ 均满足拉普拉斯变换存在定理的条件, 且 $\mathscr{L}\{f_k(t)\} = F_k(s)$ $(k=1,2,\cdots,n)$, 则有

$$\boxed{\mathscr{L}\{f_1(t)*f_2(t)*\cdots*f_n(t)\} = F_1(s) \cdot F_2(s) \cdot \cdots \cdot F_n(s)}$$

§8.3 拉普拉斯逆变换

前面我们主要讨论了由已知函数 $f(t)$ 求它的像函数 $F(s)$, 在实际应用中常会遇到与此相反的问题, 即已知像函数 $F(s)$ 求它的像原函数 $f(t)$. 本节将介绍拉普拉斯逆变换的求法, 通常, 利用留数法求反演积分.

8.3.1 反演积分公式

由拉普拉斯变换与傅里叶变换的关系可知, 函数 $f(t)(t \geqslant 0)$ 的拉普拉斯变换实际上就是 $f(t)u(t)\mathrm{e}^{-\alpha t}$ 的傅里叶变换, 即

$$F(\alpha + \mathrm{i}\omega) = \int_{-\infty}^{+\infty} f(t)u(t)\mathrm{e}^{-\alpha t}\mathrm{e}^{-\mathrm{i}\omega t}\mathrm{d}t.$$

因此, 当 $f(t)u(t)\mathrm{e}^{-\alpha t}$ 满足傅里叶积分定理的条件时, 按照傅里叶逆变换, 在 $f(t)$ 的连续点 t 处, 有

$$f(t)u(t)\mathrm{e}^{-\alpha t} = \frac{1}{2\pi}\int_{-\infty}^{+\infty} F(\alpha + \mathrm{i}\omega)\mathrm{e}^{\mathrm{i}\omega t}\mathrm{d}\omega.$$

事实上, 这里仅要求 α 在 $F(s)$ 的存在域内即可. 将上式两端都乘以 $\mathrm{e}^{\alpha t}$, 可得

$$f(t) = \frac{1}{2\pi}\int_{-\infty}^{+\infty} F(\alpha + \mathrm{i}\omega)\mathrm{e}^{(\alpha + \mathrm{i}\omega)t}\mathrm{d}\omega \quad (t > 0).$$

令 $s = \alpha + \mathrm{i}\omega$, 则 $\mathrm{d}s = \mathrm{i}\mathrm{d}\omega$, 代入上式, 得

$$\boxed{f(t) = \mathscr{L}^{-1}\{F(s)\} = \frac{1}{2\pi\mathrm{i}}\int_{\alpha - \mathrm{i}\infty}^{\alpha + \mathrm{i}\infty} F(s)\mathrm{e}^{st}\mathrm{d}s \quad (t > 0)} \tag{8.17}$$

这就是从像函数 $F(s)$ 求它的像原函数 $f(t)$ 的一般公式, 称为**反演积分公式**.

8.3.2 留数法

定理 8.3 设 $\lim_{s \to \infty} F(s) = 0$, $s_1, s_2, \cdots, s_n$ 是 $F(s)$ 的所有孤立奇点, 适当选取 α 使这些孤立奇点全在 $\mathrm{Re}(s) < \alpha$ 的范围内, 则有

拉普拉斯逆变换：留数法

$$f(t) = \mathscr{L}^{-1}\{F(s)\} = \frac{1}{2\pi i}\int_{\alpha-i\infty}^{\alpha+i\infty} F(s)e^{st}\,ds = \sum_{k=1}^{n}\text{Res}[F(s)e^{st}, s_k] \quad (t>0) \tag{8.18}$$

证 作如图 8.4 所示的闭曲线 $C = L + C_R$,其中 C_R 在 $\text{Re}(s) < \alpha$ 的区域内是半径为 R 的圆弧;实数 α 的选取要使直线 L 位于函数 $F(s)$ 的所有奇点的右面,当 R 充分大时,可以使 $F(s)$ 的所有奇点都包含在闭曲线 C 所围成的区域内. 同时,e^{st} 在全平面上解析,所以 $F(s)e^{st}$ 的奇点就是 $F(s)$ 的奇点. 由留数定理,有

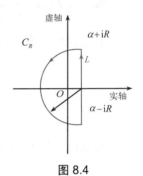

图 8.4

$$\oint_C F(s)e^{st}ds = 2\pi i \sum_{k=1}^{n}\text{Res}[F(s)e^{st}, s_k],$$

即

$$\frac{1}{2\pi i}\left[\int_{\alpha-iR}^{\alpha+iR} F(s)e^{st}\,ds + \int_{C_R} F(s)e^{st}\,ds\right] = \sum_{k=1}^{n}\text{Res}[F(s)e^{st}, s_k].$$

可以证明,$\lim\limits_{R\to+\infty}\int_{C_R} F(s)e^{st}\,ds = 0$ (Jordan 引理),于是有

$$f(t) = \frac{1}{2\pi i}\int_{\alpha-i\infty}^{\alpha+i\infty} F(s)e^{st}\,ds = \sum_{k=1}^{n}\text{Res}[F(s)e^{st}, s_k] \quad (t>0).$$

例 8.10 已知 $F(s) = \dfrac{2s^2-4}{(s+1)(s-3)(s-2)}$,求 $\mathscr{L}^{-1}\{F(s)\}$.

解 $F(s)$ 有三个一级极点 $s_1 = -1$,$s_2 = 3$,$s_3 = 2$,由式(8.18),可得

$$f(t) = \mathscr{L}^{-1}\left\{\frac{2s^2-4}{(s+1)(s-3)(s-2)}\right\} = \sum_{k=1}^{3}\text{Res}[F(s)e^{st}, s_k]$$

$$= \left.\frac{2s^2-4}{(s-3)(s-2)}e^{st}\right|_{s=-1} + \left.\frac{2s^2-4}{(s+1)(s-2)}e^{st}\right|_{s=3} + \left.\frac{2s^2-4}{(s+1)(s-3)}e^{st}\right|_{s=2}$$

$$= -\frac{1}{6}e^{-t} + \frac{7}{2}e^{3t} - \frac{4}{3}e^{2t}.$$

例 8.10 讲解

例 8.11 已知 $F(s) = \dfrac{1}{s^2(s+1)}$,求 $\mathscr{L}^{-1}\{F(s)\}$.

解 $s = 0$ 为 $F(s)$ 的二级极点,$s = -1$ 为 $F(s)$ 的一级极点. 所以

$$f(t) = \mathscr{L}^{-1}\left\{\frac{1}{s^2(s+1)}\right\} = \sum_{k=1}^{2}\text{Res}[F(s)e^{st}, s_k]$$

$$= \left.\frac{1}{s^2}e^{st}\right|_{s=-1} + \lim_{s\to 0}\frac{d}{ds}\left(\frac{e^{st}}{s+1}\right)$$

$$= e^{-t} + t - 1 \quad (t > 0).$$

例 8.11 讲解

8.3.3 部分分式法

若给定的像函数是有理分式函数,则可将其化为部分分式的代数和,再根据 Laplace 变换的性质,方便地求出相应的像原函数.

例 8.12 设 $F(s) = \dfrac{3s+1}{(s-1)(s+1)}$，求 $\mathscr{L}^{-1}\{F(s)\}$.

解 设 $F(s) = \dfrac{a}{s-1} + \dfrac{b}{s+1}$，由待定系数法可知，$a=2$，$b=1$.

利用拉氏逆变换的线性性质和 $\mathscr{L}\{e^{s_0 t}\} = \dfrac{1}{s-s_0}$，得

$$f(t) = \mathscr{L}^{-1}\left\{\dfrac{3s+1}{(s-1)(s+1)}\right\} = \mathscr{L}^{-1}\left\{\dfrac{2}{s-1} + \dfrac{1}{s+1}\right\}$$
$$= 2e^t + e^{-t}.$$

例 8.13 设 $F(s) = \dfrac{2s+3}{(s+1)^2}$，求 $\mathscr{L}^{-1}\{F(s)\}$.

解 设 $F(s) = \dfrac{a}{s+1} + \dfrac{b}{(s+1)^2}$，由待定系数法可知，$a=2$，$b=1$.

利用拉氏逆变换的线性性质和 $\mathscr{L}\{e^{s_0 t}\} = \dfrac{1}{s-s_0}$，$\mathscr{L}\{t\} = \dfrac{1}{s^2}$，$\mathscr{L}\{te^{-t}\} = \dfrac{1}{(s+1)^2}$，得

$$f(t) = \mathscr{L}^{-1}\left\{\dfrac{2}{s+1} + \dfrac{1}{(s+1)^2}\right\}$$
$$= 2e^{-t} + te^{-t}.$$

§8.4 拉普拉斯变换的应用

拉普拉斯变换在工程技术中有着广泛应用，尤其是在力学、电路、通信、自动控制等领域中具有重要的作用．本节将介绍拉普拉斯变换在求解微分方程、微分方程组以及求解某些积分方程的应用．

8.4.1 微分方程的拉普拉斯变换解法

用拉普拉斯变换求解微分方程的示意图如图 8.5 所示.

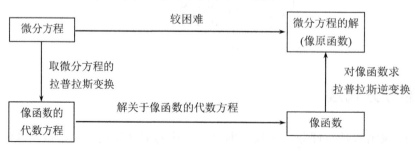

图 8.5

例 8.14 求方程 $y'' + 2y' - 3y = e^{-t}$ 满足初始条件 $y(0) = 0$，$y'(0) = 1$ 的解．

解 设 $\mathscr{L}\{y(t)\} = Y(s)$，对方程两边取拉普拉斯变换，并考虑初始条件，得

$$s^2 Y(s) - 1 + 2sY(s) - 3Y(s) = \frac{1}{s+1},$$

解之，得

$$Y(s) = \frac{s+2}{(s+1)(s-1)(s+3)} = \frac{1}{8}\left(\frac{3}{s-1} - \frac{2}{s+1} - \frac{1}{s+3}\right),$$

例 8.14 讲解

取拉普拉斯逆变换，得 $\mathscr{L}^{-1}\{Y(s)\} = y(t) = \frac{3}{8}e^t - \frac{1}{4}e^{-t} - \frac{1}{8}e^{-3t}$.

这便是所求微分方程的解．

例 8.15 求方程组 $\begin{cases} y'' - x'' + x' - y = e^t - 2 \\ 2y'' - x'' - 2y' + x = -t \end{cases}$ 满足初始条件 $\begin{cases} y(0) = y'(0) = 0 \\ x(0) = x'(0) = 0 \end{cases}$ 的解．

解 设 $\mathscr{L}\{y(t)\} = Y(s)$，$\mathscr{L}\{x(t)\} = X(s)$，对方程组中各方程两边取拉普拉斯变换，并考虑到初始条件，得

$$\begin{cases} s^2 Y(s) - s^2 X(s) + sX(s) - Y(s) = \dfrac{1}{s-1} - \dfrac{2}{s} \\ 2s^2 Y(s) - s^2 X(s) - 2sY(s) + X(s) = -\dfrac{1}{s^2} \end{cases},$$

整理并化简，得

$$\begin{cases} (s+1)Y(s) - sX(s) = \dfrac{-s+2}{s(s-1)^2} \\ 2sY(s) - (s+1)X(s) = -\dfrac{1}{s^2(s-1)} \end{cases},$$

解这个代数方程组，即得

$$\begin{cases} X(s) = \dfrac{2s-1}{s^2(s-1)^2} \\ Y(s) = \dfrac{1}{s(s-1)^2} \end{cases},$$

取逆变换，得

$$\begin{cases} y(t) = 1 - e^t + te^t \\ x(t) = -t + te^t \end{cases}.$$

8.4.2 积分方程的拉普拉斯变换解法

例 8.16 解积分方程 $y(t) = g(t) + \int_0^t y(u) r(t-u) \mathrm{d}u$，其中 $g(t), r(t)$ 为已知函数．

解 设 $\mathscr{L}\{y(t)\} = Y(s)$，$\mathscr{L}\{g(t)\} = G(s)$，$\mathscr{L}\{r(t)\} = R(s)$，注意到方程中的积分就是卷积 $y(t) * r(t)$．所以，若对方程两边取拉普拉斯变换，则由卷积定理，得

$$Y(s) = G(s) + Y(s)R(s),$$

即

$$Y(s) = \frac{G(s)}{1-R(s)}.$$

求拉普拉斯逆变换，便得到原积分方程的解：

$$y(t) = \mathscr{L}^{-1}\left\{\frac{G(s)}{1-R(s)}\right\}.$$

针对例 8.16，若 $g(t)=t$，$r(t)=\sin t$，则 $G(s)=\dfrac{1}{s^2}$，$R(s)=\dfrac{1}{1+s^2}$，于是对应的积分方程为

$$y(t) = t + \int_0^t y(u)\sin(t-u)\mathrm{d}u.$$

利用例 8.16 的结果，其解为

$$y(t) = \mathscr{L}^{-1}\left\{\frac{1}{s^2}\bigg/\left(1-\frac{1}{1+s^2}\right)\right\} = \mathscr{L}^{-1}\left\{\frac{1}{s^2}+\frac{1}{s^4}\right\} = t + \frac{t^3}{6}.$$

§8.5　用 MATLAB 运算

在 MATLAB 中进行拉普拉斯变换的命令为：F=拉普拉斯(f)；

在 MATLAB 中进行拉普拉斯逆变换的命令为：f=i 拉普拉斯(F).

例 8.17　求 $f(t) = 1 - t\mathrm{e}^t$ 的拉普拉斯变换.

解

```
>> syms t
>> f=1-t*exp(t);
>> F=拉普拉斯(f)
F =
1/s - 1/(s - 1)^2
```

得到 $F(s) = \dfrac{1}{s} - \dfrac{1}{(s-1)^2}$.

例 8.18　求 $F(s) = \dfrac{2s^2+s+5}{s^3+6s^2+11s+6}$ 的拉普拉斯逆变换.

解

```
>> syms s
>> F=(2*s^2+s+5)/(s^3+6*s^2+11*s+6);
>> f=i 拉普拉斯(F)
f =
3*exp(-t) - 11*exp(-2*t) + 10*exp(-3*t)
```

得到 $f(t) = 3\mathrm{e}^{-t} - 11\mathrm{e}^{-2t} + 10\mathrm{e}^{-3t}$.

本 章 小 结

本章首先从傅里叶变换引出拉普拉斯变换的概念，然后讨论拉普拉斯变换的一些重要性质，以及拉普拉斯逆变换的计算方法，最后介绍拉普拉斯变换在求解微分方程等方面的应用．

本章学习的基本要求如下．
(1) 熟练掌握拉普拉斯变换的概念，会求解一些常用函数的拉普拉斯变换．
(2) 熟练掌握拉普拉斯变换的基本性质，例如线性性质、位移性质、微分性质等．
(3) 利用留数法计算拉普拉斯逆变换．
(4) 利用拉普拉斯变换求解微分方程．

练 习 题

1．求下列函数的拉普拉斯变换．
(1) $f(t)=\sin \pi t$． (2) $f(t)=2t^2$．
(3) $f(t)=\sin t \cos t$． (4) $f(t)=\mathrm{e}^{-2t}$．

2．求下列函数的拉普拉斯变换．

(1) $f(t)=\begin{cases} 3, & 0\leqslant t<2 \\ -1, & 2\leqslant t<4 \\ 0, & t\geqslant 4 \end{cases}$． (2) $f(t)=\begin{cases} 3, & t<\dfrac{\pi}{2} \\ \cos t, & t>\dfrac{\pi}{2} \end{cases}$． (3) $f(t)=\mathrm{e}^{2t}+5\delta(t)$．

3．利用拉普拉斯变换的性质及已导出的变换公式，求下列函数的拉普拉斯变换．
(1) $f(t)=1-t\mathrm{e}^{t}$． (2) $f(t)=(t-1)^2 \mathrm{e}^{t}$．
(3) $f(t)=\mathrm{e}^{-2t}\sin 6t$． (4) $f(t)=\dfrac{\mathrm{e}^{3t}}{\sqrt{t}}$．
(5) $f(t)=t\mathrm{e}^{-3t}\sin 2t$． (6) $f(t)=t\int_0^t \mathrm{e}^{-3u}\sin 2u\,\mathrm{d}u$．
(7) $f(t)=\dfrac{\mathrm{e}^{-t}-\mathrm{e}^{-2t}}{t}$． (8) $f(t)=\dfrac{\cos 2t-\cos 3t}{t}$．

4．求下列积分值．
(1) $f(t)=\int_0^{+\infty}\dfrac{\mathrm{e}^{-t}-\mathrm{e}^{-2t}}{t}\mathrm{d}t$． (2) $f(t)=\int_0^{+\infty}\dfrac{1-\cos t}{t}\mathrm{e}^{-t}\mathrm{d}t$．
(3) $f(t)=\int_0^{+\infty}\mathrm{e}^{-3t}\cos 2t\,\mathrm{d}t$． (4) $f(t)=\int_0^{+\infty}t\mathrm{e}^{-3t}\sin 2t\,\mathrm{d}t$．

5．求下列各函数的卷积，并用它们验证卷积定理．
(1) $\sin t * \sin t$． (2) $t * \mathrm{e}^{t}$．

6. 求下列函数的拉普拉斯逆变换.

(1) $F(s) = \dfrac{1}{s^2 + a^2}$.

(2) $F(s) = \dfrac{s+c}{(s+a)(s+b)^2}$.

(3) $F(s) = \dfrac{s^2 + 2a^2}{(s^2 + a^2)^2}$.

(4) $F(s) = \dfrac{s}{(s^2+1)(s^2+4)}$.

(5) $F(s) = \dfrac{1}{s^4 + 5s^2 + 4}$.

(6) $F(s) = \dfrac{s+1}{9s^2 + 6s + 5}$.

7. 求下列微分方程及方程组的解.

(1) $y'' + 4y' + 3y = \mathrm{e}^{-t},\ y(0) = y'(0) = 1$.

(2) $y'' + 3y' + 2y = u(t-1),\ y(0) = 0,\ y'(0) = 1$.

(3) $y'' - 2y' + 2y = 2\mathrm{e}^{t}\cos t,\ y(0) = y'(0) = 0$.

(4) $y''' + 3y'' + 3y' + y = 6\mathrm{e}^{-t},\ y(0) = y'(0) = y''(0) = 0$.

附录 I Fourier 变换简表

序号	像原函数 $f(t)$	像函数 $\hat{f}(\omega)$
1	矩形单脉冲： $f(t) = \begin{cases} E, & \|t\| \leqslant \dfrac{\tau}{2} \\ 0, & \text{其他} \end{cases}$	$2E\dfrac{\sin\dfrac{\omega\tau}{2}}{\omega}$
2	指数衰减函数： $f(t) = \begin{cases} 0, & t < 0 \\ e^{-\beta t}(\beta > 0), & t \geqslant 0 \end{cases}$	$\dfrac{1}{\beta + i\omega}$
3	三角形脉冲： $f(t) = \begin{cases} \dfrac{2A}{\tau}\left(\dfrac{\tau}{2} + t\right), & -\dfrac{\tau}{2} \leqslant t < 0 \\ \dfrac{2A}{\tau}\left(\dfrac{\tau}{2} - t\right), & 0 \leqslant t < \dfrac{\tau}{2} \end{cases}$	$\dfrac{4A}{\tau\omega^2}\left(1 - \cos\dfrac{\omega\tau}{2}\right)$
4	钟形脉冲： $f(t) = Ae^{-\beta t^2}\ (\beta > 0)$	$\sqrt{\dfrac{\pi}{\beta}}Ae^{-\dfrac{\omega^2}{4\beta}}$
5	傅里叶核： $f(t) = \dfrac{\sin\omega_0 t}{\pi t}$	$F(\omega) = \begin{cases} 1, & \|\omega\| \leqslant \omega_0 \\ 0, & \text{其他} \end{cases}$
6	高斯分布函数： $f(t) = \dfrac{1}{\sqrt{2\pi}\sigma}e^{-\dfrac{t^2}{2\sigma^2}}$	$e^{-\dfrac{\sigma^2\omega^2}{2}}$
7	矩形射频脉冲： $f(t) = \begin{cases} E\cos\omega_0 t, & \|t\| \leqslant \dfrac{\tau}{2} \\ 0, & \text{其他} \end{cases}$	$\dfrac{E\tau}{2}\left[\dfrac{\sin(\omega-\omega_0)\dfrac{\tau}{2}}{(\omega-\omega_0)\dfrac{\tau}{2}} + \dfrac{\sin(\omega_0+\omega)\dfrac{\tau}{2}}{(\omega_0+\omega)\dfrac{\tau}{2}}\right]$
8	单位脉冲函数： $f(t) = \delta(t)$	1
9	周期性脉冲函数： $f(t) = \sum\limits_{n=-\infty}^{+\infty}\delta(t - nT)$ (T 为脉冲函数的周期)	$\dfrac{2\pi}{T}\sum\limits_{n=-\infty}^{+\infty}\delta\left(\omega - \dfrac{2n\pi}{T}\right)$
10	$f(t) = \cos\omega_0 t$	$\pi[\delta(\omega+\omega_0) + \delta(\omega-\omega_0)]$
11	$f(t) = \sin\omega_0 t$	$i\pi[\delta(\omega+\omega_0) - \delta(\omega-\omega_0)]$
12	单位阶跃函数： $f(t) = u(t)$	$\dfrac{1}{i\omega} + \pi\delta(\omega)$

续表

序号	像原函数 $f(t)$	像函数 $\hat{f}(\omega)$
13	$u(t-c)$	$\dfrac{1}{\mathrm{i}\omega}\mathrm{e}^{-\mathrm{i}\omega c}+\pi\delta(\omega)$
14	$u(t)t$	$-\dfrac{1}{\omega^2}+\pi\mathrm{i}\delta'(\omega)$
15	$u(t)t^n$	$\dfrac{n!}{(\mathrm{i}\omega)^{n+1}}+\pi\mathrm{i}^n\delta^{(n)}(\omega)$
16	$u(t)\sin at$	$\dfrac{a}{a^2-\omega^2}+\dfrac{\pi}{2\mathrm{i}}[\delta(\omega-\omega_0)-\delta(\omega+\omega_0)]$
17	$u(t)\cos at$	$\dfrac{\mathrm{i}\omega}{a^2-\omega^2}+\dfrac{\pi}{2}[\delta(\omega-\omega_0)+\delta(\omega+\omega_0)]$
18	$u(t)\mathrm{e}^{\mathrm{i}at}$	$\dfrac{1}{\mathrm{i}(\omega-a)}+\pi\delta(\omega-a)$
19	$u(t-c)\mathrm{e}^{\mathrm{i}at}$	$\dfrac{1}{\mathrm{i}(\omega-a)}\mathrm{e}^{-\mathrm{i}(\omega-a)c}+\pi\delta(\omega-a)$
20	$u(t)\mathrm{e}^{\mathrm{i}at}t^n$	$\dfrac{n!}{[\mathrm{i}(\omega-a)]^{n+1}}+\pi\mathrm{i}^n\delta^{(n)}(\omega-a)$
21	$\mathrm{e}^{a|t|}$, $\operatorname{Re}(a)<0$	$\dfrac{-2a}{\omega^2+a^2}$
22	$\delta(t-c)$	$\mathrm{e}^{-\mathrm{i}\omega c}$
23	$\delta'(t)$	$\mathrm{i}\omega$
24	$\delta^{(n)}(t)$	$(\mathrm{i}\omega)^n$
25	$\delta^{(n)}(t-c)$	$(\mathrm{i}\omega)^n\mathrm{e}^{-\mathrm{i}\omega c}$
26	1	$2\pi\delta(\omega)$
27	t	$2\pi\mathrm{i}\delta'(\omega)$
28	t^n	$2\pi\mathrm{i}^n\delta^{(n)}(\omega)$
29	$\mathrm{e}^{\mathrm{i}at}$	$2\pi\delta(\omega-a)$
30	$t^n\mathrm{e}^{\mathrm{i}at}$	$2\pi\mathrm{i}^n\delta^{(n)}(\omega-a)$
31	$\dfrac{1}{a^2+t^2}$, $\operatorname{Re}(a)<0$	$-\dfrac{\pi}{a}\mathrm{e}^{a|\omega|}$
32	$\dfrac{t}{(a^2+t^2)^2}$, $\operatorname{Re}(a)<0$	$\dfrac{\mathrm{i}\omega\pi}{2a}\mathrm{e}^{a|\omega|}$
33	$\dfrac{\mathrm{e}^{\mathrm{i}bt}}{a^2+t^2}$, $\operatorname{Re}(a)<0$, b 为实数	$-\dfrac{\pi}{a}\mathrm{e}^{a|\omega-b|}$
34	$\dfrac{\cos bt}{a^2+t^2}$, $\operatorname{Re}(a)<0$, b 为实数	$-\dfrac{\pi}{2a}\left[\mathrm{e}^{a|\omega-b|}+\mathrm{e}^{a|\omega+b|}\right]$
35	$\dfrac{\sin bt}{a^2+t^2}$, $\operatorname{Re}(a)<0$, b 为实数	$-\dfrac{\pi}{2a\mathrm{i}}\left[\mathrm{e}^{a|\omega-b|}-\mathrm{e}^{a|\omega+b|}\right]$
36	$\dfrac{\operatorname{sh}at}{\operatorname{sh}\pi t}$, $-\pi<a<\pi$	$\dfrac{\sin a}{\operatorname{ch}\omega+\cos a}$
37	$\dfrac{\operatorname{sh}at}{\operatorname{ch}\pi t}$, $-\pi<a<\pi$	$-2\mathrm{i}\dfrac{\sin\dfrac{a}{2}\operatorname{sh}\dfrac{\omega}{2}}{\operatorname{ch}\omega+\cos a}$

续表

序号	像原函数 $f(t)$	像函数 $\hat{f}(\omega)$
38	$\dfrac{\operatorname{ch} at}{\operatorname{ch} \pi t}$, $-\pi < a < \pi$	$2\dfrac{\cos\dfrac{a}{2}\operatorname{ch}\dfrac{\omega}{2}}{\operatorname{ch}\omega + \cos a}$
39	$\dfrac{1}{\operatorname{ch} at}$	$\dfrac{\pi}{a}\dfrac{1}{\operatorname{ch}\dfrac{\pi\omega}{2a}}$
40	$\sin at^2$ $(a>0)$	$\sqrt{\dfrac{\pi}{a}}\cos\left(\dfrac{\omega^2}{4a}+\dfrac{\pi}{4}\right)$
41	$\cos at^2$ $(a>0)$	$\sqrt{\dfrac{\pi}{a}}\cos\left(\dfrac{\omega^2}{4a}-\dfrac{\pi}{4}\right)$
42	$\dfrac{1}{t}\sin at$	$\begin{cases}\pi, & |\omega|\leqslant a \\ 0, & |\omega|>a\end{cases}$
43	$\dfrac{1}{t^2}\sin^2 at$	$\begin{cases}\pi\left(a-\dfrac{|\omega|}{2}\right), & |\omega|\leqslant 2a \\ 0, & |\omega|>2a\end{cases}$
44	$\dfrac{\sin at}{\sqrt{|t|}}$	$\mathrm{i}\sqrt{\dfrac{\pi}{2}}\left(\dfrac{1}{\sqrt{|\omega+a|}}-\dfrac{1}{\sqrt{|\omega-a|}}\right)$
45	$\dfrac{\cos at}{\sqrt{|t|}}$	$\sqrt{\dfrac{\pi}{2}}\left(\dfrac{1}{\sqrt{|\omega+a|}}+\dfrac{1}{\sqrt{|\omega-a|}}\right)$
46	$\dfrac{1}{\sqrt{|t|}}$	$\sqrt{\dfrac{2\pi}{|\omega|}}$
47	$\operatorname{sgn} t$	$\dfrac{2}{\mathrm{i}\omega}$
48	e^{-at^2}, $\operatorname{Re}(a)>0$	$\sqrt{\dfrac{\pi}{a}}\mathrm{e}^{-\dfrac{\omega^2}{4a}}$
49	$|t|$	$-\dfrac{2}{\omega^2}$
50	$\dfrac{1}{|t|}$	$\dfrac{\sqrt{2\pi}}{|\omega|}$

附录II Laplace 变换简表

序号	$f(t)$	$F(s)$
1	1	$\dfrac{1}{s}$
2	e^{at}	$\dfrac{1}{s-a}$
3	$t^m\ (m>-1)$	$\dfrac{\Gamma(m+1)}{s^{m+1}}$
4	$t^m e^{at}\ (m>-1)$	$\dfrac{\Gamma(m+1)}{(s-a)^{m+1}}$
5	$\sin at$	$\dfrac{a}{s^2+a^2}$
6	$\cos at$	$\dfrac{s}{s^2+a^2}$
7	$\operatorname{sh} at$	$\dfrac{a}{s^2-a^2}$
8	$\operatorname{ch} at$	$\dfrac{s}{s^2-a^2}$
9	$t^m \sin at,\ (m>-1)$	$\dfrac{\Gamma(m+1)}{2\mathrm{i}(s^2+a^2)^{m+1}}[(s+\mathrm{i}a)^{m+1}-(s-\mathrm{i}a)^{m+1}]$
10	$t^m \cos at,\ (m>-1)$	$\dfrac{\Gamma(m+1)}{2\mathrm{i}(s^2+a^2)^{m+1}}[(s+\mathrm{i}a)^{m+1}+(s-\mathrm{i}a)^{m+1}]$
11	$e^{-bt}\sin at$	$\dfrac{a}{(s+b)^2+a^2}$
12	$e^{-bt}\cos at$	$\dfrac{s+b}{(s+b)^2+a^2}$
13	$e^{-bt}\sin(at+c)$	$\dfrac{(s+b)\sin c + a\cos c}{(s+b)^2+a^2}$
14	$\sin^2 t$	$\dfrac{1}{2}\left(\dfrac{1}{s}-\dfrac{s}{s^2+4}\right)$
15	$\cos^2 t$	$\dfrac{1}{2}\left(\dfrac{1}{s}+\dfrac{s}{s^2+4}\right)$
16	$\sin at \sin bt$	$\dfrac{2abs}{[s^2+(a+b)^2][s^2+(a-b)^2]}$
17	$e^{at}-e^{bt}$	$\dfrac{a-b}{(s-a)(s-b)}$
18	$ae^{at}-be^{at}$	$\dfrac{(a-b)s}{(s-a)(s-b)}$
19	$\dfrac{1}{a}\sin at - \dfrac{1}{b}\sin bt$	$\dfrac{b^2-a^2}{(s^2+a^2)(s^2+b^2)}$

续表

序号	$f(t)$	$F(s)$
20	$\cos at - \cos bt$	$\dfrac{(b^2-a^2)s}{(s^2+a^2)(s^2+b^2)}$
21	$\dfrac{1}{a^2}(1-\cos at)$	$\dfrac{1}{s(s^2+a^2)}$
22	$\dfrac{1}{a^3}(at-\sin at)$	$\dfrac{1}{s^2(s^2+a^2)}$
23	$\dfrac{1}{a^4}(\cos at-1)+\dfrac{1}{2a^2}t^2$	$\dfrac{1}{s^3(s^2+a^2)}$
24	$\dfrac{1}{a^4}(\operatorname{ch}at-1)-\dfrac{1}{2a^2}t^2$	$\dfrac{1}{s^3(s^2-a^2)}$
25	$\dfrac{1}{2a^3}(\sin at - at\cos at)$	$\dfrac{1}{(s^2+a^2)^2}$
26	$\dfrac{t}{2a}\sin at$	$\dfrac{s}{(s^2+a^2)^2}$
27	$\dfrac{1}{2a}(\sin at + at\cos at)$	$\dfrac{s^2}{(s^2+a^2)^2}$
28	$\dfrac{1}{a^4}(1-\cos at)-\dfrac{1}{2a^3}t\sin at$	$\dfrac{1}{s(s^2+a^2)^2}$
29	$(1-at)\mathrm{e}^{-at}$	$\dfrac{s}{(s+a)^2}$
30	$t\left(1-\dfrac{a}{2}t\right)\mathrm{e}^{-at}$	$\dfrac{s}{(s+a)^3}$
31	$\dfrac{1}{a}(1-\mathrm{e}^{-at})$	$\dfrac{1}{s(s+a)}$
32①	$\dfrac{1}{ab}+\dfrac{1}{b-a}\left(\dfrac{\mathrm{e}^{-bt}}{b}-\dfrac{\mathrm{e}^{-at}}{a}\right)$	$\dfrac{1}{s(s+a)(s+b)}$
33②	$\dfrac{\mathrm{e}^{-at}}{(b-a)(c-a)}+\dfrac{\mathrm{e}^{-bt}}{(a-b)(c-b)}+\dfrac{\mathrm{e}^{-ct}}{(a-c)(b-c)}$	$\dfrac{1}{(s+a)(s+b)(s+c)}$
34③	$\dfrac{a\mathrm{e}^{-at}}{(b-a)(c-a)}+\dfrac{b\mathrm{e}^{-bt}}{(a-b)(c-b)}+\dfrac{c\mathrm{e}^{-ct}}{(a-c)(b-c)}$	$\dfrac{s}{(s+a)(s+b)(s+c)}$
35④	$\dfrac{a^2\mathrm{e}^{-at}}{(c-a)(b-a)}+\dfrac{b^2\mathrm{e}^{-bt}}{(a-b)(c-b)}+\dfrac{c^2\mathrm{e}^{-ct}}{(b-c)(a-c)}$	$\dfrac{s^2}{(s+a)(s+b)(s+c)}$
36⑤	$\dfrac{\mathrm{e}^{-at}-\mathrm{e}^{-bt}[1-(a-b)t]}{(a-b)^2}$	$\dfrac{1}{(s-a)(s+b)^2}$
37⑥	$\dfrac{[a-b(a-b)t]\mathrm{e}^{-bt}-a\mathrm{e}^{-at}}{(a-b)^2}$	$\dfrac{s}{(s+a)(s+b)^2}$
38	$\mathrm{e}^{-at}-\mathrm{e}^{\frac{at}{2}}\left(\cos\dfrac{\sqrt{3}}{2}at-\sqrt{3}\sin\dfrac{\sqrt{3}}{2}at\right)$	$\dfrac{3a^2}{s^3+a^3}$
39	$\sin at\operatorname{ch}at-\cos at\operatorname{sh}at$	$\dfrac{4a^3}{s^4+4a^4}$
40	$\dfrac{1}{2a^2}\sin at\operatorname{sh}at$	$\dfrac{s}{s^4+4a^4}$

续表

序号	$f(t)$	$F(s)$
41	$\dfrac{1}{2a^3}(\mathrm{sh}\,at - \sin at)$	$\dfrac{1}{s^4 - a^4}$
42	$\dfrac{1}{2a^2}(\mathrm{ch}\,at - \cos at)$	$\dfrac{s}{s^4 - a^4}$
43	$\dfrac{1}{\sqrt{\pi t}}$	$\dfrac{1}{\sqrt{s}}$
44	$2\sqrt{\dfrac{t}{\pi}}$	$\dfrac{1}{s\sqrt{s}}$
45	$\dfrac{1}{\sqrt{\pi t}}\mathrm{e}^{at}(1+2at)$	$\dfrac{s}{(s-a)\sqrt{s-a}}$
46	$\dfrac{1}{2\sqrt{\pi t^3}}(\mathrm{e}^{bt} - \mathrm{e}^{at})$	$\sqrt{s-a} - \sqrt{s-b}$
47	$\delta(t)$	1
48⑦	$J_0(at)$	$\dfrac{1}{\sqrt{s^2 + a^2}}$
49⑧	$I_0(at)$	$\dfrac{1}{\sqrt{s^2 - a^2}}$
50	$J_0(2\sqrt{at})$	$\dfrac{1}{s}\mathrm{e}^{-\frac{a}{s}}$
51	$\dfrac{1}{\sqrt{\pi t}}\cos 2\sqrt{at}$	$\dfrac{1}{\sqrt{s}}\mathrm{e}^{-\frac{a}{s}}$
52	$\dfrac{1}{\sqrt{\pi t}}\mathrm{ch}2\sqrt{at}$	$\dfrac{1}{\sqrt{s}}\mathrm{e}^{\frac{a}{s}}$
53	$\dfrac{1}{\sqrt{\pi t}}\sin 2\sqrt{at}$	$\dfrac{1}{s\sqrt{s}}\mathrm{e}^{-\frac{a}{s}}$
54	$\dfrac{1}{\sqrt{\pi t}}\mathrm{sh}2\sqrt{at}$	$\dfrac{1}{s\sqrt{s}}\mathrm{e}^{\frac{a}{s}}$
55	$\dfrac{1}{t}(\mathrm{e}^{bt} - \mathrm{e}^{at})$	$\ln\dfrac{s-a}{s-b}$
56	$\dfrac{2}{t}\mathrm{sh}\,at$	$\ln\dfrac{s+a}{s-b} = 2\,\mathrm{Arth}\dfrac{a}{s}$
57	$\dfrac{2}{t}(1 - \cos at)$	$\ln\dfrac{s^2 + a^2}{s^2}$
58	$\dfrac{2}{t}(1 - \mathrm{ch}\,at)$	$\ln\dfrac{s^2 - a^2}{s^2}$
59	$\dfrac{1}{t}\sin at$	$\arctan\dfrac{a}{s}$
60	$\dfrac{1}{t}(\mathrm{ch}\,at - \cos bt)$	$\ln\sqrt{\dfrac{s^2 + b^2}{s^2 - a^2}}$
61⑨	$\dfrac{1}{\pi t}\sin(2a\sqrt{t})$	$\mathrm{erf}\left(\dfrac{a}{\sqrt{s}}\right)$
62⑩	$\dfrac{1}{\sqrt{\pi t}}\mathrm{e}^{-2a\sqrt{t}}$	$\dfrac{1}{\sqrt{s}}\mathrm{e}^{\frac{a^2}{s}}\mathrm{erfc}\left(\dfrac{a}{\sqrt{s}}\right)$

续表

序号	$f(t)$	$F(s)$
63	$\mathrm{erfc}\left(\dfrac{a}{2\sqrt{t}}\right)$	$\dfrac{1}{s}\mathrm{e}^{-a\sqrt{s}}$
64	$\mathrm{erf}\left(\dfrac{t}{2a}\right)$	$\dfrac{1}{s}\mathrm{e}^{a^2 s^2}\mathrm{erfc}(as)$
65	$u(t)$	$\dfrac{1}{s}$
66	$tu(t)$	$\dfrac{1}{s^2}$
67	$t^m u(t)\quad (m>-1)$	$\dfrac{1}{s^{m+1}}\Gamma(m+1)$

①～⑥式中，a,b,c 为不相等的常数.

⑦、⑧式中，$I_n(x)=(\mathrm{i})^{-n}J_n(\mathrm{i}x)$，$J_n$ 称为第一类 n 阶贝塞尔(Bassel)函数. I_n 称为第一类 n 阶变形的贝塞尔函数，或称为虚宗量的贝塞尔函数.

⑨、⑩式中，$\mathrm{erf}(x)=\dfrac{2}{\sqrt{\pi}}\displaystyle\int_0^x \mathrm{e}^{-t^2}\mathrm{d}t$ 称为误差函数，$\mathrm{erfc}(x)=1-\mathrm{erf}(x)=\dfrac{2}{\sqrt{\pi}}\displaystyle\int_0^x \mathrm{e}^{-t^2}\mathrm{d}t$ 称为余误差函数.

附录Ⅲ　Γ函数的基本知识

下面我们将Γ函数的定义及基本性质进行简要的介绍.

1. Γ函数与B函数

我们称以 p,q 为参数的广义积分

$$\int_0^1 x^{p-1}(1-x)^{q-1}dx$$

为第一类欧拉积分. 这个积分当 $p>0$，$q>0$ 时是收敛的，由它所确定的函数称为 p,q 的 B 函数，记作

$$B(p,q) = \int_0^1 x^{p-1}(1-x)^{q-1}dx. \tag{A.1}$$

在式(A.1)中，令 $x = \sin^2\theta$，则可将 $B(p,q)$ 写成另一种形式:

$$B(p,q) = 2\int_0^{\frac{\pi}{2}} \sin^{2p-1}\theta \cos^{2q-1}\theta d\theta. \tag{A.2}$$

我们称以 p 为参数的广义积分

$$\int_0^{+\infty} e^{-x} x^{p-1}dx$$

为第二类欧拉积分. 这个积分当 $p>0$ 时收敛，由它所确定的函数称为 p 的Γ函数，记作

$$\Gamma(p) = \int_0^{+\infty} e^{-x} x^{p-1}dx. \tag{A.3}$$

在式(A.3)中，令 $x = t^2$，则可将Γ函数写成另一种形式:

$$\Gamma(p) = 2\int_0^{+\infty} e^{-t^2} t^{2p-1}dt. \tag{A.4}$$

现在我们来建立Γ函数与 B 函数之间的关系. 为此，先计算乘积 $\Gamma(p)\Gamma(q)$，由式(A.4)，可得

$$\Gamma(p)\Gamma(q) = 4\int_0^{+\infty}\int_0^{+\infty} e^{-(\xi^2+\eta^2)} \xi^{2p-1} \eta^{2q-1} d\xi d\eta. \tag{A.5}$$

利用极坐标系 (ρ,θ) 来化简右端的积分，即令 $\xi = \rho\cos\theta$，$\eta = \rho\sin\theta$，则

$$\Gamma(p)\Gamma(q) = 4\int_0^{+\infty}\int_0^{\frac{\pi}{2}} e^{-\rho^2} \rho^{2(q+p)-1} \sin^{2p-1}\theta \cos^{2q-1}\theta d\theta d\rho$$

$$= 2\int_0^{+\infty} e^{-\rho^2} \rho^{2(p+q)-1} d\rho \cdot 2\int_0^{\frac{\pi}{2}} \sin^{2p-1}\theta \cos^{2q-1}\theta d\theta,$$

将上式右端的两个积分分别与式(A.2)、式(A.4)比较，可得

$$\Gamma(p)\Gamma(q) = \Gamma(p+q)B(p,q),$$

或

$$B(p,q) = \frac{\Gamma(p)\Gamma(q)}{\Gamma(p+q)}. \tag{A.6}$$

式(A.6)就是我们所要建立的Γ与 B 函数之间的关系式，有些书上将这个关系式称为**欧拉定理**. 欧拉定理告诉我们，只要把这两类函数中任何一类函数的性质弄清楚了，另一个函数的性质也就可借助这个关系式获得.

2. Γ 函数的基本性质

(1) 递推公式
$$\Gamma(p+1) = p\Gamma(p) \tag{A.7}$$

证 由定义，我们有
$$\Gamma(p+1) = \int_0^{+\infty} e^{-x} x^p dx = -\int_0^{+\infty} x^p d e^{-x} = -x^p e^{-x}\Big|_0^{+\infty} + p\int_0^{+\infty} e^{-x} x^{p-1} dx.$$

由于当 $p > 0$ 时，$x^p e^{-x}\Big|_0^{+\infty} = 0$，所以
$$\Gamma(p+1) = p\int_0^{\infty} e^{-x} x^{p-1} dx = p\Gamma(p).$$

重复利用这个公式，可得
$$\Gamma(p) = (p-1)\Gamma(p-1) = (p-1)(p-2)\Gamma(p-2)$$
$$= (p-1)(p-2)\cdots(p-m)\Gamma(p-m). \tag{A.8}$$

此式说明，自变量大于 1 时 Γ 函数值的计算可化为自变量小于 1 时 Γ 函数值的计算. 如果 p 是正整数，则由式(A.8)，可得
$$\Gamma(p+1) = p(p-1)\cdots 2\times 1\times \Gamma(1),$$

但
$$\Gamma(1) = \int_0^{+\infty} e^{-x} dx = -e^{-x}\Big|_0^{+\infty} = 1,$$

故
$$\Gamma(p+1) = p!. \tag{A.9}$$

(2) Γ 函数定义域的扩充

利用 Γ 函数的递推公式(A.7)，可将 $\Gamma(p)$ 的定义域扩充到不含负整数的负数域上去. 例如，对 $-1 < p < 0$，我们定义
$$\Gamma(p) = \frac{\Gamma(p+1)}{p}. \tag{A.10}$$

这里 $p+1 > 0$，所以上式右端具有确定的值.

Γ 函数在 $-1 < p < 0$ 内的值既已确定，则可再用式(A.10)定义出 Γ 函数在 $-2 < p < -1$ 内的值，这样逐步进行下去，就可将 Γ 函数的定义域扩充到不包含负整数的负数域上.

在负整数处，Γ 函数将会怎样？由式(A.10)可知
$$\lim_{p\to 0}\Gamma(p) = \lim_{p\to 0}\frac{\Gamma(p+1)}{p} = \infty,$$

即当 $p\to 0$ 时，$\Gamma(p)\to\infty$. 利用这个结果，可以推得，当 $p\to -1, p\to -2, \cdots, p\to -n$ (n 为正整数)时，$\Gamma(p)\to\infty$. 从而我们规定，当 $n = 0, -1, -2, -3, \cdots$ 时，$\dfrac{1}{\Gamma(n)} = 0$，Γ 函数的图形如图 A.1 所示.

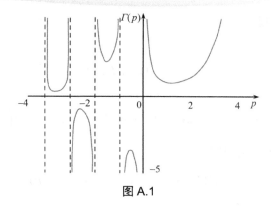

图 A.1

(3) 当 $0 < p < 1$ 时,

$$\Gamma(p)\Gamma(1-p) = \frac{\pi}{\sin p\pi} \tag{A.11}$$

证 由式(A.6),得
$$\Gamma(p)\Gamma(1-p) = \Gamma(1)B(1-p,p) = B(1-p,p) = \int_0^1 x^{-p}(1-x)^{p-1}dx.$$

令 $t = \dfrac{1-x}{x}$,则

$$\Gamma(p)\Gamma(1-p) = \int_0^{+\infty} \frac{t^{p-1}}{1+t}dt,\ 0 < p < 1.$$

下面我们用留数定理计算上式右端的积分.

取积分路径如图 A.2 所示,这个路径是由支点 $z=0$ 为中心的小圆与大圆以及沿实轴两条方向相反的线段 EA 与 CD (在 EA 上假设 z 的辐角为 0,而沿 CD 上 z 的辐角为 2π)所组成,由于沿正实轴作了割线,所以函数 $\dfrac{z^{p-1}}{1+z}$ 是单值的,利用留数定理,得

$$\oint_{C_R+C_r+EA+CD} \frac{z^{p-1}}{1+z}dz = -2\pi i \operatorname*{Res}_{z=-1}\left[\frac{z^{p-1}}{1+z}\right],$$

$$\left|\oint_{C_R} \frac{z^{p-1}}{1+z}dz\right| \leqslant \int_0^{2\pi} \left|\frac{R^{p-1}e^{i(p-1)\varphi}}{1+Re^{i\varphi}}iRe^{i\varphi}\right|d\varphi \leqslant \int_0^{2\pi} \frac{R^p}{R-1}d\varphi = 2\pi\frac{R^p}{R-1}$$

$$= 2\pi\frac{R^{p-1}}{1-\frac{1}{R}} = o(R^{-(1-p)}) \to 0 \quad (R \to +\infty).$$

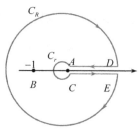

图 A.2

当 $R \to +\infty$ 时,
$$\left|\oint_{C_r} \frac{z^{p-1}}{1+z}\mathrm{d}z\right| \leqslant \int_0^{2\pi}\left|\frac{r^{p-1}\mathrm{e}^{\mathrm{i}(p-1)\varphi}}{1+r\mathrm{e}^{\mathrm{i}\varphi}}\mathrm{i}r\mathrm{e}^{\mathrm{i}\varphi}\right|\mathrm{d}\varphi \leqslant \int_0^{2\pi}\left|\frac{(r\mathrm{e}^{\mathrm{i}\varphi})^p}{1+r\mathrm{e}^{\mathrm{i}\varphi}}\right|\mathrm{d}\varphi \leqslant \int_0^{2\pi}\frac{r^p}{1-r}\mathrm{d}\varphi$$
$$= \frac{2\pi r^p}{1-r} = o(r^p) \to 0 \quad (r \to 0).$$

当 $R \to +\infty$, $r \to 0$ 时,
$$\int_{EA}\frac{z^{p-1}}{1+z}\mathrm{d}z = \int_R^r \frac{t^{p-1}}{1+t}\mathrm{d}t \to -\int_0^\infty \frac{t^{p-1}}{1+t}\mathrm{d}t \quad (R \to +\infty,\ r \to 0).$$
$$\int_{CD}\frac{z^{p-1}}{1+z}\mathrm{d}z = \int_r^R \frac{(t\mathrm{e}^{\mathrm{i}2\pi})^{p-1}}{1+t\mathrm{e}^{\mathrm{i}2\pi}}\mathrm{d}t = \mathrm{e}^{\mathrm{i}p2\pi}\int_r^R \frac{t^{p-1}}{1+t}\mathrm{d}t \to \mathrm{e}^{\mathrm{i}p2\pi}\int_0^{+\infty} \frac{t^{p-1}}{1+t}\mathrm{d}t \quad (R \to +\infty,\ r \to 0).$$

又因
$$\mathrm{Res}\left[\frac{z^{p-1}}{1+z},\ -1\right] = \mathrm{e}^{\mathrm{i}(p-1)\pi},$$

故
$$(\mathrm{e}^{2\pi p\mathrm{i}}-1)\int_0^{+\infty}\frac{t^{p-1}}{1+t}\mathrm{d}t = -2\pi\mathrm{i}\mathrm{e}^{(p-1)\pi\mathrm{i}}.$$

即
$$\int_0^{+\infty}\frac{t^{p-1}}{1+t}\mathrm{d}t = -2\pi\mathrm{i}\frac{\mathrm{e}^{(p-1)\pi\mathrm{i}}}{\mathrm{e}^{2\pi p\mathrm{i}}-1} = -2\pi\mathrm{i}\mathrm{e}^{-\pi\mathrm{i}}\frac{1}{\mathrm{e}^{p\pi\mathrm{i}}-\mathrm{e}^{-p\pi\mathrm{i}}} = \frac{\pi}{\sin p\pi}.$$

特别地, 当 $p = \dfrac{1}{2}$ 时, 由性质(3), 得
$$\varGamma^2\left(\frac{1}{2}\right) = \pi.$$

故
$$\varGamma\left(\frac{1}{2}\right) = \sqrt{\pi}.$$

参 考 文 献

[1] 李红，谢松法. 复变函数与积分变换[M]. 5 版. 北京：高等教育出版社，2018.
[2] 李红，谢松法. 复变函数与积分变换学习辅导与习题全解[M]. 5 版. 北京：高等教育出版社，2019.
[3] 刘建亚，吴臻，郑修才，等. 复变函数与积分变换[M]. 3 版. 北京：高等教育出版社，2019.
[4] 罗文强，黄精华，黄娟，等. 复变函数与积分变换[M]. 北京：科学出版社，2012.
[5] 包革军，邢宇明，盖云英，等. 复变函数与积分变换[M]. 3 版. 北京：科学出版社，2013.
[6] 包革军，邢宇明，盖云英，等. 复变函数与积分变换同步学习辅导[M]. 2 版. 北京：科学出版社，2014.
[7] 张元林. 积分变换[M]. 6 版. 北京：高等教育出版社，2019.
[8] 余家荣. 复变函数[M]. 5 版. 北京：高等教育出版社，2014.
[9] 苏变萍，陈东立. 复变函数与积分变换[M]. 3 版. 北京：高等教育出版社，2018.
[10] 白艳萍，雷英杰，杨明，等. 复变函数与积分变换[M]. 北京：国防工业出版社，2019.
[11] 盖云英，邢宇明. 复变函数与积分变换(英文版)[M]. 北京：科学出版社，2007.
[12] 贾云涛，张瑞敏，张平，等. 复变函数与积分变换[M]. 北京：清华大学出版社，2017.
[13] 宫华，艾玲，刘玉凤，等. 复变函数与积分变换[M]. 北京：科学出版社，2020.
[14] 詹姆斯•沃德•布朗，鲁埃尔 V. 丘吉尔，著. 复变函数及其应用(翻译版)[M]. 张继龙，李升，陈宝琴，译. 北京：机械工业出版社，2021.
[15] 田玉，郭玉翠. 工程数学——复变函数、矢量分析与场论、数学物理方法[M]. 北京：清华大学出版社，2018.
[16] M. A. 拉夫连季耶夫，B. B. 沙巴特. 复变函数论方法[M]. 6 版. 施祥林，夏定中，吕乃刚，译. 北京：高等教育出版社，2006.
[17] 钟玉泉. 复变函数论[M]. 4 版. 北京：高等教育出版社，2013.
[18] 冯卫国. 积分变换[M]. 2 版. 上海：上海交通大学出版社，2000.
[19] 吴雅娟，王莉利，程亮，等. 科学计算与 MATLAB(微课版)[M]. 北京：清华大学出版社，2020.
[20] 余本国. Python 在机器学习中的应用[M]. 北京：中国水利水电出版社，2019.